宽带接入技术

晏　蓉　主　编

邵汝峰　主　审

中国铁道出版社有限公司

２０２２年·北京

内 容 简 介

本书深入浅出地介绍了常用的电话线(电话网)接入(例如话带 Modem、N-IS-DN、ADSL、VDSL、HomePNA 等)、同轴线(有线电视网)接入、网线(以太网)接入、光纤接入(PON 无源光网络)、电力线接入、无线接入等技术的概念,系统构成,调制复用方式,传输协议,技术指标,方便读者理解它们的工作原理。

本书主要适合高职高专通信专业作为教材使用,也可供相应的维护测试人员参考。

图书在版编目(CIP)数据

宽带接入技术/晏蓉主编 . —北京:中国铁道出版社,2011.8(2022.1 重印)
铁路职业教育铁道部规划教材
ISBN 978-7-113-13266-8

Ⅰ.宽… Ⅱ.晏… Ⅲ.①宽带接入网-通信技术-职业教育-教材 Ⅳ.①TN915.6

中国版本图书馆 CIP 数据核字(2011)第 166610 号

书　　名:宽带接入技术
作　　者:晏　蓉

策　　划:武亚雯　朱敏洁
责任编辑:金　锋　　　　电话:(010)51873125　　　　电子信箱:jinfeng 88428@163.com
编辑助理:武　欢
封面设计:崔丽芳
责任校对:张玉华
责任印制:高春晓

出版发行:中国铁道出版社有限公司(100054,北京市西城区右安门西街 8 号)
网　　址:http://www.tdpress.com
印　　刷:三河市国英印务有限公司
版　　次:2011 年 8 月第 1 版　2022 年 1 月第 6 次印刷
开　　本:787 mm×1 092 mm　1/16　印张:13　字数:327 千
书　　号:ISBN 978-7-113-13266-8
定　　价:32.00 元

前　言

通信网在过去只有单一话音通信的时代并没有"接入网"这个词。随着信息社会的到来,通信业务变得多样化,用户的话音、数据、视频图像等都需要传输,同时还伴有同步与异步、分组方式与电路方式、速率高与速率低等等的区别。为了适应这种变化,ITU-T 自 20 世纪 90 年代初就开始提出接入网的相关标准。接入网:支持多业务接入,只负责业务的传输,不处理业务,因此结构简单,容易实现;具有标准的接口。

就是说,接入网是专门负责把各种信号从用户接进交换局的。一般来说,任何接入技术都有相应的局端设备(CO)和用户端设备(RT),形成一个有发有收的完整的通信系统,无数个小小的接入系统就构成了接入网,它同时具有接入环境的多样性与接入业务的多样性。

宽带接入是从窄带接入技术发展起来的。它指在同一传输介质上进行信号复用传输,并且速率足以流畅地传输多媒体信号的接入技术。简单地说,是在用户与交换局之间的一个大带宽、高速率的"小型"传输系统,是为宽带接入业务服务的。宽带接入业务有高速上网、互动游戏、VOD 视频点播、网络电视、远程医疗、远程会议、远程教育、远程监控、家庭证券交易,等等。

没有什么技术的发展速度能比得上通信和计算机了。计算机强大的处理能力提供了丰富多彩的多媒体应用,光纤传输技术又为多媒体应用提供了几乎用不完的通信信道,在它们相得益彰共同前进的道路上却碰到了一个不大不小的拦路石——接入带宽窄小,也就是由来已久的信息高速公路"最后一公里"问题。从理论上讲,如果所有的用户都足够有钱,光纤到户(FTTH)可以一劳永逸地解决这个问题,但"光纤到户"在成本面前徘徊多年,使得铜线接入技术在最后一公里上尽展英姿,数年间"宽带"几乎成了 ADSL 的代名词。

不管铜线采用什么样的调制技术,达到怎样前所未有的高速度,它们的带宽与光纤相比都是望尘莫及的。光纤接入才是真正的"宽带"。随着"光进铜退"的脚步越来越近,光纤到户已经指日可待。

无线信道是所有已知传输信道中最差的一种。尽管如此,在应用了各种登峰造极的调制技术、天线技术以后,也有了一些宽带接入的能力。因为无线系统最大的好处是可移动性,这种方便是令人难以抗拒的。

互联网的普及对电信网有着深刻的影响,从接入到传输,再到交换,无一不在进行着脱胎换骨的改造,顺潮流者昌。本书谈到的各种宽带接入都是在原有通信技术的基础上发展起来的,共同的特点是大量引入了计算机和网络技术,使设备有了相当的智能。这使用户端设备变成"傻瓜型"(使用方便),却使局端设备变得十分复杂,维护人员除了通信专业知识,还要有坚实的硬软件、网络基础才能掌控它们。

本书尽可能深入浅出地介绍了常用的电话线(电话网)接入(例如话带 Modem、N-ISDN、ADSL、VDSL、HomePNA 等)、同轴线(有线电视网)接入、网线(以太网)接入、光纤接入(PON

无源光网络）、电力线接入、无线接入等技术的概念，系统构成，调制复用方式，传输协议，技术指标，方便读者理解它们的工作原理。

本书可以作为高职高专通信专业的教材，也可供相应的维护测试人员参考。

本书由南京铁道职业技术学院晏蓉主编，天津铁道职业技术学院邵汝峰主审。编写分工如下：南京铁道职业技术学院嵇静婵编写第一、二章，晏蓉编写第三、四章，并统稿。

由于通信技术日新月异，编者水平有限，不当之处在所难免，敬请读者提出宝贵的意见。

编　者
2011 年 7 月

目　录

第一章
概　述

接入网（也称用户接入网）是电信网的重要组成部分，能够提供数字化、宽带化的综合业务。在过去相当长时间里，电信网几乎就是电话网的同义词。电话网中的用户环路将用户话机接入电话网，接入网就是用户环路的延伸和扩展，但在带宽和业务承载能力上较用户环路有了质的飞跃。

电信网正在向数字化、宽带化、综合化和个人化的方向发展。其中核心网（传输和交换部分）已经实现了数字化和宽带化。从核心网看，网络的接入部分是信息高速公路的"最后一公里"；从用户端看，接入网是用户进入信息高速公路的"第一公里"。接入网是电信网向用户打开的一扇门，通过这扇门，用户才能享用电信网提供的宽带服务。

第一节　接入网的概念

整个电信网按功能分为三个部分：传送网、交换网和接入网，它们的关系如图 1-1 所示。电信网包含了为不同用户提供各种电信业务的所有传输、复用、交换设备以及各种线路设施。

在电信网中，接入网连接用户和交换节点，主要解决传输、复/分接、资源共享等问题，通常包括用户线传输系统、复用设备、交叉连接设备以及用户/网络接口。

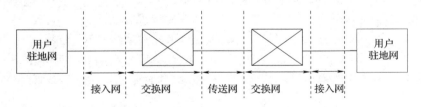

图 1-1　接入网在整个电信网中的位置

根据国际电联关于接入网的规定，接入网是有业务节点接口（SNI）和用户网络接口（UNI）的，为传送电信业务提供承载能力的系统，经 Q 接口进行配置和管理。接入网网络端经由 SNI 与业务节点相连，用户端由 UNI 与用户相连，管理方面则经 Q 接口与电信管理网（TMN）相连，如图 1-2 所示。

业务节点是提供规定业务的实体，业务节点有本地交换机、租用线业务节点或特别配置的点播电视和广播电视业务节点等。

SNI 是接入网和业务节点之间的接口，可分为支持单一接入的 SNI 和综合接入的 SNI。接入网与用户间的 UNI 接口能够支持目前网络所能够提供的各种接入类型和业务。

接入网的管理在电信管理网 TMN 的范围内，不但要完成接入网各功能块的管理，而且要附加完成用户线的测试和故障定位。

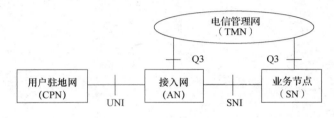

图 1-2　接入网定界

接入网的特点是：

（1）接入网对于所接入的业务提供传输能力，对业务透明（即只传送信号，不处理信号）。

（2）接入网对用户信令也是透明的，除了一些用户信令格式转换外，信令和业务处理的功能依然在业务节点中。

（3）接入网兼容现有的各种接入类型和业务，通过标准化的接口与业务节点相连。

（4）接入网有独立于业务节点的网络管理系统，通过标准化的接口连接 TMN，TMN 实施对接入网的操作、维护和管理。

第二节　宽带接入网分类

通常人们把骨干网传输速率在 2.5 Gbit/s 以上、接入网传输速率 1 Mbit/s 以上的网络定义为宽带网。宽带接入在同一传输介质上，利用了各种"古典"通信复用和调制技术去传送数据（物理层），也利用了各种"现代"网络技术来控制用户对共享信道的使用（MAC 层）。

根据接入网中所采用传输介质不同，接入网可分为有线接入网和无线接入网两大类。其中，有线接入网又分为电话线接入（xDSL，HomePNA）、混合光纤同轴电缆接入（HFC）、以太网接入、电力线接入、光纤接入。而无线接入网又分为固定无线接入和移动无线接入两类，其中移动无线接入有蜂窝、地面微波和卫星等不同的形式。

常用的接入网主要有下面几大类，它们可单独使用或混合使用。

（1）普通双绞线上的 xDSL，它又可分为 IDSL（ISDN 数字用户环路）、HDSL（对称数字用户环路）、SDSL（单线数字用户环路）、ADSL（不对称数字用户环路）、VDSL（甚高速数字用户环路）。上述系统的拓扑结构都是点到点，用户"独享"传输信道，不需要管理用户接入时的冲突。

（2）混合光纤同轴电缆接入（HFC）系统的拓扑结构是树形或总线形，下行物理通道通常采用广播方式。HFC 与其他接入方式相比的不同之处是下行需要混合传送电视信号与数据信号，上行用一个电视频道的带宽供数据用户"共享"，控制多用户接入有比较复杂的 MAC 层。

（3）光纤接入系统，可分为有源与无源。有源光纤接入有基于 PDH 和基于 SDH 之分（参见附录五），拓扑结构可以是环形、总线形、星形或它们的混合，也有点对点的应用。无源光纤接入又称无源光网络（PON），有窄带与宽带之分，目前宽带 PON 常用的是 GPON 和 EPON。PON 采用点到多点结构，解决多用户争用上行信道问题，大多采用时分多址（TDMA）接入技术。按光纤向用户延伸的程度，光纤接入系统还可分为光纤到分局（FTTEx）、光纤到配线箱（FTTCab）、光纤到路边（FTTCurb）、光纤到大楼（FTTB）、光纤到办公室（FTTO）、光纤到家（FTTH）。

（4）无线接入系统，技术来自无绳电话、集群电话、蜂窝移动通信、微波通信或卫星通信，可分为很多种类，对应不同的频段，容量、业务带宽和覆盖范围。个域网接入以自组网（Ad-hoc）为工作方式；城域网/广域网无线接入主要的工作方式是点到多点，解决多用户争用上行共享信道的技术有频分多址（FDMA）、时分多址（TDMA）和码分多址（CDMA）；介于它们之间的是无线局域网，组网方式有数种，应用载波侦听/冲突避免（CSMA/CA）协议解决多用户接入的信道争用，应用最为广泛。

第三节　宽带接入发展趋势

随着技术及解决方案的日渐成熟，FTTC/B＋VDSL 将会成为面向家庭用户的主要方式。在 FTTx 领域，EPON 开始向 10G EPON 发展，GPON 的成熟度也不断提高，它们的全面普及指日可待。FTTx 和 xDSL 两大主流宽带接入技术的日趋完善，必将推动宽带接入网络的全面部署。

一、光纤接入进入家庭

光纤以大带宽、抗干扰、抗腐蚀等优点，已在接入网中得到广泛应用。随着光纤、光器件价格的进一步下降，光纤接入将成为宽带到家的首选方案。我国接入网馈线的光纤化早已完成，配线和引入线也已经实现了光纤到路边、光纤到小区和光纤到大楼，接入网物理模型如图 1-3 所示。随着业务的发展和网络的演变，光纤接入网的覆盖范围会不断扩大，光纤与用户终端的距离不断缩短，最终走进千家万户。

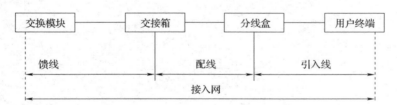

图 1-3　接入网物理模型

在追求高带宽的同时，经济性、方便性总是必须考虑的因素。"尺有所短寸有所长"，光纤接入虽然有巨大的优势，但用户端存有大量的线缆资源，如固定电话双绞线、有线电视的同轴线、无处不在的电力线等，某些情况下充分利用它们，可以节省投资，满足不同程度的宽带业务需求，所以铜线接入技术在相当长一段时间内仍将存在。

二、无线接入广泛应用

过去宽带接入以 xDSL、同轴电缆 Modem、FTTx 等固定接入技术为主。近年来，随着 Wi-Fi/WiMAX 等固定无线接入以及 HSPA 等 3G 增强型技术逐渐成熟，宽带接入无线化的趋势明显，数据传输速率和通信质量已与有线接入相当，在高速因特网接入、信息家电联网、移动办公、军事、救灾、探险等领域有广阔的应用空间。无线接入成本低廉、不受地理环境的约束、支持用户的移动性，将成为光纤接入的重要补充，使人们实现真正意义上的个人通信。其中固定无线接入提供业务快、组网灵活、易维护、初期投资少，允许用户小范围慢速移动，适于农村地区为散居人口提供经济的接入，也可以作为城市改造区域的临时接入手段；与 FTTx＋

xDSL、FTTx＋LAN 等配合使用可以扩大覆盖范围。

总的来看，宽带接入技术还在快速发展。宽带接入的综合化、IP 化是接入网发展的目标，是满足更高业务要求的技术保障。下一代通信网络是以 IP 为中心并支持话音、数据和多媒体业务的融合网络，接入网将在其中担当重要角色。

复习思考题

1. 接入网处于电信网的什么位置？有什么作用？
2. 接入网有哪些特点？

第二章
宽带铜线接入

数字通信发展初期人们就开始研究用铜线传输数字信号的技术。从几十年前的 1.2 kbit/s 的调制解调器到今天的 VDSL,铜线传输技术经过了多次飞跃。尽管铜线接入一开始就是过渡性的,但至今仍然是一种应用最广的技术。至于接入带宽的宽窄,由于历史的原因,常以拨号上网速率(话带内)的上限 56 kbit/s 为分界,将 56 kbit/s 及以下的接入称为"窄带"接入,56 kbit/s 以上的接入方式归类于"宽带"接入。

第一节　电话线接入

一、电话线窄带接入

1. PSTN拨号接入

20 世纪 60 年代开始采用拨号方式在电话线上用话带 Modem 传输数据。

Modem 是调制/解调一词的英文缩略词,代表调制解调器。它可以让两台计算机使用公共电话网相互通信。由于公共电话网只能传输语音信号,因此需要 Modem 把计算机的数据转换成音频信号,通过电话线传输到目的地后再解调成数字信息。电话线接入系统如图 2-1 所示。

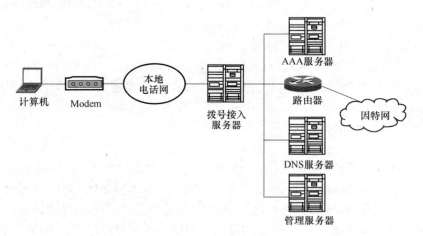

图 2-1　电话线接入示意图

调制解调器的国际标准化开始于 20 世纪 60 年代。1964 通过了第一个 CCITT 调制解调器建议 V.21,这是一种速率为 200 bit/s 的 FSK Modem。1984 年传输速率增加到了 14.4 kbit/s。20 世纪 90 年代的话带 Modem 最高传输速率达 56 kbit/s。通过 Modem 拨号上网实现的窄带接入,是利用电话线话音频带来传输数据信号的,占用了语音信道,所以上网不能同时打 PSTN 电话,这种技术因为速率低已基本淘汰。

2. N-ISDN

N-ISDN(综合业务数字网),又称"一线通",也是一种窄带接入技术,利用 2B+D 来实现电话和因特网接入。2B+D 即基本速率接口(BRI),是一条标准的 ISDN 用户电路。它包含两个 B 信道和一个 D 信道,B 信道一般用来传输话音、数据和图像,速率 64 kbit/s,D 信道用来传输控制信令,速率 16 kbit/s。

ISDN 为上网用户提供了两个数字通道,这就是上面提到的"2B"。分开使用时,使用者可以用一个 B 通道连上互联网,同时用另一个 B 通道打电话、收发传真等,ISDN 用编码解码器 CODEC 将模拟语音信号编码后到数字 ISDN 链路上传输。当语音信道空闲时,可以两个 B 通道合用以支持 128 kbit/s 的传输速率,这也是 ISDN 最快的传输速率。

ISDN 系统包括交换机和终端设备,其中终端设备种类很多,从功能上讲,主要是 ISDN 网络终端、终端适配器、路由器和可视电话等功能的自由组合,同时提供不同接口如 ISA、PCI、RS-232、USB、模拟电话口、以太网口等以适应不同需求。这里提到的 ISA 是一种系统总线标准,用于微机中各插件板与系统板之间进行数据交换;PCI 是计算机主板上用来插板卡的一种广泛使用的接口;RS-232 是一种串行物理接口标准;USB 接口是一种插即用的扁形小口,其传输速率远远大于传统的并行口和串行口,设备安装简单并且支持热插拔。

二、电话线宽带接入

PSTN 拨号接入方式下,使用电话网线路,可以访问电话线可到达的任何主机,但这也是缺点所在。因为整个电话网络原是按话音传输的要求来设计的,信号速率不仅受线缆衰减的限制,也受到电话网本身的制约。但电话线已经大量铺设,如何充分利用现有的线路资源实现高速接入就成为当时的研究重点。在互联网浪潮的带动下,美国的贝尔通信研究中心发明了第一代数字用户技术并创造了术语 xDSL,这种技术将软件和电子技术结合,可在电话网(POTS)的用户环路上获得至少 2 Mbit/s 的传输带宽,支持对称和非对称传输,缓解了网络服务供应商和最终用户间的"最后一公里"的传输瓶颈问题。

xDSL 是以普通电话线为传输介质的点对点传输技术,它可以在一根线上分别传送数据和语音信号。其中数据信号不通过电话交换设备,不需要拨号,是一直"在线"的上网方式。

xDSL 是各种类型数字用户环路 DSL 的总称。"x"代表着不同种类的数字用户线路技术,有 ADSL、RADSL、VDSL、HDSL、SDSL、IDSL 等等,以采取的调制方式、信号传输速率和距离以及上下行信道的对称性不同来区分。

1. ADSL技术

ADSL(非对称数字用户环路)是众多 DSL 技术中最成熟最常见的一种,可以实现高速非对称信号的传输,兼容传统的电话业务,一般用户使用的 PPPoE(以太网点对点协议)拨号就是 ADSL。

ADSL 实现的互联网宽带数据接入,上行速率低,下行速率高,有效传输距离在 3~5.5 km 范围以内,特别适合一般家庭用户上网,同时在同一根电话线上仍然可以打电话。ADSL 的特点是:

(1)利用一对双绞线传输。

(2)支持非对称传输,上/下行数据速率为 512 kbit/s~1 Mbit/s(上行),1~8 Mbit/s(下行)。

(3)支持同时传输数据和语音。

ADSL 本身具有一路对一路的特点,即用户端的一个 Modem 对应局端一个相应的端口,应用 ADSL 时,在某一用户处采用某一标准并不影响在另一用户处采用另一标准。

2. RADSL技术

RADSL(速率自适应非对称数字用户环路)是"自适应速率"的 ADSL,是 ADSL 的一个变种。它同样能够在一根电话线上同时提供上下行数据通道和语音电话通道,传输距离最远可以达到 5.5 km,能够提供的速度范围与 ADSL 基本相同。

RADSL 与 ADSL 相比最大的不同是,它能够根据传输线路质量的好坏以及传输距离的远近动态调整传输速率,把工作速率调到线路所能处理的最高速率,最大限度地利用通信资源。

3. VDSL技术

VDSL(甚高速率数字用户环路)是 xDSL 技术中传输速率最快的一种。ITU-T G.993.1 标准下,在一对电话线上,下行速率可达 13～52 Mbit/s,上行速率可达 3.0～6.0 Mbit/s。但 VDSL 的传输距离较短,一般只在几百米以内。这种技术可作为光纤到路边网络结构的一部分,在较短的距离上提供极高的传输速率,如 FTTC＋VDSL。

4. HDSL技术

HDSL(高速率数字用户环路)是一种上、下行速率相同的 DSL 技术,在两对电话线上的两个方向上数据传输速率均可达到 1.544 Mbit/s,相当于全双工 T1 线路。若是使用三对电话线,速率还可提升到 E1(2.048 Mbit/s)。与传统的 T1/E1(参见附录五)技术相比,HDSL 价格便宜,容易安装,T1/E1 要求每隔 0.9～1.8 km 就安装一个放大器,而在 HDSL 技术支持下,普通 0.4～0.6 mm 电话线的用户环路,不用放大器传输距离可达 3～6 km,比传统的 PCM 技术的传输距离要长一倍以上,如果线径够粗,传输距离可接近 10 km。

HDSL 主要用于数字交换机的连接、高带宽视频会议、远程教学、蜂窝电话基站连接、专用网络建立等。由于它要求传输介质为 2～3 对双绞线,因此常用于中继线路或专用数字线路,一般终端用户不采用该技术。HDSL 的特点是:

(1)利用两对或三对双绞线传输。

(2)支持 $N\times64$ kbit/s 各种速率,最高可达 E1 速率。

总的说来,xDSL 技术允许多种格式的数据、话音和视频信号通过电话线从局端传给远端用户。应用中,对称 DSL 技术主要用于替代传统的 T1/E1 接入技术。与 T1/E1 接入相比,对称 DSL 对线路质量要求低、安装调试简单,通过复用可以同时传送多路语音、视频和数据,广泛应用于通信、校园网互联等领域。非对称 DSL 用于对双向带宽要求不一样的场合,如 Web 浏览、多媒体点播、信息发布等,适用于家庭因特网接入、VOD 系统等。

非对称的 xDSL 不但能加快因特网接入的速度,还能减轻交换网的负荷,一度倍受电信运营公司的青睐。但 xDSL 技术也有其不足之处,它们的覆盖面有限(只能在短距离内提供高速数据传输),传输数据是非对称的(只能单向传输宽带数据,通常是网络的下行方向),因此只能适合一部分应用。

三、电话线接入 ADSL

(一)ADSL 的技术特点

ADSL 中使用的调制和复用技术特点有:

(1)使用高于 3 kHz 的频带传输数字信号。

（2）使用高性能的离散多音频（DMT）调制编码技术。

（3）使用频分复用（FDM）和回波抵消（EC）技术。

（4）使用信号分离技术。

之所以 ADSL 能用高于 3 kHz 的频带传数字信号，是因为限制话带 Modem（拨号上网）的传输速率并不是电话线本身的问题，而是由于 PSTN 中，为了提高频带利用率和用户数，在交换机的电话线接入点使用了 4 kHz 低通滤波器，这个带宽对应于 64 kbit/s。实际电话线的带宽可达 20～30 MHz 左右，如果能够避开 PSTN 网络的影响，就可以实现远大于 64 kbit/s 的数据传输速率。

DMT（离散多音频调制）是一种比较先进的多载波调制（也称多频调制）技术，基本原理是把电话线的可用带宽分成几百个子信道，每个子信道都有一个载波（各个子信道是完全独立的，在频谱上也是分离的），在不同的载波上分别进行 QAM 调制。QAM 是一种十分成熟且应用广泛的调制技术，它用数字信号去调制载波的幅度和相位，常用 16QAM、32QAM、64QAM 等。这种调制由于载波的幅度和相位都带有信息，所以频谱利用率很高。

QAM 调制前，利用数字信号处理技术，根据线路传送数据的能力，把输入数据"自适应地"分配到每一个子信道上。如果某个子信道无法传数据，就关闭；如果子信道状态良好，则根据其瞬时特性传送 1～11 bit 信息，即系统可以自动调整通信容量。所谓的"根据线路传送数据的能力"是根据电话线回路的衰减特性和噪声特性确定的传送能力。

DMT 不同信道上传输的信息容量（即每个载波调制的数据信号）由当前子信道的传输性能决定。为什么要这样做呢？因为电话线在 0～5.1 MHz 的频率范围内频率特性是非线性的，高频衰减远远大于低频衰减，不但不同频率衰减不同，无线广播等电磁波还对信号造成各种窄带噪声，即噪声干扰情况也不同。将全频带做为一个通道，一个单频噪声干扰就会影响整个传输性能；而将整个频带分成很多信道后，每个信道频带很窄，可认为是线性的。当多载波调制信号在长距离线路上传输时，让信噪比高的子信道传送较多的比特，让被窄带噪声淹没的子信道完全关闭，各个信道根据干扰和衰减情况自动调整传输比特率，这样可以使误码和串音最小，使子系统的通信容量最大，从而获得最佳的传输性能。DTM 的这种动态分配数据的技术使每赫兹带宽可传的比特率大大提高，从而能利用普通电话线向用户提供宽带业务。

使用不同频率传送信息早已在电视和收音机中使用，不同之处在于 DMT 调制可以一次性发送、接收所有信道，既不需要用多个振荡源分别调制信号，又不需要用多个带通滤波器组分离信号。早在 1963 年美国麻省理工学院就已经从理论上证明多载波调制技术可以获得最佳的传输性能，但直到低成本、高性能的数字信号处理器（DSP）成熟后，这一技术才得以实用化。当子信道上采用 QAM 调制方式时，调制可以用快速傅立叶反变换（IFFT）直接变成时间波形，解调可以用快速傅立叶变换（FFT）完成。

DMT 有如下优点：

（1）发送与接收都可通过采用 FFT 和 IFFT 运算的数字信号处理器（DSP）来实现。

（2）由于子信道的频带很窄，其电缆特性近似于线性，不需要采用频域均衡技术来减少失真。

（3）因为干扰脉冲的能量被扩散到许多子信道，可以采用比特交织和前向纠错编码来消除，所以具有较强的抗脉冲干扰能力。

（4）DMT 技术能灵活动态地调整其功率谱，以适应不同用户线路特性。

（5）DMT 技术有利于重新配置上、下行信号速率。

DMT 动态分配数据的技术使频带利用率大大提高，将误码和噪声减至最小，提高了系统的传输容量。虽然就技术性能和应用灵活性而言,DMT 技术是比较理想的,但是它的灵活性和高性能是靠设备复杂性换取的。

　　频分复用的作用是将整个信道从频域上划分为独立的两个或多个部分,分别用于上行和下行的信号传输,使得彼此之间不产生干扰。如图 2-2(a)所示,POTS 信道占据原来 4 kHz 以下的电话频段,上行数字信道占据 10～50 kHz 的中间频段,下行数字信道占据 1 MHz 以下的高端频段。FDM 方式的缺点是下行信号占据的频带较宽,而铜线的衰减随频率的升高迅速增大,所以传输距离有限。为了延长传输距离,需要压缩信号带宽。一种方法是将高速下行数字信道与上行数字信道的频段重叠使用,如图 2-2(b)所示,两者之间的干扰用非对称回波抵消器予以消除。

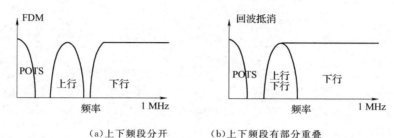

(a)上下频段分开 　　(b)上下频段有部分重叠

图 2-2 FDM 和回波抵消原理示意图

　　回波抵消技术(EC)用于上、下行传输频段有重叠的通信系统。如果上、下行传输频段有重叠,信号在二线传输的两个方向上同时间、同频谱的占用线路,两个方向传输的信号是完全混合在一起的。为了分开收、发两线,一般是采用混合电路,即 2/4 线变换器。由于混合平衡网络误差而泄漏的发送信号以及由于线路阻抗不匹配引起反射的本端发送信号,形成"回波"。回波抵消器采用高速自适应数字滤波器,根据从本端发送支路引入的部分发送信号,将回波从接收信号中抵消。这种技术实际上是一种消除码间干扰的自适应均衡技术。前述 HDSL 就是通过回波抵消技术实现一对双绞线上低噪声的全双工传输的。

　　ADSL 相对于 HDSL 的最大优点之一是能够兼容传统的话音业务,这是通过分离器来实现的。如图 2-3 所示,无源分离器将线路上的音频信号和高频数字调制信号分离,并将音频信号送入电话交换机,高频数字调制信号送入 DSL 接入系统。

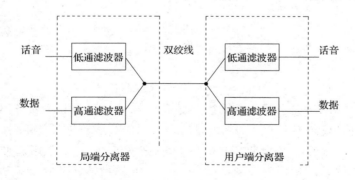

图 2-3 分离器示意图

(二)ADSL 系统结构

1. 局端和用户端设备

ADSL 标准中考虑到不同的用户要求,有两个标准子集,一个是全频段的G. dmt(8 Mbit/s

下行,1.088 Mbit/s 上行),另一个是简化版的 G. Lite(1.5 Mbit/s 下行,640 kbit/s 上行)。
G. lite 不用电话分离器(为了降低成本,方便安装),最大传输距离可达 5 km。ADSL2$^+$
(G. 992.5 标准),在近距离的最大下行速率已提高到 24 Mbit/s。

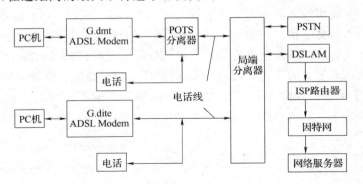

图 2-4　全速率 ADSL 与 G. lite ADSL 系统区别

如图 2-4 所示,上部分是 G. dmt 标准的 ADSL 系统构成,下部分是 G. lite 标准的 ADSL
系统构成,目前的 ADSL 芯片和设备既支持全速率的 ADSL,也支持 G. lite,其中 DSLAM 是
DSL 的接入复用器。

ADSL 接入系统由局端设备和用户端设备组成,局端设备包括在中心机房的 ADSL
Modem(即 ATU-C 局端收发模块)和局端分离器以及复接器。用户端设备包括用户 ADSL
Modem(即 ATU-R 用户端收发模块)和 POTS 分离器。

用户端的 ADSL 调制解调设备,把用户数据变成 ADSL 信号,用分离器将话音信号和调
制好的用户数据信号放在同一条电话线上传送。用户信号传送到交换局后,再通过一个分离
器,将话音信号和 ADSL 数字调制信号分开,话音信号交给中心局交换机,ADSL 数字调制信
号交给 ADSL 局端设备处理,解出信元或数据帧后,再交给骨干网,如图 2-5 所示。

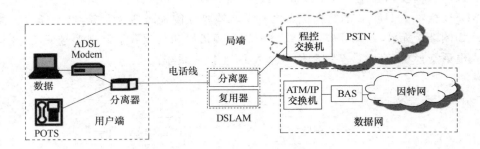

图 2-5　ADSL 系统示意图

图 2-5 中,DSLAM 是数字用户线接入复用器,BAS 是宽带接入服务器,完成用户认证。

ADSL 的局端设备 DSLAM 的功能是对多条 ADSL 线路进行复用,并以高速接口接入高
速数据网,如图 2-6 所示。在靠近用户的一端,它把一组 ATU-C 复用起来,并通过 ATR-C 与
ATR-R 连接,而靠近广域网的一端,则通过 TCP/IP 路由器、ATM 交换机、SDH 设备等设备
连接到因特网。局端设备在网络连接侧提供 STM-1、ATM、以太网等接口,对用户线路侧提
供多个 ADSL 线路接口。DSLAM 支持多种 DSL 技术,只要客户端与机房的 Modem 具备同
样的协议栈,即可以作为 xDSL 的多路复用器。它可以放在市话端局或小区,便于更多的用户
使用 ADSL,这时需要光接入网的配合。

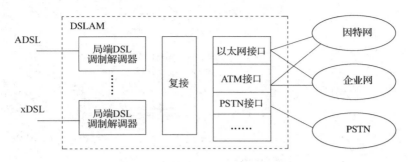

图 2-6　应用 DSLAM 的网络结构

DSLAM 由 ADSL 调制模块(ATU-C)和复用模块以及无源分离器组成。具体的说,由语音分离器、DSLAM 接入平台、DSL 局端卡、数据接口等组成。语音分离器将线路上的音频信号和高频数字调制信号分离,并将音频信号送入电话交换机,高频数字调制信号送入 DSL 接入系统;DSLAM 接入平台可以同时插入不同的 DSL 接入卡和网管卡等;局端卡(对应 ADSL 调制模块)将线路上的信号调制为数字信号,并提供数据传输接口;数据接口为 DSL 接入系统提供不同的广域网接口,如 ATM、帧中继、T1/E1 等。这些设备都设在电话系统的交换机房中。

DSLAM 接纳所有的 DSL 线路,汇聚流量,相当于一个二层交换机。它从多个 DSL 连接中接收信号,将其转换到一条高速线上,能与多种数据网相连。接口速率支持 155 Mbit/s、100 Mbit/s、45 Mbit/s 和 10 Mbit/s,用以支持视频、广播电视、快速因特网接入及其他应用。ADSL网络管理平台能灵活地对 ADSL 线路进行配置、监测和管理,允许采用多种计费方式。

ADSL 线路信号在分离器处与电话信号无源合并,并通过用户线传送至用户。用户侧 ADSL 设备中,POTS 分离器由一个低通滤波器和一个高通滤波器组成,实现 POTS 与 ADSL 业务的分路;ADSL Modem 对 ADSL 业务进行调制/解调。

现存的用户环路主要由 UTP(非屏蔽双绞线)组成。UTP 对信号的衰减与传输距离和信号的频率有关,线路衰减是影响 ADSL 性能的主要因素。若家庭电话线路未做专业的预埋或分机过多,一般要求使用分离器。这样在使用电话时,就不会因为高频信号的干扰而影响话音质量,也不会因为语音信号的串入影响上网的速度。

用户 ADSL Modem 有多种,常见的有外置式 ADSL Modem、ADSL 路由器、内置式ADSL 网络接口卡及 USB 接口 4 种类型,可根据需求而定。

用户端的 ADSLModem 是即插即用的,有多个指示灯显示工作状态,见表 2-1。

表 2-1　某 ADSL Modem 前面板指示灯说明

LED 指示灯	说　明
Power(电源指示灯)	绿灯常亮表明设备通电
ADSL:LINK（ADLS 链路指示灯）	ADSL 链路正在激活时,指示灯快速闪烁;ADLS 链路激活后,绿灯常亮
ADSL:ACT（ADSL 激活指示灯）	绿灯闪烁表明 ADSL 链路有数据流量
LAN:LINK（LAN 链路指示灯）	绿灯和橙色等常亮表明局域网链路正常,绿灯表示数据传输速率为 10 Mbit/s;橙色等表示数据传输速率为 100 Mbit/s
LAN:ACT（LAN 激活指示灯）	绿灯闪烁表明以太网有数据流量

国际标准 G.992.1 ADSL 的参考模型如图 2-7 所示,读者可与图 2-5 进行比较。

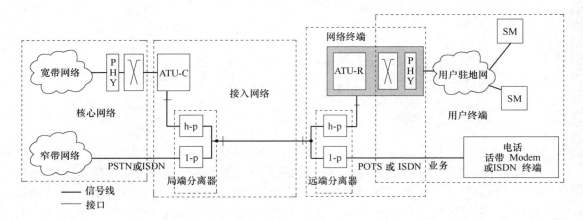

图 2-7　G.992.1 ADSL 的参考模型

ATU-R—ADSL 远端发送接收单元;h-p—高通滤波器;SM—服务模块;
ATU-C—ADSL 局端发送接收单元;l-p—低通滤波器

2. 信号处理过程

ADSL 收发信机框图如图 2-8 所示。注意局端的 ADSL 收发信机结构与用户端的略有不同。

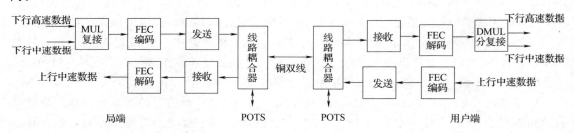

图 2-8　ADSL 收发信机框图

局端的 ADSL 收发信机中,复用器(MUL)将下行高速数据与中速数据进行复接,经前向纠错(FEC)编码后送发信单元进行调制处理,最后经线路耦合器送到线路上;线路耦合器将来自线路的上行数据信号分离出来,经接收单元解调和 FEC 解码处理,恢复上行中速数据;线路耦合器还完成普通电话业务(POTS)信号的收、发耦合。其中 FEC 加入了扰码功能。

用户端 ADSL 收发信机中,线路耦合器将来自线路的下行数据信号分离出来,经接收单元解调和 FEC 解码处理,送分接器(DMUL)进行分接处理,恢复出下行高速数据和中速数据,分别送给不同的用户终端设备;来自用户终端设备的上行数据经 FEC 编码和发信单元的调制处理,通过线路耦合器送到线路上;普通电话业务经线路耦合器进、出线路。线路耦合器按照 ADSL 系统的频谱结构,对 POTS 信道、上行数据信道和下行数据信道进行合成和分离。这里的线路耦合器就是所谓的无源分离器,发送时它耦合多路信号,接收时它分离多路信号,它是无源的,可双向使用,合路分路集于一身。

如图 2-9 所示,ADSL 的信号处理过程中(下行为例),数据接入和分配时,不同应用的数据通过 DSLAM 送给 ATU-C 发送器,根据应用和业务量的不同,这些数据被适当分配在 7 个下行承载信道中。子信道预订和傅里叶变换是 ADSL 最有特色的部分。

ATU-R 发信机框图与 ATU-C 类似,只是输入端没有 AS0-AS3 下行单工承载信道。

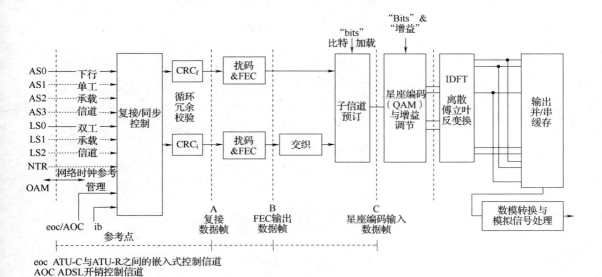

图 2-9　G.992.1 ATU-C 发信机(STM 传输)

（三）DMT 调制功率谱及框图

ADSL 的 DMT 功率谱图如图 2-10 所示。

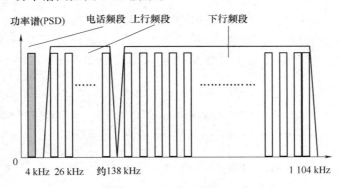

图 2-10　ADSL 的 DMT 功率谱图(FDM 方式)

在 DMT 功率谱中,整个频带(总带宽为 1.104 MHz)分成 256 个子信道,可看作是一组并行的 QAM 系统,每个 QAM 载波频率对应于一个 DMT 子信道频率,256 个正交的子载波之间频率间隔为 4.312 5 kHz(每个子信道带宽 4 kHz,子信道之间留有间隔 0.312 5 kHz,以避免子信道之间的相互干扰,1 104/4.312 5＝256)。

256 个子信道中除了用于普通话音传输的 0～4 kHz 频带外,25 个子信道为上行通道,理论最高速率为 1.5 Mbit/s(25×15×4 kHz＝1.5 Mbit/s,15 为每信道采样值位数),另外 230 个为下行数据传输通道,理论最高速率 13.8 Mbit/s(230×15×4 kHz＝13.8 Mbit/s)。

如图 2-11 所示,在 DTM 调制电路框图中,DMT 进行的是频域信号处理,需要在线路的每一端进行时域-频域(IFFT/FFT)和串行/并行(S/P)数据流转换。

图 2-11 中,输入的信号比特流先经过串并变换(S/P),准备同时送入各个子信道。

每个子信道调制所使用的载波频率是公共频率(也称基频)的整数倍,各子载波相互正交,以确保子信道之间不互相干扰。

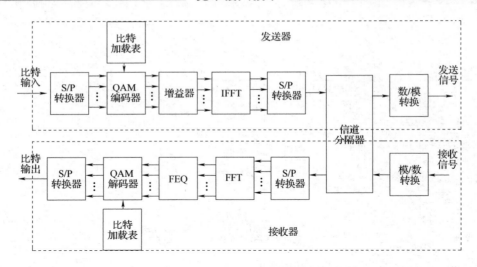

图 2-11　DTM 调制电路框图

　　DMT 发送器对每一个子信道随时进行信噪比（SNR）的检测，根据当前的信噪比和系统所规定的误码率，以及传送比特率的要求来决定"加载"到某个子信道的比特数。然后利用快速付里叶反变换（IFFT）算出 QAM 的时间波形（正弦波的幅度和相位都是确定的），与其他子信道的时间波形合并一起送上传输信道。

　　在接收端先进行快速付里叶变换（FFT）把混有噪声的时间波形变换成频域信号，再经过频域均衡（FEQ）补偿信号的幅度和相位，最后经过 QAM 解码器得到原来的数据比特流。与 QAM 系统相比，DMT 系统由于各子信道独立地进行解码，所以不会发生错误扩散的现象。

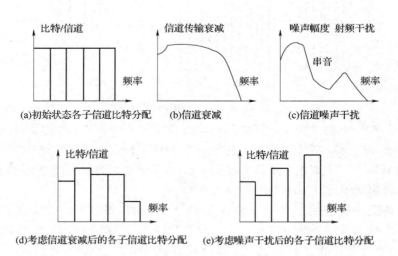

图 2-12　DMT 自适应分配数据示意图

　　DMT 调制技术，在设备初始化过程中进行收发器训练和子信道分析，在使用中自适应地分配和调整子信道的传输数据，动态调节信道功率，使受串音和射频载波干扰的线路有较好的性能，使系统达到最优的传输速率。

　　（1）系统初始化

　　在 ADSL 系统加电后，系统先初始化。为了测试线路的传输容量和可靠性，ADSL 收发器先要在各个子信道发送双方预知的信道训练序列，根据接收到的信号对传输通道进行分析（包括信道的衰减、误码率或者信噪比，数据比特数等），确定适合该信道的传输速率和处理参数，这个过程也称作信道估计。然后根据子信道发送数据的能力，分配 1～11bit 信号给各子信道，不能发送数据的子信道关闭，如图 2-12 所示。

本地的接收器将它已设定的参数和远端的发送器进行交换以保证发送和接收的匹配，交换的数据帧括包括：平均环路衰减估值、选定速率的性能容限、每个子载波支持的比特数量、发送功率电平、数据净负荷的传输速率等。

收发双方"协商"之后，ATU-C 和 ATU-R 之间就建立了数据传输通路。

（2）功率调整

在工作过程中，ADSL 系统不中断业务的对异常的事件、故障和误码进行监测，对相对衰减大和信噪比低于容限要求的子信道，增加信号功率，对性能好的子信道，减小信号功率，功率调整幅度范围为±3 dB。同时，系统还具有比特交换的功能，将传输质量差的子信道的部分比特转移到信噪比富余度较大的子信道传输。

实际 ADSL 设备在进行信号处理时还采用了前向纠错、载波排序、比特交织、网格编码等技术，使传输的抗干扰能力更强。

第二代 ADSL 支持下行 8 Mbit/s、上行 800 kbit/s 净数据速率，支持 Data＋POTS、Data＋ISDN、Voice over Data 三种应用环境，支持 STM、ATM、PTM 三种传送模式，具有多延迟通道、多承载信道，具备快速初始化、无缝速率适配等能力。在 ADSL2 的基础上，又出现了 ADSL2$^+$（G.992.5 标准），它采用完全相同的 DMT 调制技术，只是将传输带宽增加到了 2.2 MHz，共有 512 个子通道的划分，这样达到了将传输速率加倍的目的。下行速率高达24 Mbit/s，可以支持 3 个视频流的同时传输。ADSL2$^+$ 频谱如图 2-13 所示。

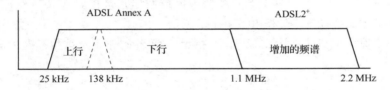

图 2-13　ADSL2$^+$ 频谱示意图

（四）ADSL 帧结构和承载信道

1. ADSL超帧结构

现代的协议功能都是分层的，ADSL 也不例外。在协议的最低层，是以线路码的形式出现的比特。帧是一个有组织的比特结构，也是比特发送前形成的最终的结构，接收到的比特也是最先转换成帧。要了解 ADSL 传输中不同的逻辑子信道之间如何地合并或分割，就必须先了解 ADSL 的帧结构。

比特组成帧后再形成所谓的超帧（也叫复帧），如图 2-14 所示。ADSL 超帧由 68 个数据帧和一个同步帧构成。每个数据帧都由两部分所组成：快速数据通道用于传送对时延敏感的流媒体数据，交错数据通道用于传送可靠性要求高的纯数据；同步帧的用途是保持收发同步。

ADSL 数据帧的第一部分是快速字节、快速数据及 FEC 域，快速字节里有许多管理信息；快速数据区内容是时延敏感而容错性较好的（例如音频和视频），ADSL 将尽可能地减小其时延。FEC 域是对数据进行纠错用的。第二部分是交错数据，交错数据区内容要尽量没有误

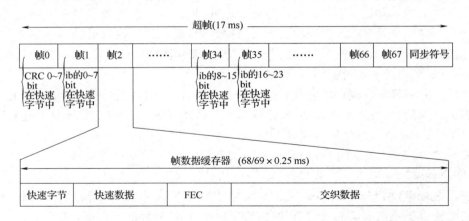

图 2-14　G.992.1 ADSL 超帧结构及指示比特的位置

码,所以处理速度慢、时延大;交错(也叫交织)数据使得数据不容易受噪声的影响,主要用于纯数据传输,如高速的因特网接入。

不论是对哪一种数据,所有帧内容都会先被加扰以后再传输,以避免过长的连 0 连 1 数据造成超帧同步的错误,而影响到整个系统的工作。ADSL 约每 246 μs 送出一个帧,69 个帧为 17 ms,即每 17 ms 送出一个超帧。

ADSL 数据帧结构中的快速字节(也叫帧头、快速信息附加位)首先用来同步承载通道,这样 ADSL 链路两端的设备才能知道链路是如何配置(AS 和 LS 的),它们的速率是多少;其次进行远程控制、循环冗余校验(CRC)、操作管理与维护(OAM),快速字节其实就是 ADSL 数据通道的开销部分。超帧为 OAM 功能分配了 24 个指示比特,分别指示误码、信号丢失、远端故障等,都在快速字节上传输。其中帧 0 和帧 1 携带循环冗余校验(CRC)和管理链路的指示比特(ib),其他指示比特在 34 和 35 帧中传送。

图 2-14 中快速字节格式如图 2-15 所示,指示比特 ib 的作用及承载帧参见表 2-2。

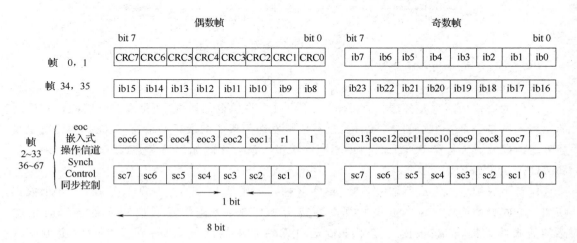

图 2-15　G.992.1 ATU-C 发送机快速字节格式

图 2-15 中,eoc 是 ATU-C 和 ATU-R 嵌入式操作信道,其中的各种操作编码可以表示保持(HOLD)状态;返回正常条件(RTN)、自我测试(SLFTST)、不能完成(UTC)、数据结束(EOD)等。r1 比特保留将来使用,设为"1"。sc 是同步控制。sc7,sc6 取 00,01,10,11 分别表

示 AS0，AS1，AS2，AS3 承载信道，sc3，sc2 取 00，01，10 分别表示 LS0，LS1，LS2，LS3 承载信道。

表 2-2　G.992.1 指示比特的作用及承载帧（快速数据区，下行方向）

指示比特	定　　义	承载帧
ib0～ib7	预留	帧 1
ib8	FEBE-I（远端误块计数—交织数据缓存）	帧 34
ib9	FECC-I（前向纠错计数—交织数据缓存）	帧 34
ib10	FEBE-F（远端误块计数—快速数据缓存）	帧 34
ib11	FECC-F（前向纠错计数—快速数据缓存）	帧 34
ib12	LOS（信号丢失）	帧 34
ib13	RDI（远端故障指示）	帧 34
ib14	NCD-I（无信元划分）	帧 34
ib15	NCD-F（无信元划分）	帧 34
ib16	HEC-I（头差错控制）	帧 35
ib17	HEC-F（头差错控制）	帧 35
ib18-19	预留	帧 35
ib20-23	NTR 0-3（网络时钟参考）	帧 35

　　ADSL 链路是点到点的，不论是上行方向或下行方向，ADSL 超帧的结构都相同。

　　2. 承载信道

　　如前所述，ADSL 为用户提供三个信息通道，一个传 POTS 电话信号，一个上行信道和一个下行信道，它们是用 256 个 QAM 调制子信道实现的，参见图 2-10。

　　ADSL 的承载信道，是逻辑上的传输用户业务数据的信道，由相应的承载子信道构成有特定的数据率。

　　ADSL 中最多可有四个完全独立的下行单工承载子信道和三个双工承载子信道，所以在 ATU-R 和 ATU-C 中，收发器共有 7 个承载子信道。

　　四个下行单工承载子信道只能供下行方向使用，称为承载子信道 AS0～AS3。ADSL 指定了它们的传输级别，是 2.048 Mbit/s（E1 速率）的简单倍数，分别是 8.192 Mbit/s（2M-0），6.144 Mbit/s（2M-1），4.096 Mbit/s（2M-2），2.048 Mbit/s（2M-3）。承载通道的速率是可编程的，最高速率的上限仅受 ADSL 链路传输能力的控制，参见表 2-3。

表 2-3　ADSL 子信道速率的限制

子信道标志	子信道速率（Mbit/s）	n 的允许值
AS0	$n \times 2.048$	0,1,2,3,4
AS1	$n \times 2.048$	0,1,2,3
AS2	$n \times 2.048$	0,1,2
AS3	$n \times 2.048$	0,1

　　三个双工承载子信道可以交替地配置成独立的单向单工承载信道，传输上行或下行数据，称为承载子信道 LS0～LS2，实际应用中，这些双工承载子信道一般用于上行方向传输，也就是所谓的上行信道。LS0 通常称为控制信道（C 信道），用于传送业务控制或网络信令，例如服

务选择及呼叫建立信息,所有的单向下行链路的用户网络信令都是通过它传输的。C 信道实际上可以携带单向及双向信令。在等级 2M-0、2M-1 和 2M-2 中,LS0 为 C 信道,速率64 kbit/s;在 2M-3 中,C 信道速率 16 kbit/s,不占用承载信道,在 ADSL 帧头的同步开销中传送。除了 C 通道,ADSL 系统的双向承载信道,LSl 的速度为 160 kbit/s,LS2 的速度为 384 kbit/s 或 576 kbit/s,见表 2-4。

表 2-4　　各传输级别支持的双工承载信道最大的可选项

传输级别	可传输的双工承载信道速率(kbit/s)	ADSL 双工信道
2M-1(最短距离)	配置 1:160+384	LS1,LS2
	配置 2:576	LS2
2M-2(中距离)	配置 1:160	LS1
	配置 2:384	LS2
2M-3	配置 1:160	LS1

在 ADSL 速率配置过程中,先根据用户的服务类型和要求,规定使用的传送等级。每个承载信道把配置的速率映射到对应的调制子信道上,实现特定速率的数据传输。在数据传输的同时,还要提供 ADSL 开销信道,保证正常的维护和控制。所以各承载信道的速率之和加上开销信道速率,才是当前 ADSL 通路提供的总速率。

ADSL 复帧内的单个帧结构是固定的,无论是对快速数据区或是交错数据区,ADSL 依次取出规定数目的字节给承载信道 AS0、AS1、AS2、AS3,然后是 LS0、LS1、LS2。分配给快速和交织缓存器的承载信道在初始化时决定。除了 16 kbit/s C 通道,对于任何承载通道,若数据流中指定了每帧给快速缓存器的字节数,那么交错缓存器中的字节数就为 0;反之亦是。因为快速字节中的同步控制 SC 比特包含了承载信道的信息,接收端据此能得知当前的信道使用状况。

(五)ADSL 接入方式

根据设备的具体配置以及业务类型,ADSL 接入因特网主要有专线接入、ADSL 虚拟拨号接入、路由接入等方式。

1. 专线接入

专线接入方式类似于"专线",用户连接、配置好 ADSL Modem 后,在自己的 PC 里设置好相应的 TCP/IP 协议及网络参数,IP 和掩码、网关等都由局端事先分配好,开机后,用户端和局端会自动建立起一条链路。ADSL 专线接入方式的用户拥有固定的静态 IP 地址,自动连接,没有认证过程,而且 24 h 在线。一般应用在需求较高的网吧、大中型企业,费用比虚拟拨号方式高,个人用户一般很少采用。

2. ADSL虚拟拨号接入

就是上网的操作和以前的 56K 话带 Modem 拨号一样,有账号验证、IP 地址分配等过程。但 ADSL 连接的并不是具体的 ISP 接入号码如 00163 或 00169,而是 ADSL 虚拟专网接入的服务器,所以叫虚拟拨号。根据网络类型的不同又分为 ADSL 虚拟拨号接入(PPPoE 接入)和局域网虚拟拨号方式两类。

(1)PPPoE 接入

PPPoE 是基于以太网的 PPP 协议,用于完成实现帐号验证、IP 分配等工作。接入时需要用专门的 PPPoE 拨号软件(如 Enternet300,WinPoET 等,Xp 系统自带),连接到 ISP 的拨号服务器,输入账号和密码后,获得动态分配的 IP,接入因特网。目前的虚拟拨号接入都是 PPPoE。

① PPPoE 的协议工作原理

PPPoE 协议的工作流程包含发现和会话两个阶段,发现阶段的目的是获得 PPPoE 终端的以太网 MAC 地址,并建立一个唯一的 PPPoE SESSION_ID。发现阶段结束后,就进入标准的 PPP 会话阶段。具体进程如下:

a. 发现阶段。用户主机以广播方式寻找所连接的所有接入集线器(或交换机),获得其以太网 MAC 地址,然后选择需要连接的主机,确定所要建立的 PPP 会话识别标号。发现阶段有四个步骤,完成后,通信的两端都会知道 PPPoE SESSION_ID 和对端的以太网地址,可以进行 PPPoE 会话。这四个步骤是

第一步,主机广播一个发起分组(PADI),分组的目的地址为以太网的广播地址,PADI 包含一个服务类型,向接入集中器提出所要求提供的服务。

第二步,接入集中器收到在服务范围内的 PADI 包分组后,发送 PADO 分组,以响应请求。PADO 分组包含接入集中器名称以及服务名称,表明可向主机提供的服务种类。

第三步,主机收到 PADO 分组后,向对应的接入集中器发送 PADR。PADR 分组包含服务名称,确定向接入集中器(或交换机)请求的服务种类。

第四步,接入集中器收到 PADR 包后准备开始 PPP 会话,它发送一个 PPPoE 会话确认分组 PADS,包含一个接入集中器名称,确认向主机提供的服务。当主机收到 PADS 包后,双方就进入 PPP 会话阶段。

b. PPP 会话阶段。用户主机与接入集中器根据在发现阶段所协商的 PPP 会话连接参数进行 PPP 会话,所有的以太帧都是单播的,PPPoE 会话的 SESSION_ID 不能改变,并且是发现阶段分配的值。

PPPoE 还有一个 PADT 分组,它可以在会话建立后的任何时候发送,用于终止 PPPoE 会话,也就是会话释放。它可以由主机或者接入集中器发送,当对方接收到一个 PADT 分组,就不再允许使用这个会话来发送 PPP 业务。

以上各个阶段的会话流程如图 2-16 所示。

② PPPoE 的帧结构

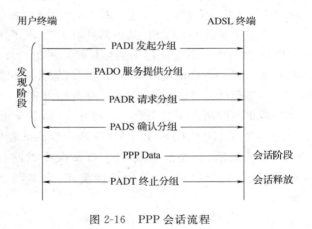

图 2-16　PPP 会话流程

对应于前面介绍的两个 PPPoE 协议会话的两个阶段,PPPoE 帧结构也包括两种类型:发现阶段的以太网帧中的类型字段值为 0x8863;PPP 会话阶段的以太网帧中的类型字段值为 0x8864。PPPoE 分组帧结构如图 2-17 所示。

VER 4 bit (版本)	TYPE 4 bit (类型)	CODE 8 bit (编码)	Session-ID 16 bit (对话标识)	LENGTH 16 bit (长度)

图 2-17　PPPoE 分组帧头结构

PPPoE 分组中的版本（VER）字段和类型（TYPE）字段长度均为 4 bit。代码（CODE）字段长度为 8 bit,根据不同功能数据帧取值不同。在 PPP 会话阶段 CODE 字段值为 0x00,发现阶段中各步骤中,PADI 为 0x09,PADO 为 0x07,PADR 为 0x19,PADS 为 0x65,另外,PADT 为 0xa7。对话标识号码（SESSION_ID）字段长度为 16 bit,在一个给定的 PPP 会话过程中,它的值是固定不变的。长度（LENGTH）字段为 16 bit 长,指示 PPPoE 数据净负荷长度。

（2）局域网虚拟拨号接入

它只是 ISP 在 ADSL 虚拟拨号和专线接入方式之外的一种拓展。

将与 ADSL Modem 相连的那台计算机配置成代理服务器,局域网其他的客户机向代理服务器提出上网请求,依靠代理服务器从互联网取回所要的信息。

代理服务器安装双网卡,一块与 ADSL Modem 相连,另一块连接局域网的 HUB 或交换机。客户机的 IP 地址可以手动指定,也可以由服务器的 DHCP 服务来分配。只要在这台计算机上安装设置好代理服务器软件,如 Windows ICS、Sygate、Wingate 等软件,就可以共享上网。

3. 路由接入

ADSL 分为带路由和不带路由两种。不带路由的是早期的 ADSL,带路由的 ADSL 又被称为 ADSL 路由器,这类产品支持多种网络协议,具有虚拟拨号和 DHCP 服务器或静态路由功能,在 ADSL 内部就能实现无计算机主机自动拨号上网。

路由接入需要用 ADSL 路由器,可以把这种方式简单地理解为专线＋路由器,安装配置较复杂,但可以节省客户端接入投资,特别适合局域网用户接入。

在路由模式下,ADSL 路由器具有 PPPoE 拨号、NAT、RIP-1 等少量路由功能,自己进行 PPPoE 拨号并做 NAT（网络地址转换）,成为一台独立的网关,直接与局域网交换机连接就可以共享上网了。路由模式可以省去代理服务器和拨号软件。

由于硬件条件的限制,ADSL 路由能力只适用于仅有几台计算机的共享应用,如家庭、宿舍等超小型网络。而对于企业动辄几十台,甚至上百台的应用,ADSL 路由器就难以胜任,会频繁出现 ADSL 链路断开重连、ADSL Modem 宕机重启等等现象。

总的来说,若是家庭及 SOHO 型微小组网,应采用路由工作模式;若是网吧、学校、企业、社区等大型组网,应采用桥接模式,再加宽带路由器来执行 PPPoE 虚拟拨号和路由功能。

（六）ADSL 终端设备安装与维护

ADSL 安装包括局端线路调整和用户终端设备安装。在局端方面,由服务商将 ADSL 局端设备串连接入用户原有的电话线中;用户端的 ADSL 安装分为硬件安装和软件安装两部分。

1. 硬件安装

ADSL 的硬件安装前需备齐以下设备:一块 10 M 或 10 M/100 M 自适应网卡;一个 ADSL Modem;一个信号分离器;两根两端做好 RJ-11 头的电话线和一根两端做好 RJ-45 头的五类双绞网络线,安装如图 2-18 所示。

ADSL 终端设备安装步骤如下:

（1）网卡的安装

网卡用来在计算机和 Modem 间建立一条高速传输数据通道。安装时,首先关闭计算机

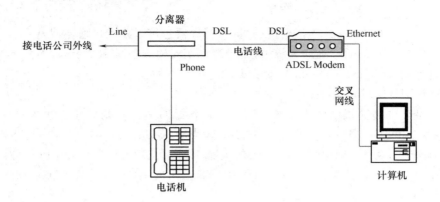

图 2-18　ADSL 连接示意图

电源，拔去电源插头，打开计算机机箱，找到没有使用的 PCI 槽，插入网卡，拧紧螺丝，将卡固定。目前网卡已成台式 PC 机和笔记本计算机的标准配置，这个步骤基本用不上。

(2)信号分离器的安装

一般的语音/数据分离器结构如图 2-19(a)、(b)所示。照图连接电话进线、电话机、ADSL Modem 即可。

在日常应用中，家中可能有多台电话分机，这时可采用另一种高阻滤波分离器，它是有方向性的，只有两个端口。安装是一端接电话进线，一端接用户电话分机。

POTS 分离器的接法有两种，如图 2-19(c)所示。

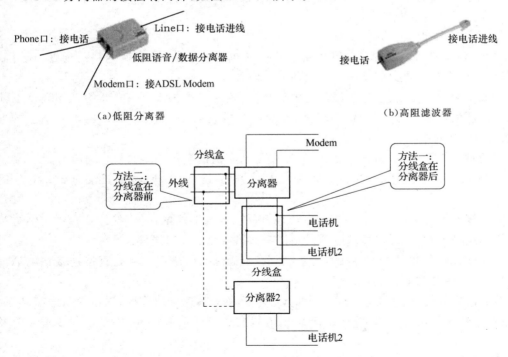

(c)分离器的接法

图 2-19　分离器及连接示意图

方法一，POTS 分离器的 Line 口与电话线的入屋总线相连，Phone 口连接电话机(可以接分线盒带多台电话)，Modem 口跟 ADSL Modem 的 Line 口连接起来。

方法二,入屋总线通过分线盒连接到 ADSL Modem 的 Line 口和 POTS 分离器的 Line 口,POTS 分离器的 Phone 口连接到电话机(该分离器也可以换用低通滤波器)。

另外,在采用 G. Lite 标准的系统中,由于降低了对输入信号的要求,就不需要安装信号分离器了。这使得该 ADSL Modem 的安装更加简单和方便。

(3)安装 ADSL Modem

用前面准备的另一根电话线将来自于信号分离器的 ADSL 高频信号接入 ADSL Modem 的 ADSL 插孔,再用一根五类双绞线,一头连接 ADSL Modem 的网口,另一头连接计算机的网口。这时打开计算机和 ADSL Modem 的电源,若两边连接网线的插孔所对应的 LED 亮,硬件连接就成功了。在计算机上用浏览器,按厂商给出的 IP 地址登录 ADSL Modem 的管理界面,就可以开始配置。

注意:ADSL Modem 到计算机网卡的连线一般为交叉网线,而不是常用的直连网线;如果使用多个 POTS 分离器串接,可连接多部电话。

2. 软件安装

对于专线上网的用户,需要特别注意 TCP/IP 协议属性配置必须准确。配置步骤如下:首先进入系统的"控制面板",双击"网络"图标,再选"TCP/IP"项,双击"属性";在"IP 地址"属性单中选择"指定 IP 地址"项,配置 IP 地址和子网掩码;在"网关"属性单中添加网关地址;在"DNS"属性单中选择"启用 DNS"项,输入主机名、域名,并添加 DNS 服务器地址即可。

对于虚拟拨号的用户,则采用默认设置,所有的设置都从拨号服务器端获得,用户只要安装 PPPoE 虚拟拨号软件即可上网。

3. ADSL 设备维护

对 ADSL 设备进行必要的日常维护不仅可以减少意外的故障,保持网络的通畅,还可以提高设备的使用寿命。主要的日常维护包括以下内容:

(1)ADSL Modem 一般最好在温度为 0～40℃、相对湿度为 5%～95% 的工作环境下使用,保持工作环境的清洁与通风,避免水淋、避免阳光的直射。一般 ADSL Modem 适应的电压范围为 200～240 V。

(2)定期对 ADSL Modem 进行清洁,可以使用软布清洁设备表面的灰尘和污垢。

(3)ADSL Modem 应该远离电源线和大功率电子设备,比如功放设备、大功率音箱等。

(4)定期拔下连接 ADSL Modem 的电源线、网线、分离器及电话线(接线盒),对它们进行检查,看有无接触不良、有无损坏。电话线路接头如果氧化要及时更换。

(5)要保证 ADSL 电话线路连接可靠、无故障、无干扰,尽量不要将它直接连接在电话分机及其他设备如传真机上。

(6)遇到雷雨天气,务必将 ADSL Modem 的电源和所有连接线拔掉,以避免雷击损坏;最好不要在炎热的天气长时间使用 ADSL Modem,以防止 ADSL Modem 因过热而发生故障及烧毁。

(7)在 ADSL Modem 上不要放置任何物体,也不要将 ADSL Modem 放置在计算机的主机箱上。

ADSL 常见故障参见表 2-5。

表 2-5　ADSL 常见故障

故障类型		ADSL 常见故障	现　象
硬故障	硬件损坏	网卡自身损坏;网卡所插入的主机板 PCI 插槽接口损坏;网卡所连网线制作不正常或者损坏;网卡插入主板时没插好;ADSL Modem 故障	ADSL 无法拨号上网,网卡红色指示灯亮
	线路问题	ADSL 线路上并了分机或电话防盗打器;电话线未从分离器 Phone 端口引出引起 ADSL 失步;线路上的接头接触不良造成信号衰耗过大;电信局分线盒内出来的电话线(平行线)太长,线路抗干扰能力不够	ADSL 不能正常上网;上网时断线;能上网,但速度慢;ADSL Modem 的 ALARM 指示灯为红灯状态
		电话线路故障或水晶头接触不良;网线故障或水晶头接触不良;网卡和 ADSL Modem 之间没有正常连接	ADSL 不能正常上网;WAN 指示灯灭;LINK 指示灯灭
	电磁波干扰	手机等物品放在了 ADSL Modem 的旁边,电磁波干扰造成 ADSL Modem 断流;雷雨天气	上网时断线
软故障		没有对网卡进行 IP 地址设置	计算机启动速度慢,启动后不能立即拨号上网
		操作系统中软件安装不合理或软件兼容性不好	上网不稳定,经常出现"死机"和"断流"现象
		拨号软件或者通信协议配置不正确	无法进行虚拟拨号连接
		DNS(域名解析服务器)故障;接入服务器未能给用户计算机网卡分配正确的 IP 地址;用户计算机软件系统故障,如 IE 损坏等	ADSL 能够拨号登录,但是 IE 浏览器打不开网页

四、电话线接入 VDSL

(一)VDSL 系统结构

VDSL(甚高速数字用户环路)与 ADSL 一样,也是在普通电话线上实现,线路信号采用频分复用方式,传送数据业务不影响窄带话音业务(POTS、ISDN),用户一侧的安装也是在电话前加装滤波器将 VDSL 信号和话音信号分开。但它的速度远高于 ADSL,可以大大提高因特网的接入速度。不过,由于使用了业余电台的频率范围,VDSL 系统中的每一条电话线就是一个天线,能够辐射和吸收能量,对线路中的串扰、无线电频率干扰和脉冲干扰,既容易受干扰也容易干扰其他设备;又由于信号频率越高,衰减越大,所以 VDSL 技术的数据传输速率依赖于传输线的长度,传输距离比 ADSL 短,必须与 FTTB、FTTC、FTTCab、FTTZ 等结合使用。

VDSL 系统构成如图 2-20 所示。

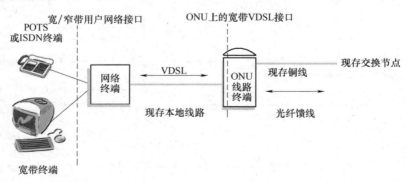

图 2-20　VDSL 系统构成

VDSL 有下列特点：

(1)VDSL 采用频分复用方式进行通信，即上行和下行使用不同的频率范围。

(2)使用 QAM 或 DMT 线路编码技术，和 ADSL 使用的线路编码相同。

(3)VDSL 速率大小通常取决于传输线的长度。

光纤用户环路 FTTL 和光纤到路边 FTTC 网络需要有远离中心局（CO）的小型接入节点，通常一个节点就在靠近住宅区的路边，为 10～50 户提供服务。VDSL 用在 FTTL 和 FTTC网络的"最后一公里"连接节点与用户，这样，从节点到用户的环路长度就比从 CO 到用户的环路短。如图 2-21 所示，VDSL 与 ADSL 的区别在于 VDSL 系统有光纤网络单元（ONU），双绞线传输距离短，减小了传输码元之间的干扰，简化了对数字信号处理要求，收发机成本可以降低。

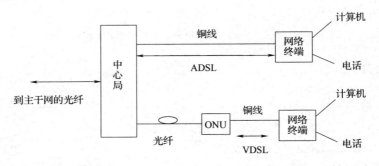

图 2-21　VDSL 与 ADSL 区别示意图

VDSL 为 ONU（光网络单元）到用户间提供宽带接入，实现了设备成本和带宽能力的平衡，在链路层直接采用以太网的帧结构，在接入网上延伸了以太网的应用范围。可见 VDSL 是承载 IP 的比较理想的宽带混合接入方案。

VDSL 的系统结构与 ADSL 很相似，参考模型如图 2-22 所示。VDSL 局端设备与用户端设备之间通过普通电话线进行点对点传输。其中，VTU-O、VTU-R 分别是位于局端和用户端的 VDSL 收发器。业务分离器（包括 HPF 和 LPF）将同一对电话线上传输的 VDSL 与窄带业务（或 ADSL）相分离。

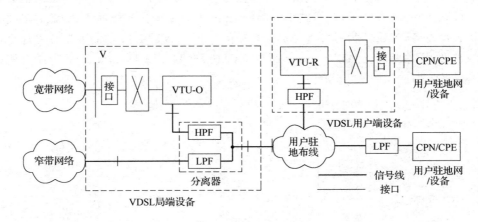

图 2-22　G.993.1 VDSL 参考模型

一般把网络分为核心层、汇聚层、接入层，位于网络接入层的 VDSL 局端设备，它一侧通过千兆或者百兆的以太网链路连接网络汇聚层交换机（有些设备也提供了 SDH 的接口），另一侧通过电话线与用户端设备连接。局端还有一些附加系统,比如相应的用户认证、计费系统等。VDSL 用户端有独立外置式和网络接口卡式等种类。对于独立外置式用户端设备,除了有相应的电话线接口外,在连接用户侧一般会提供 RJ-45 的接口或者 USB 的接口。而网络接口卡式 VDSL 用户端设备则提供 PCI 总线接口,有的还会提供一个 RJ-45 接口以方便连接其他的网络设备。

（二）频段划分和传送能力

VDSL 利用电话线中高频段的电磁波作为载频,与电话通信使用的频率并不冲突,所以使用 VDSL 进行数据通信时不影响用户的语音通信。G.993.1 标准下 VDSL 系统采用的频段划分方案,起始频率为 25 kHz,终止频率为 12 MHz,可使用的频谱较宽,最高可达 12 MHz。这一频谱范围可被分割为若干下行(DS)和上行(US)频段,如图 2-23 所示。

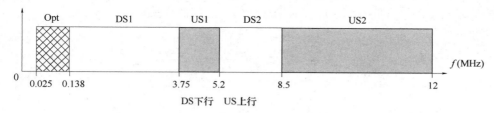

图 2-23　G.993.1 VDSL 的频段划分方案(Plan 998)

VDSL 的应用环境主要可分为三类:

(1)短距离高速非对称业务,例如 300 m 以内,下行传输速率 26 Mbit/s 以上,可主要用于视频传输。

(2)中距离对称或接近对称业务,例如 1 km 左右对称 10 Mbit/s

(3)较长距离非对称业务,这时因高频部分衰减较大,上行速率较低。

G.993.1 VDSL 可在对称或不对称速率下运行。对称时,最高对称速率 26 Mbit/s,传输距离 300 m;13 Mbit/s 的对称速率,传输距离 1 000 m。不对称时,52 Mbit/s 的下行速率和 6.4 Mbit/s 的上行速率,传输距离 300 m;26 Mbit/s 的下行速率和 3.2 Mbit/s 的上行速率,传输距离 1 000 m;13 Mbit/s 的下行速率和 1.6 Mbit/s 的上行速率,传输距离 1 500 m。

传输速率和传输距离的关系如图 2-24 所示。

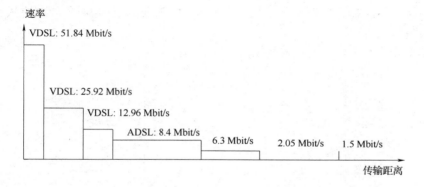

图 2-24　G.993.1 VDSL 与 G.992.1 ADSL 的传输速率和传输距离

VDSL 系统具有速率自适应的机制和能力,即用户线路速率可根据实际线路条件自动调整。

　　VDSL 的传送模式包括 PTM(分组传送模式)、STM(同步传送模式)、ATM 三种,PTM 最为常用。PTM 模式中,不同业务和设备间的比特流被分成不同长度不同地址的分组包进行传输;所有的分组包在相同的"信道"上以最大的带宽传输,形成 VDSL 之上的以太帧传输(EoVDSL)方式。EoVDSL 技术将 VDSL 的较高传输速率、较长传输距离和以太网的简单、低成本、易扩展等优点相结合,较有优势。

　　(三)VDSL Modem 框图

　　G.993.1 VDSL 调制常用 DMT(离散多音频)和 QAM。

　　QAM 在时域对 VDSL 信号进行处理,DMT 进行的则是频域信号处理,需要在线路的每一端进行时域-频域(IFFT/FFT)和串行-并行数据流转换;DMT 技术,前面介绍过,又称多载波调制,最大优点是信号的发送和接收均可以利用高效的快速傅立叶变换(FFT)和反变换(IFFT)来完成 QAM 信号与数字形式的子载波信号之间的变换。

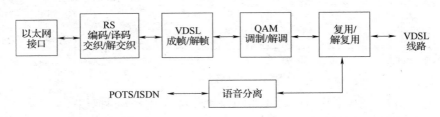

图 2-25　VDSL 电路框图例(QAM 调制)

　　用 QAM 调制方式实现 VDSL 的框图如图 2-25 所示。正交幅度调制(QAM)通过把连续的数个比特映射成星座点来使比特流编码成为符号。这些经过编码的符号(星座点)通过相位变换,成为两个相互独立的基带码流,分别调制两个相互正交的同频率载波,然后两路信号相加,通过滤波器,在信道上传输。

　　由于电话线传输质量容易遭受外界影响,为了提高系统的抗干扰能力,VDSL 系统使用了前向纠错(FEC)和交织技术,以进行差错控制。前向纠错(FEC)是一种信道编码的方式,把足够多的冗余比特加入到发送的数据中,以便接收器能够推断差错并自动地纠正错误。常用的前向纠错码有 RS 编码和卷积码。RS 码适用于检测和校正那些由解码器产生的突发性误码,而卷积码适用于纠正随机误码,所以卷积码和 RS 码结合在一起可以起到相互补偿的作用。VDSL 采用交织技术可以进一步提高系统的抗干扰能力,主要是针对突发性块误码,和 FEC 一起使用能收到很好的效果,但是采用交织会带来一定时延,在使用时需要在时延和准确性两者之间作出选择。

　　VDSL Modem 的实例如图 2-26 所示。

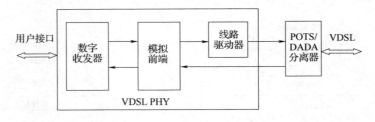

图 2-26　VDSLModem 框图例

　　VDSL 在链路层直接采用以太网的帧结构,如图 2-27 所示。物理层中的数字收发器,用于保证数字数据完整以便进行传输,并可实现某种调制方案;模拟前端(AFE),将数据从数字形式转换成模拟形式;线路驱动器,用于在电话线上发送数据。

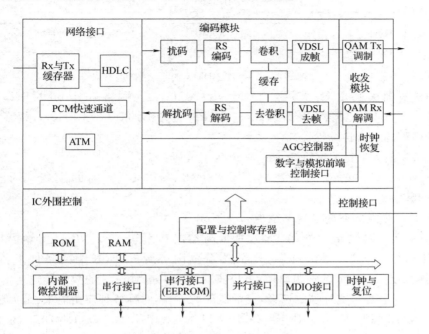

图 2-27　VDSL 数字收发器框图例

VDSL 数字收发器中的网络接口模块,是用户接口,可提供各种以太网、ATM 和 PCM 接口,适合于多种应用;编码模块,完成 VDSL 编解码,包括前向纠错(RS-FEC)编码器,卷积交错,VDSL 成帧器。VDSL 成帧器提供 VDSL 帧,包括用户有效数据和报头插入。收发模块,它包括 QAM 调制、DAC 数模转换和整个数字收发器的 AFE 接口;外设控制模块,包括一个微控制器、用于缓冲功能的存储器、用于存储固件应用程序的 EEPROM 以及各种内部寄存器访问接口。

模拟前端 AFE 能接收和放大通道信号,并对通道进行均衡,还包含用于时钟生成和时序恢复的数控晶体定时装置(工作频率可调)、滤波器调谐单元(工作模式取决于晶体频率、可用的频段以及码速率)以及唤醒装置(它可使 Modem 进入功耗最小的睡眠模式)。

VDSL Modem 为了实现通信还必须具有许多软件特性。VDSL 软件涉及连接管理、功率补偿和速率自适应算法,Modem 的软件或固件程序存储在 EEPROM 中。Modem 通过一个一次性引导连接过程,从局端(LT)Modem 将固件拷贝传输到终端用户(NT)Modem 上,基本连接建立以后,就会有许多标准的可识别的连接状态。NT 连接管理层还可保持传输配置。传输配置是若干预定义的连接配置集,每个配置由一个配置名和多个连接参数(如载波频率、符号率等)组成,保存在 EEPROM 中,可由用户修改。

(四)VDSL2

VDSL2 的 ITU 标准为 G.993.2,它是在 ADSL2 和 VDSL 标准的基础上发展而来的。

1. 调制与频带

VDSL2 将线路编码方式定为 DMT,放弃了 QAM 调制技术,便于与 ADSL、ADSL²⁺统一,便于 VDSL2 互联互通和后向兼容。

VDSL2 的 DMT 调制时的超帧结构,如图 2-28 所示。每个超帧有 256 个数据帧,加一个同步帧。同步帧提供时间标志,供在线重新配置用。子载波间隔是 4.312 5 kHz 和 8.625 kHz 两种。

宽带接入技术

DMT超帧

数据帧 0	数据帧 1	......	数据帧 34	数据帧 35	......	数据帧 254	数据帧 255	同步帧

图 2-28　G.993-2-DMT 的超帧结构

由于频谱范围从 12 MHz 扩展到 12 M～30 MHz,支持网格和 15 bit 星座编码,VDSL2 可根据业务需要将 US0 频段由传统的 25～138 kHz 扩展为 25～276 kHz,以提高 VDSL2 在中等距离条件下的上行传输性能。

(1)VDSL2 最大上行速率可达 100 Mbit/s。

(2)12 MHz 带宽的双向净速率至少 68 Mbit/s 以上,实际的上行/下行速率可达 40 M～60 Mbit/s。

(3)30 MHz 带宽的双向净速率至少 200 Mbit/s。

VDSL2 定义了高输出功率的 PSD,其最高输出功率达 20.5 dBm(传输模板 8b)。与 ADSL2$^+$ 相同,与 VDSL1 相比,VDSL2 的覆盖范围有所提升,长距离条件下可实现类似 ADSL 的传输性能。300 m 的短距离内,可以实现双向 100 Mbit/s 的数据传送速率。

VDSL2 可以通过带宽计划的选择,灵活适应对称、非对称各种应用需求,最大频带范围可达 30 MHz,如图 2-29 所示。对于 12 MHz 以下,采用了 G.993.1 VDSL 的 Plan997 和 Plan998 频带划分方式,见表 2-6。其中,Plan997 比较适合中短距离的双向对称速率的应用模式,而 Plan998 比较适合中短距离的下行方向高速率的应用模式。

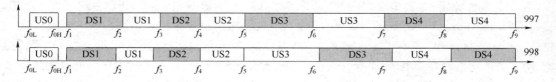

图 2-29　VDSL2 频带计划示意图

表 2-6　G.993-2 部分频带计划

频带计划	频率(kHz)										
	f_{0L}	f_{0H}	f_1	f_2	f_3	f_4	f_5	f_6	f_7	f_8	f_9
997	25	138	138	3 000	5 100	7 050	12 000	N/A	N/A	N/A	N/A
	25	276	276								
997E17	25	138	138	3 000	5 100	7 050	12 000	14 000	17 664	N/A	N/A
997E30	N/A	N/A	138	3 000	5 100	7 050	12 000	14 000	19 500	27 000	30 000
998	25	138	138	3 750	5 200	8 500	12 000	N/A	N/A	N/A	N/A
	25	276	276								
	120	276	276								
	N/A	N/A	138								
998E17	N/A	N/A	138	3 750	5 200	8 500	12 000	14 000	17 664	N/A	N/A
	N/A	N/A	276	3 750	5 200	8 500	12 000	14 000	17 664	N/A	N/A
998E30	N/A	N/A	138	3 750	5 200	500	12 000	14 000	21 450	24 890	30 000
	N/A	N/A	276	3 750	5 200	8 500	12 000	14 000	21 450	24 890	30 000

2. 配置模板

VDSL2 频率范围由于覆盖了中波、短波广播及业余无线电的频谱,会受到这些无线信号的射频干扰(RFI);承载 VDSL2 传输线对的信号会耦合到同一捆电缆的其他线对上,产生线间串扰;其他还有线路衰减、噪声等,这些影响因素还因组网环境的不同而发生变化。所以 VDSL2 定义了一系列传输模板以满足各种复杂应用环境需求,其中功率谱密度控制是主要内容。

传输模板有 8 种(8a,8b,8c,8d,12a,12b,17a,30a),见表 2-7。一个传输模板就是一个参数集合,包括发送功率、子通道带宽、最大频宽、速率等设置。模板的数字代表最大截止频率,字母通常代表不同的功率特性,如 8a、8b、8c 前的数字 8 代表最大截止频率为 8 MHz;8a 的最大下行发射功率 17.5 dBm;8b 为 20.5 dBm,主要适用于长距离应用;8c 为 11.5 dBm,主要用于近距室外机柜应用。12a、12b 截止频率为 12 MHz,17a 截止频率为 17.6 MHz,30a 截止频率为 30 MHz,这几种模板的发射功率均为 14.5 dBm。

表 2-7　G.993.2-VDSL2 配置模板部分内容

频率	参　数	模板的参数值							
		8a	8b	8c	8d	12a	12b	17a	30a
全部	最大组合下行发送功率(dBm)	+17.5	+20.5	+11.5	+14.5	+14.5	+14.5	+14.5	+14.5
全部	最大组合上行发送功率(dBm)	+14.5	+14.5	+14.5	+14.5	+14.5	+14.5	+14.5	+14.5
全部	子载波间隔(kHz)	4.312 5	4.312 5	4.312 5	4.312 5	4.312 5	4.312 5	4.312 5	8.625
全部	双向净数据速率的最小容量(Mbit/s)	50	50	50	50	68	68	100	200

3. OAM功能

VDSL2 充分吸收了 ADSL 和第一代 VDSL 优点,改善了 OAM 操作、管理维护功能。

OAM 有两条专用通信信道支持 VTU-O 和 VTU-R 之间的管理功能,IB 指示比特信道和 eoc 嵌入的操作信道。

IB 信道传送从远端来的对时间敏感(要求立即动作)的控制信息。IB 信道单向工作,即上行和下行方向独立工作,也不作证实或重传。IB 有 los 信号丢失、rdi 远端缺陷指示、lpr 电源缺失等。

eoc 主要交换时间性不强的管理数据,如与系统有关的控制信息、性能参数、测试参数、配置参数和维护命令,如在线重新配置(OLR)、诊断、功率管理、PMD 测试参数读出等等。

OLR 功能可以增强 VDSL2 适应线路变化的能力。当线路或环境条件发生缓慢变化时,OLR 功能可以使 VTU 在控制参数所设置的限度内,不中断业务而自动维持操作,不会出现传输错误和时延变化。在初始化过程中,由于训练时间短,对线路状况的评估较为粗糙。OLR 功能可在短初始化之后,用于优化 VTU 的设置。

环路诊断功能提供的测试参数有"完成自测试"、"更新测试参数"、"出错的 CRC"等等,能够用于分析环路条件、串扰和线路衰减,解决串扰源识别、线路桥接抽头等线路问题,这在实际应用中具有重要的意义。但这种测试是基于 CPE(客户驻地设备)进行的,覆盖范围以及测试精度与专用测试设备相比有较大的差距,因此应用范围有限。

VDSL2 技术实现了与 ADSL/ADSL2$^+$ 技术的兼容,在短距离条件下可运行在 VDSL2 模式下,支持高带宽传输的特性。超过一定传输距离后,可运行在兼容 ADSL/ADSL2$^+$ 模式下,实现中远距离的传输。

VDSL2 在短距离内(一般小于 1.5 km),上下行速率优势非常明显,特别是上行速率要远高于 ADSL2$^+$,因此,VDSL2 适用于短距离下,对带宽需求高和交互性强的业务。

ADSL/VDSL 频谱分布比较如图 2-30 所示。

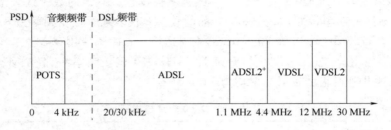

图 2-30　ADSL/VDSL 频谱分布

五、电话线接入 HomePNA

(一)HomePNA 概述

HomePNA 标准出自家庭电话线网络联盟。它在小范围内搭建局域网,解决家庭用户的多台设备连接问题,与一般 LAN 的区别在仅仅在于用电话线代替了网线。普通电话线常产生各种干扰,如正常的电话/传真信号干扰、电话的振铃电平脉冲信号干扰、电话的挂断电平脉冲信号干扰以及电话答录机的电源杂讯干扰等,所以普通电话线联网与网线有很大区别,HomePNA 的工作环境是劣于以太网的。

目前共有三个 HomePNA 标准。1998 年发布的 HomePNA 1.0 版本,传输速度为 1.0 Mbit/s,传输距离为 150 m;1999 年 9 月发布的 2.0 版本,传输速度为 10 Mbit/s,传输距离为 300 m。进一步改进后,2003 年的 3.0 版将传输速率大幅提升,提供了对视频业务的支持,除了可以使用电话线为传输介质外,也可使用同轴电缆,2005 年成为国际标准 ITU G.9954。

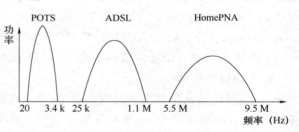

图 2-31　HomePNA1.0 频谱图

HomePNA 使用 2 芯的电话线,采用频分复用技术把话音与数据在同一条电话线上传送。HomePNA 1.0 频率分配为:话音 20～3.4 kHz,数据 5.5 M～9.5 MHz,如图 2-31 所示。从频谱来看,HomePNA 物理层信号分布在 5.5 MHz 和 9.5 MHz 之间,中心频率是 7.5 MHz。G.9954 规定的频谱范围及波特率见表 2-8。

HomePNA 类似于以太网,但是对于电缆类型、拓扑结构等无特殊要求,它实质就是一种变种的 ADSL,但频段不同,联网方式也不同。在介质访问控制层上,HomePNA 利用现有的以太网协议;在连接方式上,HomePNA 技术可使网络内所有的节点按菊花链的方式连接,无需中央汇接或交换,这种连接方式简化了安装,如图 2-32 所示。连接 PC 和网络使用的是 HomePNA 交换机和 HomePNA 终端适配器。

表 2-8 G.9954 规定的频谱范围及波特率

模式种类	电话线			同轴线		
	频谱范围（MHz）	载波中心频率 f_c（MHz）	波特率	频谱范围（MHz）	载波中心频率 f_c（MHz）	波特率
频谱模式 A	4～20	12	2,4,8,16 MBauds	4～20	12	2,4,8,16 MBauds
频谱模式 B	12～28	12	2,4,8,16 MBauds	12～28	12	2,4,8,16 MBauds
频谱模式 C	—	—	—	36～52	36	2,4,8,16 MBauds
频谱模式 D	—	—	—	4～36	12	2,4,8,16,32 Mbauds

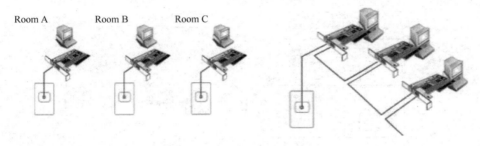

图 2-32 三个 PC 组成菊花链示意图

HomePNA1.0 采用脉冲位置调制（PPM）方式，数据传输速率为 1 Mbit/s。

G.9954（HomePNA3.1）采用正交幅度调制（QAM）方式，QAM 星座编码每符号 2～10 bit，电话线对应速率范围 4～160 Mbit/s，同轴线对应速率范围 4～320 Mbit/s，而且可根据线路情况自适应调整传输速率。

（二）HomePNA 系统

HomePNA 系统主要由两部分组成：一是 Home PNA 交换机，二是 HomePNA 终端适配器。有的 HomePNA 交换机有较好的 VLAN 功能及网管功能，可以通过网管软件设定某个端口有效或无效，监视各端口运行情况。

1. Home PNA 交换机

HomePNA 交换机通常放置在主配线架机房，用于汇集并管理各分散 2 线电话线用户端口，并提供与广域网进行互联的 10/100 M 广域网接口，设备支持各种网络协议。另外，面板上有许多 LED 指示每个端口和整个系统的运行状态。

2. HomePNA 终端适配器

HomePNA 终端适配器放在用户家里，可与普通的以太网络设备兼容，允许使用者选择网络速率而不需要任何软件支持，同时也支持最常用的 PC 操作系统。

HomePNA 终端适配器主要分为 USB 接口适配器、以太网转换为 HomePNA 适配器、PCI 插卡等。USB 接口适配器接在 PC 机的 USB 口上，安装驱动程序、配置 TCP/IP 后即可使用；以太网转换 HomePNA 适配器通过 10-BASE-T 电缆与 PC 机的以太网卡相接；PCI 适配卡通过电话线连接到远端的交换机（工作原理与网卡相似），插在 PC 机的 PCI 插槽上，可以接电话线当做 HomePNA 卡使用,也可接 10-BASE-T 电缆当做以太网卡使用;两个HomePNA适配卡之间亦可直接通过电话线通信,通信距离在 300 m 左右。PCI 适配卡通常有两个RJ-11接口和 1 个 RJ-45 接口。1 个 RJ-11 接口与电话线相连,另有 1 个 RJ-11 接口与电话机连接,RJ-11口之间的传输速率 1 Mbit/s。1 个 RJ-45 接口可作为普通的 10 Mbit/s 网卡使用。利用两个 RJ-11 口将计算机连接,可以形成串连型连接,最多可以连接 25 个节点。

　　HomePNA 系统的交换设备位于网络中宽带接入服务器和终端用户之间,如图 2-33 所示。ISP 通过光纤或者其他方式将高速互联网接口连到小区,通过 HomePNA 局端设备(小区网络中心)和客户端设备在小区内通过电话线连接成一个局域网,然后通过 HomePNA 设备上的共享上网服务功能为用户提供高速上网连接。

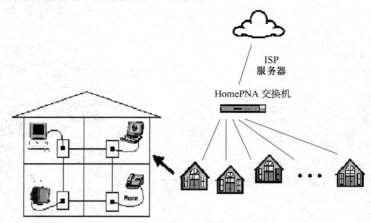

图 2-33　HomePNA 连接示意图

　　HomePNA 物理层和 MAC 层帧结构参见附录一的附图 1-1 和附图 1-2。

　　ADSL 是"点对点"的,HomePNA 却是用于组成局域网的,虽然它们的传输线路都是电话线,区别见表 2-9。

表 2-9　几种宽带方式的比较

项　　目	HomePNA	ADSL	LAN
物理介质	电话线	电话线	网线
传输距离(m)	300～500	3～5	100 左右
上网可否同时打电话	可以	可以	可以,本身和电话无关联
速度(bit/s)	1.0 版:1 M 对称 2.0 版:4～32 M	上行:800 k 下行:8 M	10～100 M 对称
设备要求	HomePNA 交换机和 HomePNA 终端适配器	局端:DSLAM 客户端:ADSL Modem	以太网交换机和网卡
建设施工量	小	中	大
到局端的带宽	共享	独占	共享
是否需要重新布线	不需要	不需要	需要

六、xDSL 典型设备与配置

　　以某型号 ADSL 局端设备的配置为例,该型号 ADSL 局端设备面板布置如图 2-34 所示。

风扇框	0	主控板	1	业务板
			2	业务板
	5	电源板	3	业务板
			4	业务板

图 2-34　某型号 ADSL 局端设备面板布置图

图 2-34 中，主控板主要完成上行业务汇聚，设备管理及对各个接口模块的业务管理等功能；32 路 VoIP POTS 业务接入板支持 VoIP（IP 电话）业务，提供 POTS 用户接入；32 路 ADSL2$^+$ 业务接入板支持 32 路 ADSL/ADSL2/ADSL2$^+$ 接入，内置分离器；16 路 VDSL2 业务接入板支持 16 路 VDSL2 接入。

交流输入电源板支持交流输入电压转换，输出 DC$-$48 V、DC$+$12 V 和 DC$+$3.3 V，并支持蓄电池接入。

该设备的上行接口有 GPON 光接口、EPON 光接口、GE 光接口，GPON、EPON 具体内容参见第三章的相关介绍。

GPON 光接口采用单模光模块，支持单纤双向的数据传输，遵循 ITU-T G.984 系列标准，支持下行 2.488 Gbit/s，上行 1.244 Gbit/s 速率；EPON 光接口提供上下行 1.25 Gbit/s 的数据传输速率，实现业务上行；GE 光接口提供 1.25 Gbit/s 的数据传输速率，实现业务上行。

该设备的业务接口中，POTS 接口支持 POTS 接入，提供 VoIP 业务；ADSL 接口支持 ADSL 接入业务；VDSL2 接口支持 VDSL2 接入业务。

该设备的管理接口中，本地维护串口 CONSOLE（RS-232 串口）提供本地维护和远程维护功能，通过超级终端等工具软件，以命令行方式对系统进行配置，缺省波特率 9 600 bit/s。

ADSL 端口在进行业务传输前必须先激活。激活是指 ADSL 局端与远端 ATU-R 之间进行训练，训练过程将根据线路配置中指定的 ADSL 标准、通道方式、上下行线路速率、规定的噪声容限等来检测线路距离和线路状况，并在局端与远端设备之间进行协商，确认能否在上述条件下正常工作。

由于每个端口在激活时都必须设置 ADSL 标准、通道方式、上下行线路速率、规定的噪声容限等，而实际应用中各个端口的这些设置大部分是相同的，所以该型号局端设备设置了 ADSL 的线路模板。线路模板配置成功之后，端口在激活时就可直接引用。

增加 ADSL 线路模板配置步骤及命令如下：

步骤 1：设置 ADSL 线路配置索引号

```
MA5616(config)#adsl line-profile add [<index>]{2-32}:10
```

可输入索引号，也可回车由系统自动分配一个索引号，索引号不能重复，线路模板的删除和修改都以索引号为参数。

步骤 2：选择线路模板类型

```
>Select the line profile type 1-adsl 2-adsl2+(1~2)[1]:1
```

1 为 ADSL 线路模板，2 为 ADSL2/ADSL2$^+$ 线路模板。

步骤 3：是否进行基本配置

```
>Will you set basic configuration for modem? (y/n)[n]:y
```

步骤 4：选择 ADSL 工作模式

```
> ADSL transmission mode:
```

> 0：All(G992.1～3,G992.5,T1.413)

> 1：Full rate(G992.1/3/5 or T1.413)

> 2：g. lite(G992.2)(ADSL over ISDN board doesn't support)

> 3：T1.413(ADSL over ISDN board doesn't support)

> 4：g. dmt(G992.1/3/5)

> 5：g. hs(G992.1～3,G992.5,G992.5 is prior)

> 6：G992.1

> 7：G992.2(ADLI over ISDN board doesn't support)

> 8：ADSL all(G.992.1～2,T1.413)

Please select(0～8)[0]:0

ADSL 线路模板可以选择包含 G992.1、G992.2、T1.413 的模式，ADSL2/ADSL2$^+$ 线路模板可以选择包含 G992.3、G992.5 的模式。

步骤 5：是否采用格栅编码

> Trellis coding 0-disable 1-enable(0～1)[1]:

格栅编码是一种纠错算法，采用这种算法，会提高信噪比，增强 ADSL 连接的稳定性。

步骤 6：是否使用上行、下行通道位交换

> Upstream channel bit swap 0-disable 1-enable(0～1)[0]:

> Downstream channel bit swap 0-disable 1-enable(0～1)[0]:

设置"位交换"后，当 ADSL 的信道特性发生变化，导致某个子载波的信噪比发生恶化，无法支持该子载波所传送的位数时，系统可将该子载波传送的比特位交换一位到其他的子载波上去传送，从而减少因双绞线信道特性发生变化而导致掉线。

步骤 7：选择通道工作模式

> Will you set channel mode? (y/n)[n]:y

> Please select channel mode 0-interleaved 1-fast(0～1)[0]: 0

端口的通道工作模式有两种：交织方式和快速模式。采用快速的工作方式，ADSL 数据传输的延时比较小，但稳定性相对交织而言要差一些；采用交织方式，ADSL 的连接稳定性比较好，但是 ADSL 数据的传输延时比较大。一般来说，对于普通的上网业务，推荐设置为交织方式，对于一些对延时比较敏感的 VOD 等业务，推荐使用快速方式。如果想要选择交织模式，则首先进行交织参数的配置；如果选择快速模式，则直接进入步骤 10，进行下行传输速率自适应方式的配置。

步骤 8：是否设置 ADSL 的交织延迟

> Will you set interleave delay? (y/n)[n]: y

选择 y 则会提示输入下行、上行最大交织延迟深度。

步骤 9：设置下行、上行最大交织延迟

> Max down stream interleaved delay(0～255 ms)[16]:

> Max up stream interleaved delay(0～255 ms)[16]:

交织延迟和 ADSL 连接的稳定性和传输延时的关系都比较大：交织延迟越大，ADSL 的连接稳定性会越高，但是传输的延时也会相应的增加。

步骤 10：选择下行传输速率自适应方式

> Please select form of transmit rate adaptation in downstream：

> 0-fixed 1-adaptAtStartup 2-adaptAtRuntime(0～2)[1]:

固定方式：表示 ADSL 端口以固定的下行速率激活。

启动自适应方式：表示 ADSL 端口根据与 ATU-R 的自动训练结果，以最佳的速率建立 ADSL 连接。该速率值应在所设置的最大/最小速率范围内。

运行态自适应方式：表示根据线路状态自动调整线路速率。当线路状况恶化时，通过降低线路速率的方式提高 ADSL2/ADSL2$^+$ 连接的稳定性；当线路状况良好时，则提高线路速率。

步骤 11：是否设置 Modem 噪声容限

>Will you set noise margin for modem? (y/n)[n]: y

噪声容限是指在保持当前速率和误码率的前提下，系统还能容忍的附加噪声。在线路参数中，噪声容限又分为目标噪声容限和最小噪声容限。

Modem 的噪声容限与 ADSL 连接的稳定性成正比，一般来说，Modem 的噪声容限越大，其连接的稳定性越高。但是噪声容限和激活后的物理连接速率的关系为反比关系，当噪声容限越大的时候，激活后的物理连接速率会越低。该步如果选择 n 则直接进入步骤 16。

步骤 12：设置下行目标噪声容限

>Target noise margin in down stream(0～15 dB)[6]: 目标噪声容限是数据正常通信时预留的一定噪声比余量，目的是保证线路上噪声情况恶化时，仍能保证正常通信。这是一种预防措施，预留余量越大则系统发生数据传输错误的概率越小，系统也就越安全；但是预留越大，流量也就越小，数据传送的速率就越低。工作中应该根据线路的实际情况调整上下行目标噪声容限。如果线路质量好，那么目标噪声容限可以设小一些以获得高的速度；如果线路质量差，那么应该设的大一些以获得高的稳定性。如果设置了目标噪声容限，ADSL 会根据该目标噪声来建立连接，并根据目标噪声来确定连接的物理速率。

步骤 13：设置下行最小、最大噪声容限

>Min noise margin in down stream(0～6 dB)[0]: 0

>Max noise margin in down stream(6～31 dB)[31]: 31

ADSL 建立连接时，如果计算得出的噪声容限小于设置的最小噪声容限，端口将会无法激活，所以一般将下行最小噪声容限设置为 0 dB。

步骤 14：设置上行目标噪声容限

>Target noise margin in up stream(0～15 dB)[6]:

步骤 15：设置上行最小、最大噪声容限

>Min noise margin in up stream(0～6 dB)[0]:

>Max noise margin in up stream(6～31 dB)[31]:

步骤 16：是否要设置速率参数

Will you set parameters for rate? (y/n)[n]:y

速率参数的设置与 ADSL 连接稳定性有很大的关系：在同种线路条件下，如果将速率设置得过高，会造成 ADSL 连接不稳定。如果选 n，则直接步骤 18，进入"输入线路模板名称"步骤。

步骤 17：设置上下行最小最大速率

>Min bit rate in down stream(32～8160 kbit/s)[32]:

>Max bit rate in down stream(32～8160 kbit/s)[6144]:

>Min bit rate in up stream(32～896 kbit/s)[32]:

>Max bit rate in up stream(32～896 kbit/s)[640]:

ADSL 建立连接时，如果计算得出的速率小于设置的最小速率，端口会无法激活。如果线路条件比较好，计算出来的速率大于所设置的最大速率，系统会将速率限制在所设置的最大的速率上,但会增加噪声容限;如果线路的条件比较差,计算出来的最大速率不能满足所设置的最大速率的要求,系统会在保持目标噪声容限的前提下,按照实际计算出来的速率建立连接。

步骤18:输入线路模板名称

＞Please input the profile's name：

也可直接回车由系统自动生成。

步骤19:增加 ADSL 线路模板成功

Add profile 10 successfully.

步骤20:使用端口模板 10 激活端口 0/0/0

＞ Interface adsl 0/0 进入 0 框 0 槽 ADSL 单板模式

＞ deactivate 0 去激活此 adsl 单板的 0 端口

＞ activate 0 profile-index 10

以模板 10 激活 adsl 端口 0,此时此端口下行最大速率为 2 Mbit/s,上行最大速率为512 kbit/s。

第二节　同轴线(电视网)接入

混合光纤同轴网(HFC)是从有线电视网发展而来的。传统的有线电视网常用同轴电缆或微波作为传输线路,只能传输几十套电视节目。20 世纪 90 年代初,随着光纤传输技术的成熟与发展,人们开始在有线电视网中引入光纤,形成混合光纤/同轴网(HFC)。同轴电缆比电话线、网线的带宽大许多倍,光纤带宽又比同轴线大许多倍,所以光纤/同轴混合传输形成"强强联合"具有频带宽、容量大的优点。HFC 接入技术就是以现有的 CATV 网络为基础,综合应用模拟和数字传输技术、射频技术和计算机技术所产生的一种宽带接入网技术。

一、HFC 概述

(一)HFC 网络

HFC 网络示意图如图 2-35 所示。HFC 网络是由馈线网、配线网和引入线三部分组成。从局端((也称头端、前端))到光分配节点(ODU)用光纤,为星形结构,所有连接到光节点的用户共享一条光纤线路;从光分配节点到用户用同轴电缆,为树形结构,通过分路器连接到各个终端用户。

根据相关的国家标准,HFC 使用时分为上下两个频段,上行频段 5～65 MHz 用于上行数据业务,其中 5～15 MHz,用于网络状态监控、VOD 点播、用户密码、节目编号等,15～65 MHz用于数据业务;下行频段 87 MHz～1 GHz,其中 87～108 MHz 用于调频广播节目,111 MHz～1 GHz,用于模拟电视和数字电视以及数据业务。即 HFC 网络采用的是频分复用方式区分上下行、区分各种业务、区分各个电视节目的。

因为同轴线的带宽比电话线要宽得多,所以 HFC 可以同时传输有线电视、话音、数据信号。采用了先进的数字调制和数字压缩技术后,能提供数字电视、高清电视 HDTV、宽带上网、视频点播(VOD)及其他一些交互业务。这样 HFC 支持全部"完成时"的窄带和"进行时"的宽带业务,成为所谓全业务宽带网络。又因为 CATV 网络覆盖范围十分广泛,故 HFC 是一种解决"最后一公里"问题的比较经济、性能较高的宽带接入方案。

HFC 的系统结构一般包括前端系统、用户端系统、HFC 传输网络。其中混合光纤同轴网

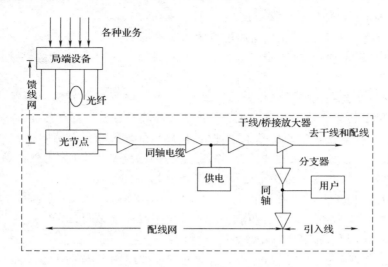

图 2-35　HFC 网络示意图

(HFC)主干线用光纤,光结点小区内用树型总线同轴电缆网连接用户,如图 2-36 所示。

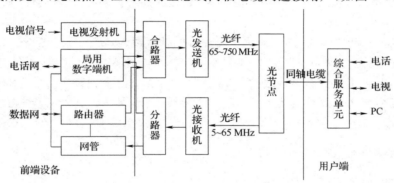

图 2-36　HFC 系统示意图

HFC 系统中,有线电视台的前端设备通过路由器与数据网相连,通过局用数字端机与公用电话网(PSTN)相连。

前端设备是信号的接收与处理中心,接收来自各种信号源的电视信号(卫星、本地)同时将用户信号接入到 PSTN、因特网。它的功能有,提供各业务接口、进行各种业务射频信号混合、提供监控接口、光电转换等;HFC 的业务接口有支持公共交换电话网 PSTN 与 ISDN 的 V5 接口以及 IP 网络接口,还有最常用的有线电视接口和数字视频接口等。它把有线电视台的电视信号、公用电话网的话音信号和数据网的数据信号送入合路器形成混合信号后,由这里通过光缆线路送至各个小区光节点。光节点的功能有光电转换、各种业务射频信号混合、提供监控接口等。从光节点出来的信号再经过同轴分配网络送至用户本地的综合服务单元,并分送到各种用户终端,音视频送电视机和电话,数据经服务单元内的同轴电缆 Modem,送到 PC。

(二)HFC 的应用系统

利用 HFC 可构成三个应用系统:数字电视系统、话音系统和宽带数据系统。

(1)使用 CATV 同轴电线连接到机顶盒(STB),然后连接到用户电视机。

(2)使用双绞线连接到用户电话机。

（3）通过同轴电缆 Modem 连接到用户计算机。

HFC 提供数字电视业务目前都是通过机顶盒实现的。

注意，机顶盒（STB）的概念比较广泛，广义的说，凡是与电视机连接的网络终端设备都可称为机顶盒。

早期的上网机顶盒利用电话网作做为传输平台，利用电视机做为显示平台，实现因特网接入功能。因此，可以将它看成是一种非 PC 类的互联网接入设备。而数字卫星机顶盒、数字地面机顶盒与数字有线电视机顶盒的基本原理相同，只是信号传输平台不同。

有线电视数字机顶盒不仅是电视用户终端，也是网络终端，它利用有线电视网络（全电缆网络或光纤/同轴混合网）作为传输平台，电视机作为用户终端接收数字电视广播节目。它还可以提供数据通道，使用户可以直接在电视屏幕上访问网络，收发 E-mail 和浏览网页等。也就是说，有线电视数字机顶盒的主要功能是接收数字电视广播节目，顺便还能提供数字通道上网，显示屏用的是电视机，也属于非 PC 类的互联网接入设备。

HFC 提供话音业务一般采用 IP 技术，能上网就能够使用户家的电话通过因特网，与全球任何联网用户实现 VoIP。为了和电信网中的电话用户互通，一种方法是从因特网通过 IP 电话网关来与 PSTN 公网相连；另一种方法是从 HFC 的局端设备 CMTS 通过 IP 电话网关连至 PSTN 公网。

HFC 提供因特网接入业务时，局端需要配备同轴电缆 Modem 终端系统（CMTS），通过以太网设备或 ATM 与因特网进行互联；用户端要有同轴电缆 Modem（CM），它是在同轴电缆上使用的调制解调器，用户数据终端通常是 PC。用户计算机出来的数字信号经 Modem、同轴电缆、分配器和信号放大电路到达光节点，经光纤干线传输，最后到达 CMTS，再经路由器连入因特网。

二、HFC 接入系统

HFC 网络数据传输系统构成如图 2-37 所示。

图 2-37　HFC 网络数据传输系统构成

CMIS 的网络侧接口（NSI）是 100BASE-T 或千兆以太网接口；CMTS 或 CM 与 HFC 网的接口（RFI）是射频接口；CM 与用户数据终端之间的接口（UNI）可以是 10BASE-T、100BASE-T 或者是计算机使用的 USB 和 PCI 等接口，也可以采用 CM 嵌入用户数据终端的方式。

前端设备 CMTS 是前端路由器/交换集线器和 HFC 网络之间的连接设备，支持与 CM 之间的双向通信，对数据进行调制/解调，完成 RF（射频）转换。它接收从用户 CM 来的上行信号，将信号转换成 IP 包，然后按一定路由发送给 ISP；将因特网过来的信号下行发送到用户 CM。它还要对所有 CM 的接入进行控制（认证许可），给 CM 分配带宽并进行管理。用户 CM 之间不能互相直接通信，必须通过 CMTS 才能沟通。CMTS 提供的许多功能类似 DSL 系统中的 DSLAM（数字用户线接入复用器）。

用户端设备 CM 连接用户的 PC 与 HFC 网络,完成同轴电缆下行数据信号的解码、解调等功能,通过以太网端口将数字信号传送到 PC 机;同时接收 PC 机的上行信号,经过编码、调制后通过 HFC 传给前端设备 CMTS,实现网络与用户 IP 数据的双向交互。它与 CMTS 组成完整的数据通信系统。CM 可集成 Modem、调谐器、加/解密设备、桥接器、网络接口卡、虚拟专网代理和以太网集线器的功能于一身。

CM 与以前介绍的 xDSL Modem 在原理上都是将数据调制后在电缆的一个频率范围内传输,接收端解调,不同之处在于它是通过有线电视的某个电视节目的传输频道进行传输的。xDSL Modem 的传输介质在用户与服务器之间是独立的,即用户独享通信介质;而 CM 属于共享介质系统,不仅其他频道仍然用于有线电视节目的传输,而且多个用户的计算机都是通过 CMTS 指定的那个频道上网的。

CM 可作如下分类:

(1)从传输方式上可分为双向对称式传输和非对称式传输。

(2)从数据传输方向上有单向和双向 CM 之分。

(3)从网络通信角度看,CM 可分为同步(共享)和异步(交换)两种方式。

(4)从接入角度来看,可分为个人/多用户 CM,多用户 CM 具有网桥的功能,可以将一个计算机局域网接入。

(5)从接口角度分,可分为外置式、内置式和交互式机顶盒。外置 CM 的外形象一个小盒子,通过网卡连接计算机,优点是可以支持局域网上的多台计算机同时上网。内置 CM 是一块 PCI 插卡。交互式机顶盒即有线电视数字机顶盒。

HFC 网络数据传输系统用频分复用方式,实现数据业务和模拟、数字电视业务共存。

在 HFC 数据系统中,采用双向非对称技术时,在频谱中分配 87～1 000 MHz 之间(国标推荐 606～862 MHz 之间的频率范围)的一个 8 MHz 的信道(电视频道)作为下行的数据信道。分配 5 到 65 MHz 中的一个频段作为上行回传,通过上行和下行数据信道形成数据传输的回路,上下行数据信号是频分复用的。通信协议采用 TCP/IP。按非对称的方式使用 CATV 信道传输数据,下行速率远大于上行速率,采用这种方式同 ADSL 一样也是考虑到目前数据量多在下行。

HFC 下行的信号速率,按中国电视频道配置,每一个频道带宽都是 8 MHz。64-QAM 调制时,每频道速率 38 Mbit/s;256-QAM 调制时,每频道速率 51 Mbit/s;1024-QAM 调制时,每频道速率 64 Mbit/s。上行频道的信号速率,依不同的频道宽度、调制方式而不同。0.2 MHz 带宽、QPSK 调制时,速率为 0.32 Mbit/s;6.4 MHz 带宽、64-QAM 调制时,速率为 30.72 Mbit/s;6.4 MHz 带宽、256-QAM 调制时,速率为 40.96 Mbit/s。

用 HFC 网络上网,8 MHz 数据信道被很多用户所共享。用户仅在发送、接收数据的瞬间使用网络资源,抓住一切机会在毫秒级甚至更少的时间内下载数据帧。如果在网络使用的高峰期中有拥塞,只需简单的再分配一个 8 MHz 频段,就能倍增下行速度;另一种方法是在用户段重新划分物理网络,按照访问频度给用户合理分配带宽,速度可与专线媲美。

HFC 数据子系统通过 MAC 控制用户信道的分配与竞争,同时支持不同等级的业务,还可以通过网络管理系统对 CM 进行配置、状态、流量监控和诊断。

HFC 本来只用于传输数字电视节目,是点到多点结构,仅仅需要下行信号的单向广播。利用这个网络接入因特网,首先必须在不影响数字电视节目的传输的情况下传输数据;其次数据传输是双向的,要考虑上行信道汇聚所有用户的信号,也汇聚了各种噪声,处于多干扰环境;又由于信道共享,各个用户上传数据需要 MAC 协议进行上行信道的分配,以避免冲突。所以 HFC 网络数据传输系统的物理层和 MAC 层都比较复杂。

(一)物理层

物理层由物理介质相关子层 PMD、传输会聚子层 TC 组成。

1. 物理介质相关子层 PMD

PMD 子层提供物理接口,进行信号的调制/解调、比特流同步等。调制方式有 QAM(正交调幅)和 QPSK(相移键控)。上行一般选用 QPSK 调制,QPSK 更适合同轴电缆噪音环境,但速率较低,下行常采用 64QAM 调制方式。物理层帧结构和信号处理顺序如图 2-38 和图 2-39所示。

| 前同步码 | 分组数据 | FEC 奇偶校验 | 保护时间 | 填充字节 |

图 2-38　具有可变突发长度的物理层帧结构示例

上行 PMD 子层的前同步码长度可变,是针对扰码和里德-所罗门(RS)编码后的数据预置的。预置的前同步码长度是可编程的,QPSK 时的 0,2,4,…,1 024 bit 或 16QAM 时的 0,4,8,…,1 024 bit。因此,前同步码的最大长度是 512 个 QPSK 符号或 256 个 QAM 符号。前同步码的长度在 CMTS 发送的上行信道描述符消息中配置。

如图 2-39 所示,形成数据块是将数据帧分解成信息块(一个码字中的数据字节);FEC 编码是对每个信息块进行里德-所罗门(RS)编码,FEC 可以关闭;加扰是对信号进行随机化处理;符号映射是将数据流映射为调制符号;滤波是对符号流进行频谱整形;调制是在精确时间里进行 QPSK、16QAM 调制。

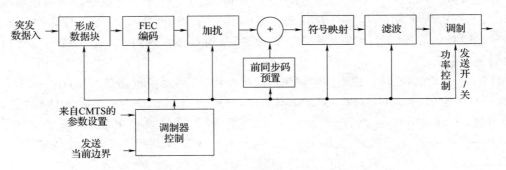

图 2-39　信号处理顺序

(1)上行

上行工作频率在 5～65 MHz 频率范围内,有 QPSK 和 16QAM 两种调制方式(QAM 的信道利用率比 QPSK 高,但 QPSK 的抗干扰性更好),调制方式是可编程的,有160 ksym/s、320 ksym/s、640 ksym/s、1 280 ksym/s 及 2 560 ksym/s 五种符号速率,由 CMTS 通过发送 MAC 消息配置,CM 按 MAC 消息中的上行信道描述符 UCD 规定的符号率进行传输。CM 的电气输出参数参见表 2-10。

上行的突发数据特性包括信道参数、物理层突发简要特性、用户专用参数三个部分:

表 2-10 CM 的电气输出

参 数	数 值
频 率	5～65 MHz
电平范围(一个信道)	＋68～＋115 dBμV(16QAM) ＋68～＋118 dBμV(QPSK)
调制方式	QPSK 和 16QAM
符号率(标称值)	160 ksym/s,320 ksym/s,640 ksym/s,1 280 ksym/s 和 2 560 ksym/s
带 宽	200 kHz,400 kHz,800 kHz,1 600 kHz 和 3 200 kHz
输出阻抗	75 Ω
输出反射损耗	＞6 dB(5～65 MHz)
连接器	F 型连接器(与输入同)

① 信道参数包括表 2-10 所示的五种符号率、中心频率(Hz)、1 024 bit 前同步码字节串。

② 物理层突发简要特性有调制类型、前同步码长度、FEC 纠错码的设置、扰码器设置、可传送的微时隙的最大数目等参数,参见附录四中上行信道描述符 UCD 部分的附表 4-1 上行物理层突发属性。

用户专用参数有功率电平、测距偏移等,其中的测距偏移用于 CM 到 CMTS 上行传输时延校正,以便在 TDMA 方式中同步上行传输。它是一种预补偿,约等于从 CMTS 到 CM 的往返时延,分辨率为 1/64 的帧信号微增量(6.25 μs/64＝0.097 656 25 μs)。参见附录四中附表 4-2 用户专用突发参数。

(2)下行

下行工作频率在 112～858 MHz 之间,CMTS 输出标称信道间隔为 8 MHz。CM 的电气输入特性见表 2-11。

表 2-11 CMTS 到 CM 的电气输入特性

参 数	数 值
中心频率	(112～858 MHz)±30 kHz
电平范围(一个信道)	43～73 dBμV,64QAM;47～77 dBμV,256QAM
调制类型	64QAM 和 256QAM
符号率(标称值)	6.952 Msym/s(64QAM 和 256QAM)
带 宽	8 MHz(0.15 升余弦平方根,64QAM 和 256QAM)
总输入功率(80～862 MHz)	＜90 dBμV
输入(负载)阻抗	75 Ω
输入回波损耗	＞6 dB(85～862 MHz)
连接器	F 型

2. 下行传输会聚子层(TC 子层)

TC 子层提供与 MAC 的接口,对 MAC 帧进行分段与重组,形成在信道上传输的帧结构,完成同步、测距和功率调整等功能。同步是 CM 定期接收 CMTS 广播的参考时钟,并调整自己的时钟与之一致;测距是为了均衡时延(各 CM 到 CMTS 距离不等),避免时隙重叠;功率调整则为了使各 CM 到 CMTS 的电平基本相同。

因为 HFC 网络原本是传输电视节目的,为便于数据和其他数字视频节目等信息交织在一起传送,HFC 数据传输系统在下行物理介质相关(PMD)子层和 MAC 子层之间插入了一个传输会聚子层 TC,如图 2-40所示;数据的 TC 帧结构直接采用了 MPEG 传送流(TS)格式,使得视频与数据的复用十分方便,如图 2-41 所示。

SNMP 为简单网络管理协议,TFTP 为简单文件传送协议,DHCP 为动态主机配置协议,ARP 为地址解析协议。UDP 为用户数据报协议、IP 为网际协议、IGMP 为互联网组管理协议、LLC/DIX 是逻辑链路控制协议。

下行传输汇聚子层帧结构有 188 个字节,与国标 GB/T 17975.1-2000 定义的 MPEG-2 传送流格式相同,包括 4 个字节的帧头及其后的 184 个字节有效数据净负荷。

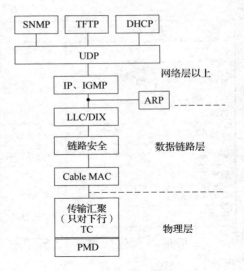

图 2-40　HFC 的物理层和 MAC 层通信协议栈

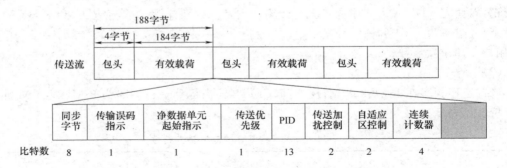

图 2-41　MPEG-2 传送流帧结构

4 个字节的帧头中,同步字节(0x47)用于同步;传输误码指示表明在接收包时有误码发生。该位在发端置 0,在帧传输过程中有误码发生时置 1;净数据单元起始指示置"1"表明有效数据净负荷的第一个字节(1 帧的第 5 个字节)为指针域,指针域包含了跟在它后面的帧字节数,CM 解码器到指针域来寻找 MAC 帧的起始比特;传送优先级保留,置为 0;PID(分组标识)取 0x1FFE 就是 HFC 数据 PID;传送加扰控制保留,置为'00';自适应域控制取'01',HFC 数据 PID 中不允许使用自适应域(图 2-41 灰色部分);连续计数器是在此 PID 内的循环记数器。MAC 帧如果很大可以用几个 MPEG 帧来传输。

184 个字节的有效数据净负荷放 MAC 帧或其他业务,受 CMTS 控制。

(二)MAC 层

MAC 协议环境是收发信道完全分开,同一服务区的用户共享带宽。同一个信道内部的不同 CM 的数据发送,仍然采用时分复用的方式。由于上行数据,实际上是一种多点到一点的模式,所以必须由 CMTS 集中控制 CM 的接入。MAC 层的功能是 CM 接入的合法性认证、上行信道竞争的冲突分解、CM 带宽的请求、分配与管理。

1. MAC层工作方式

CMTS 带宽分配时,把上行传输时间分成很多时间间隔,各用户使用分给自己的时间间隔,形成所谓的 TDMA。带宽分配的最小单位是"微时隙"6.25 μs,每个时间间隔是一个微时隙的整倍数,即用 2、4、8、16、32、64 或 128 乘以 6.25 μs,由使用码来标识。

MAC 层带宽请求与分配过程通过 CM 与 CMTS 交互实现,如图 2-42 和图 2-43 所示。要发数据的 CM 从下行信道获取 CMTS 的上行带宽分配广播信息(MAP PDU),从中选取一个空闲的微时隙,发送一个请求。如果请求冲突,则按某种退避算法进行冲突分解,请求成功会收到 CMTS 的 ACK,指定 CM 的发送时刻及允许发送的微时隙个数,CM 根据分配信息,在指定的上行时隙内发送数据 PDU。

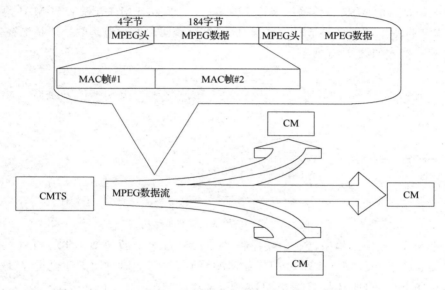

图 2-42 CMTS 下行数据示意图

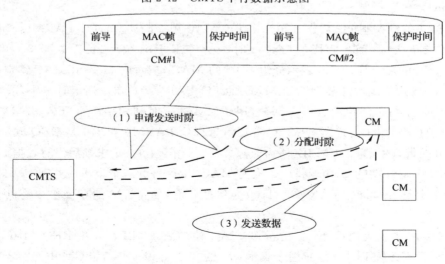

图 2-43 CM 上行数据及交互示意图

2. MAC 帧结构

一般 MAC 帧结构如图 2-44 所示。

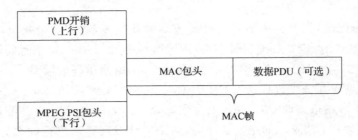

图 2-44　一般 MAC 帧结构

因为物理层上下行帧结构不相同,所以 MAC 帧之前有两种情况,要么是上行的 PMD 子层开销,要么是下行的 MPEG 传输汇聚 TC 层帧头。上行的 PMD 开销表明 MAC 帧开始,下行 MPEG PSI 包头中的 PSI 是节目说明信息,它可以表明此下行包是数据还是电视节目。

MAC 帧头格式如图 2-45 所示。

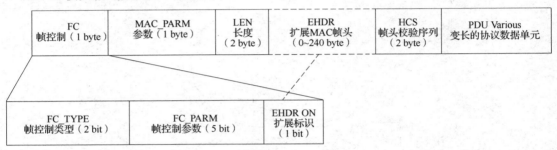

图 2-45　HFC 的 MAC 帧头结构

HFC 的 MAC 帧头结构中,FC 是帧控制,标识 MAC 包头的类型,8 bit;MAC_PARM 是参数域,用法取决于 FC,8 bit;LEN(SID)为 MAC 帧的长度,但对于 REQ 包头,该域表示 SID(服务标识),16 bit。EHDR 是扩展 MAC 包头,长度可变,0~240 byte;HCS 是 MAC 帧头校验序列,2 byte。

MAC 帧头的帧控制 FC 又分为 FC_TYPE(MAC 帧控制类型)、FC_PARM(控制参数)和 EHDR_ON(扩展指示标识,EHDR_ON=1 时,表示有 EHDR 域)三个子域。

FC_TYPE 的用法是,取 00 表示分组 PDU 的 MAC 包头;取 11 表示 MAC 特定包头。

FC_PARM 用于表示几种特别的 MAC 帧:FC_PARM=00000 是定时包头,下行用于所有 CM 的同步,上行是测距消息的一部分,用于 CM 的定时和功率调整;FC_PARM=00001 是 MAC 管理包头,用于传送所有 MAC 管理消息;FC_PARM=00010 是 REQ 帧,是 CM 请求 CMTS 分配带宽用的,含 CM ID,所需时隙数等,只用于上行,请求帧后没有数据 PDU;FC_PARM=00011 是分段包头,用于将一个大的 MAC PDU 分为若干个小段并在 CMTS 中进行重组,只用于上行方向;FC_PARM=11100 是级联包头,使得 CM 能在一次传输机会中传送多个 MAC 帧。

EHDR_ON 在多数情况下,它指示该 MAC 帧的长度(LEN);在 REQ MAC 包头中,MAC 包头后没有跟随 PDU 时,它用于表示 CM 的 SID(标识一个给定 CM 中的特定业务流)。

MAC 帧头的 MAC_PARM,受 FC 控制。比如,MAC 数据为以太网/802.3 PDU 格式,FC 中 FC_TYPE 为 00,此时如果 EHDR_ON=1,用于指示 EHDR 长度(ELEN);EHDR_ON=0 表示无 EHDR。而在几种 MAC 特定包头中,FC_TYPE=11,在级联帧中表示级联 MAC

帧的数目,即用于 MAC 帧计数;在定时帧中保留为将来使用,在请求帧(REQ)表示所请求的微时隙的数目;在 MAC 管理帧中也表示 EHDR 的长度。

如图 2-46 所示,从中可以看出帧控制 FC 和 MAC_PARM 的变化形成了不同 MAC 帧。

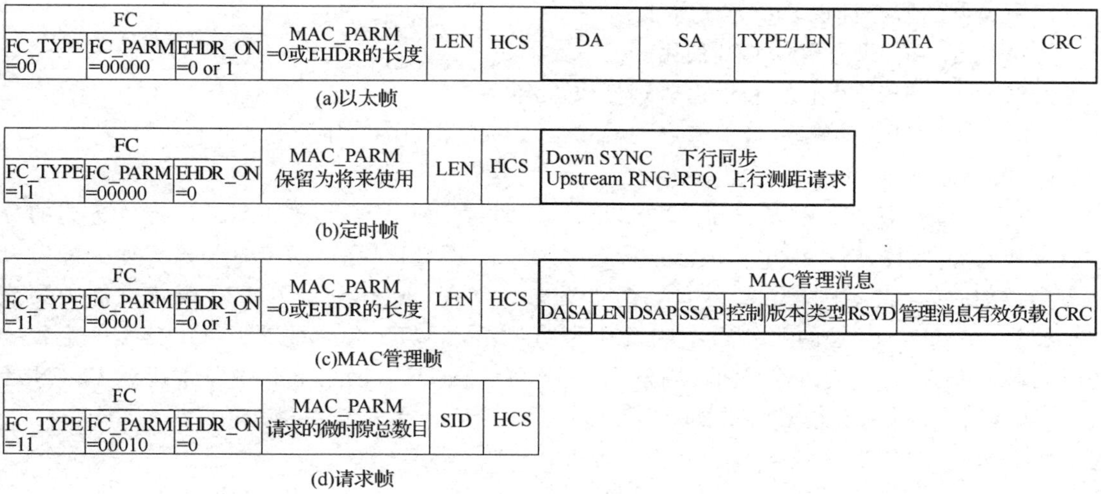

FC			MAC_PARM	LEN	HCS	DA	SA	TYPE/LEN	DATA	CRC
FC_TYPE =00	FC_PARM =00000	EHDR_ON =0 or 1	=0或EHDR的长度							

(a)以太帧

FC			MAC_PARM	LEN	HCS	Down SYNC 下行同步 Upstream RNG-REQ 上行测距请求
FC_TYPE =11	FC_PARM =00000	EHDR_ON =0	保留为将来使用			

(b)定时帧

FC			MAC_PARM	LEN	HCS	MAC管理消息										
FC_TYPE =11	FC_PARM =00001	EHDR_ON =0 or 1	=0或EHDR的长度			DA	SA	LEN	DSAP	SSAP	控制	版本	类型	RSVD	管理消息有效负载	CRC

(c)MAC管理帧

FC			MAC_PARM	SID	HCS
FC_TYPE =11	FC_PARM =00010	EHDR_ON =0	请求的微时隙总数目		

(d)请求帧

图 2-46 几种 MAC 帧

图 2-46 中的以太帧中,是用 HFC 的 MAC 帧头取代了 802.3 以太帧的前导。

图 2-46 中的定时帧参数有:前置时间、同步消息、微时隙大小、分配开始时间和时间偏移量、CM 到 CMTS 的上行时延。

图 2-46 中的 MAC 管理帧中,管理消息类型有多种,以编号区别,如同步消息(类型 1)、上行通道描述 UCD(类型 2)、上行带宽分配 MAP(类型 3)、测距请求/响应(类型 4/5)、注册请求/响应(类型 6/7)、上行通道改变请求/响应(类型 8/9);动态业务添加/响应(类型 15/16)、设备类别识别请求/响应(类型 26/27)等等。MAC 管理消息还有自己的消息帧头,内容包括目的地址(DA)、源地址(SA)、消息长度(LEN)、目的/源业务接入点(D/S SAP)等、RSVD 用于消息有效数据净负荷在边界上的定位。

MAC 管理消息中的上行信道描述符 UCD 是上行信道的特性参数,由 CMTS 广播 UCD 给所有激活的 CM,内容是信道的中心频率、带宽、调制方式、分配的微时隙大小等等,上行信道的微时隙长度 T 以 $6.25~\mu s$ 为基本单位,允许 $T=2^M$,$M=1,\cdots,7$,即 $T=2、4、8、16、32、64$ 或 128;即微时隙的时间长度可为 $12.5、25、50、100、200、400、800~\mu s$。在上行信道描述符 UCD 的消息中,还含有整个信道的信息,如符号率、上行中心频率、前同步码长短、突发描述等。CMTS 通过广播 UCD,使各个 CM 能够按参数接入信道,建立和维护各个 CM 与 CMTS 间的通信。上行信道描述符帧结构参见附录四中的附图 4-1。

MAC 管理消息中的上行带宽分配(MAP)是 CMTS 向 CM 发送的 MAC 层管理消息,用来定义在上行信道上的传送机会,其中包括上行信道 ID(用于识别上行信道)、允许使用的微时隙、测距争用的时间窗口、数据争用的时间窗口,等等。MAP 消息结构参见附录四中的附图 4-2。

CMTS 在下行信道上传送分配 MAP PDU,以规定 CM 上传数据时允许使用的带宽。带宽分配包括以下基本要素:

① 每个 CM 有一个或多个业务标识符(SID)和一个 48 bit 的地址。

② 上行带宽分为一串微时隙流。每个微时隙由 CMTS 来编号,时钟信息由同步数据帧分发给各个 CM。

③ 各个 CM 可以向 CMTS 发出上行带宽请求。

四种类型的服务标识 SID 定义如下:

0x3FFF:广播,供所有的 CM 使用。

0x2000~0x3FFE:组播,目的由管理性质规定。

0x0001~0x1FFF:单播,针对特定的 CM 或与该 CM 间的特定业务。

0x0000:空地址,不寻址任何 CM。

HFC 的 QoS 保证机制基于面向连接的方式,通过 CM 的配置文件定义特定业务流的分类原则和 QoS 参数,当 CM 申请激活某种业务的时候,CMTS 将自动定时为该 CM 分配符合 QoS 参数的时间段。例如,如果某个 CM 需要支持 VoIP 业务,可以在 CM 配置文件中为该 CM 配置一个 UGS 类型的业务流,一旦该业务流激活,CMTS 自动每隔 10 ms 分配一定长度的时间段,CM 将话音帧在该时间段内发送,这样可以在 HFC 网络上获得非常接近 PSTN 的质量。QoS 保证机制示意图如图 2-47 所示,上行业务流分类见表 2-12。

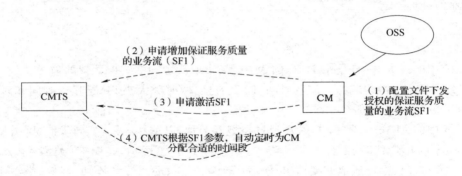

图 2-47 QoS 保证机制示意图

表 2-12 上行业务流类型

类 型	说 明	应用举例
UGS	定时分配固定长度时隙	VoIP
UGS-AD	定时分配固定长度时隙,带静音检测	VoIP,支持静音检测
Rt-Polling	定时分配申请时隙	IP 视频业务
Nrt-Polling	不定时分配申请时隙	FTP 等应用
BestEffort	尽力传送	宽带数据

三、HFC 典型设备与配置

为了实现 Cable 接入功能,除传统的 HFC 网络设备外,系统还需要有 CMTS 头端、CM、DHCP 服务器、TFTP 服务器、路由器以及交换机等设备,如图 2-48 所示。各种设备在接入系统中起着不同的作用。

CMTS 头端的功能:①对 CM 进行认证、配置和管理,为 CM 提供连接 IP 骨干网和因特网的通道;②完成数据与 RF(射频)的转换。就下行来说,来自路由器的数据帧在 CMTS 中被封装成 MPEG-2 TS 帧的形式,经过 QAM 调制后,下载给各 CM;在上行方向,CMTS 将接收到的经 QPSK 调制的数据进行解调,转换成以太网帧的形式传给路由器。

CM 的功能:连接用户的计算机和 HFC 网络,与 CMTS 组成完整的数据通信系统。CM 接收从 CMTS 发送来的 QAM 调制信号并解调,然后转换成 MPEG-2 TS 数据帧的形式,重建传向 10Base-T 以太网接口的以太帧。在相反方向上,从计算机接收到的以太帧,经 QPSK(或QAM)调制后,通过 HFC 网络的上行数据通道传送给 CMTS。

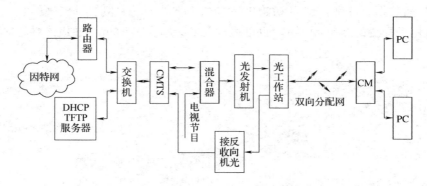

图 2-48　CM 接入系统的拓扑结构图

DHCP 服务器提供地址池,响应 CM 的地址分配请求,为 CM 分配 IP 地址,还为 CM 提供网关地址、DNS(域名服务器)地址以及 CM 用来下载配置文件的 TFTP 服务器的地址和配置文件名等信息。

TFTP 服务器提供小文件传输服务,为 CM 提供配置文件下载。

如果 CM 在启动中无法与 DHCP 服务器通信,或不能下载配置文件,CM 将拒绝上线,重启注册过程。

交换机用来提供 CMTS、路由器、DHCP 服务器和 TFTP 服务器之间的连接,实现数据交换;路由器为最终的接入用户提供因特网路由。

（一）CM 的配置

CM 构成如图 2-49 所示。它的接收器能调谐到所有 m 个下行信道的任何一个接收数据;能在所有 $1\sim n$ 个上行信道中的任何一个发送数据。CM 有在线功能,即使用户不使用,只要不切断电源,与 CMTS 始终保持联系,用户可随时上线。CM 还具有记忆功能,断电后再次上电时,使用断电前存储的数据与CMTS 进行信息交换,可快速地完成连接过程。

每个 CM 都有一个 ID(48 位,制造商定),用于识别不同的设备,使用前都需在前端注

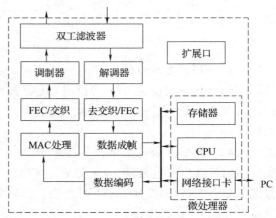

图 2-49　CM 构成示意图

册,在 TFTP(小文件传送协议)服务器上形成一个配置文件,一个配置文件对应一台 CM。

CM 一般不需要人工配置和操作,它会在信息交换过程中自动设置到 CMTS 指定的上行信道工作参数上。工作过程是这样的:

（1）CM 在加电之后要进行初始化,如图 2-50 所示。过程是,首先自动搜索下行频率(一般首选内存保存的上次使用过的频道),寻找 CMTS 为新连入的 CM 发送的下行广播信息

UCD,从中取得它的上行频率。然后开始测距,判定它和 CMTS 的距离,用于实现同步以及控制发射功率。测距操作是发送一个短信息给前端,然后测量发送与接收信息的时间间隔。

(2)测距后,CM 接受动态主机配置协议(DHCP)分得的地址资源,接受 TFTP 服务器的配置参数。在完成初始化后,使用下载的配置参数向 CMTS 申请注册,接收到注册响应后,CM 就进入了正常工作状态:向 CMTS 申请带宽,在分配的带宽里接收 CMTS 发送的数据及向 CMTS 传输数据。可见,CM 的初始化是与 CMTS 进行一系列交互实现的。

CM 有用于配置的 Consol 接口,也可通过 VT 终端或 Winxp 的超级终端程序进行设置。

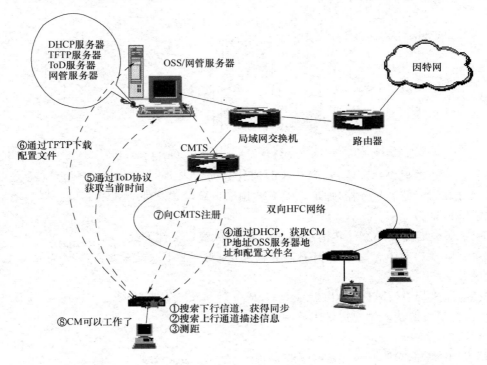

图 2-50 CM 的初始化过程

(二)CMTS 设备的配置

CMTS 是管理控制 CM 的设备,其配置可通过 Consol 接口或以太网接口完成。通过 Consol 接口配置,以行命令的方式逐项进行,而通过以太网接口的配置,需使用厂家提供的专用软件。

CMTS 的配置内容主要有下行频率、下行调制方式、下行电平等。下行频率在指定的频率范围内可以任意设定,但为了不干扰其他频道的信号,应参照有线电视的频道划分表选定在规定的频点上,例如选择 DS34 频道的中心频率 682 MHz。调制方式的选择要考虑信道的传输质量。此外,还必须设置 DHCP、TFTP 服务器的 IP 地址、CMTS 的 IP 地址等。

上述设置完成后,如果中间的线路无故障、信号电平的衰减符合要求,启动 DHCP、TFTP 服务器,就可以在 CMTS 和 CM 间建立正常的通信通道。

某型号路由器集成了 CMTS 头端功能、DHCP 服务器功能和 TFTP 服务器功能,支持 10 000 个用户的 CM 接入,CMTS 设备配置如下:

1. 下行通道配置

(1)激活下行通道的载波。

（2）设置下行通道射频载波中心频率。

（3）设置 MPEG 帧结构，为北美标准或欧洲标准的 MPEG 帧结构。

（4）设置下行通道调制方式，可采用 64QAM 或 256QAM 调制方式，256QAM 方式对 SNR 要求高，一般用 64QAM 调制方式。

（5）设置下行通道的交织深度，可设为 8、16、32（缺省值）、64 或 128，交织深度取值越大，其抗 HFC 网络突发噪声能力越强。

2. 上行通道配置

（1）激活上行端口。

（2）设置上行通道频率，北美标准的上行频率范围为 5～42 MHz，欧洲标准为 5～65 MHz。为了避免干扰，实际设置时一般选择较高的频率。

（3）设置上行通道带宽，对于 NTSC 制式，有效的取值为 200、400、800、1 600（缺省值）或 3 200 kHz，上行通道带宽值越大，数据传输速率越高。

（4）设置上行通道的输入功率，该型号 CMTS 可控制 CM 的输出功率，使其满足上行通道的输入功率要求。

（5）激活前向纠错功能（FEC），如果激活 CMTS 的前向纠错功能，CMTS 要求所有的 CM 都激活该功能。

3. DHCP服务配置

该型号 CMTS 集成了 DHCP 服务器功能。为了确保 CM 能够上线，对于 DHCP 服务配置主要有以下几个方面：

（1）配置地址池的地址及子网掩码。

（2）设置缺省路由，缺省路由所指定 IP 地址为 CM 的网关。

（3）指定服务器的 IP 地址，CM 获得该地址后，才知道从何处下载配置文件。

（4）指定 CM 配置文件名，用来指定 CM 需从 TFTP 服务器下载的配置文件名。

（5）配置地址租用时间。

4. CM配置文件的配置

CM 配置文件用来配置 CM，以保证 CM 正常运行。CM 配置文件主要对以下几个参数进行相应的配置：

（1）是否允许与 CM 连接的用户端设备接入网络。

（2）配置允许通过 CM 接入网络的用户端设备数目。

（3）配置 CM 的 QoS 选项，包括最大下行带宽、最大上行带宽、最大上行突发带宽、承诺带宽以及服务等级等。

5. 完整的配置文件

该型号 CMTS 集成了 DHCP 服务器、TFTP 服务器功能。下面给出利用该型号 CMTS 实现 CM 接入的基本配置，是针对北美标准的 CMTS 进行的，配置中利用了 DHCP 和 TFTP 服务功能。

```
//将 TFTP 会话数目设置成为无限制
service udp-small-servers max-servers no-limit
//配置文件 platinum.cm 的配置
cable config-file platinum.cm
//CM 的最大上行带宽为 128 kbit/s
```

```
service-class 1 max-upstream 128
```
//CM 的承诺带宽为 10 kbit/s
```
service-class 1 guaranteed-upstream 10
```
//CM 的最大下行带宽为 10 000 kbit/s
```
Service-class 1 max-downstream 10 000
```
//CM 的最大突发长度大小为 1 600 byte
```
Service-class 1 max-burst 1 600
```
//CM 可连接用户端设备最大数目为 8 个
```
cpe max 8
```
//进入配置文件编辑模式
```
cable config-file disable. cm
```
//不允许与 CM 连接的用户端设备接入网络,但 CM 仍然可以上线
```
access-denied
service-class 1 max-upstream 128
service-class 1 max-downstream 10 000
service-class 1 max burst 1 600
cpe max 1
```
//指定 10. 128. 1. 1～10. 128. 1. 15 范围内的地址保留
```
ip dhcp excluded-address 10. 128. 1. 1 10. 128. 1. 15
```
//指定 DHCP 服务器 ping 地址池中地址的包数目为 1 个,DHCP 服务器通过 ping 确定地址池中的地址是否分配
```
ip dhcp ping packets 1
```
//配置 DHCP 地址池(CM 地址池)
```
ip dhcp pool CableModems
```
//地址池中地址的网络号和子网掩码
```
network 10. 128. 1. 0 255. 255. 255. 0
```
//指定 CM 的配置文件名为 platinum. cm
```
bootfile platinum. cm
```
//指定 TFTP 服务器的 IP 地址,在此为该 CMTS 地址
```
next-server 10. 128. 1. 1
```
//指定网关的 IP 地址,在此为该 CMTS 地址
```
Default-router 10. 128. 1. 1
```
//指定地址租约时间为一天零 10 分钟
```
lease 1 0 10
```
//配置 DHCP 地址池(与 CM 连接主机地址池)
```
ip dhcp pool hosts
network 10. 254. 1. 0 255. 255. 255. 0
next-server 10. 254. 1. 1
default-router 10. 254. 1. 1
```
//指定域名为 ExamplesDomainName. com
```
domain-name ExamplesDomainName. com
```
//指定域名解析服务器的 IP 地址
```
dns—server 10. 254. 1. 1 10. 128. 1. 1
lease 1 0 10
```

ip dhcp pool DisabledModem(b708.1 388.f1 66)

//指定 DHCP 服务客户的 IP 地址和子网掩码

host 10.128.1.9 255.255.255.0

//指定介质类型和硬件地址,前两位为介质类型

client. identifier 01b7.0813.88f1.66

//指定具有硬件地址 b708.1388.f166 的 CM 的配置文件名为 disable.cm

bootfile disable.cm

//进入快速以太网 F0/0 接口配置模式命令

interface FastEthernet0/0

//指定快速以太网 F0/0 接口的 IP 地址和子网掩码

ip address 10.128.2.1 255.255.255.0

//启用快速以太网接口 F0/0

no shutdown

//进入 Cable 接口 Cable1/0 接口配置模式命令

interface Cable1/0

//指定接口 Cable1/0 的主 IP 地址和子网掩码

ip address 10.128.1.1 255.255.255.0

//指定接口 Cable1/0 的辅助 IP 地址和子网掩码

ip address 10.254.1.1 255.255.255.0 seeondary

//指定 MPEG 帧结构为北美标准的 annex B(附件 B)

cable downstream annex B

//指定下行信号的调制方式为 64 qam

cable downstream modulation 64 qam

//指定下行通道的交织深度值为 32

cable downstream interleave. depth 32

//指定下行通道中心频率为 851 MHz

cable downstream frequeney 851 000 000

//设定下行 RF 输出的功率为 55 dBmV

cable downstream rf-power 55

//开启 CMTS 集成上变器的射频输出功能

no cable downstream rf-shutdown

//启用 Cable 接口

no shutdown

//设置上行通道的频率为 37 008 000 Hz

cable upstream 0 frequeney 37 008 000

//设置输入上行信号的射频载波功率为 0 dBmV

cable upstream 0 power-level 0

//启用上行通道接口

no cable upstream 0 shutdown

//指示 DHCP 服务器将与 Cable1/0 接口主网络号相同的地址分配给 CM,与 Cable1/0 接口第二个网络号相同的地址分配给与 CM 相连的用户端设备

cable dhcp—giaddr policy

ip classless

//设置缺省路由,不在路由表中的数据帧都通过快速以太网口 F0/0 转发

```
ip route 0.0.0.0 0.0.0.0 FastEthernet0/0
end
```

第三节　网线（以太网）接入

以太网是目前应用最为广泛的局域网技术,扩展到很多新的领域。所谓以太网接入技术,就是把以前用在局域网中的以太网技术,采用光缆＋双绞线的方式用于公用电信网的接入网中,来解决用户的宽带接入问题。

基于以太网技术的宽带接入网给用户提供标准的以太网接口,能够兼容所有带标准以太网接口的终端,用户不需要另配任何新的接口卡或协议软件,目前的以太网接入可以为用户提供 10～100 Mbit/s 的宽带接入能力。这种方案已经成为 xDSL、HFC 方案强有力的竞争者。

一、以太网技术

以太网,即 Ethernet,既是一种计算机接入局域网络的连接标准,又是一种网络互联设备数据共享的通信协议。以太网技术以其简单廉价而得到广泛应用、不断发展,在局域网中占据了主导地位。

以太网发明于 20 世纪 70 年代早期,是现有局域网最通用的通信协议标准,以太网由传输线路(如双绞线或同轴电缆)和网络设备等组成。在星型或总线型配置结构中,集线器/交换机等通过电缆使得计算机、打印机和工作站彼此之间相互连接,形成在某个小的地理范围里由多个计算机构成的局域网。

以太网有如下几个特点:

(1)所有网络设备共同使用同一个通信线路,即所谓"共享介质"。

(2)广播工作方式。需要传输的数据帧被发送到所有节点,但只有目的地址符合的节点才会接收它。

(3)利用载波监听多路访问/冲突检测(CSMA/CD)方法防止多个节点同时发送信号产生冲突。

(4)所有以太网网络接口卡(NIC)都采用 48 位网络地址(MAC 地址),这种地址全球唯一。

以太网遵循 IEEE 802.3 标准,当前支持光纤和双绞线的以太网主要有四种传输速率:

10 Mbit/s——10Base-T 以太网(802.3)。

100 Mbit/s——Fast 以太网(802.3u)。

1 000 Mbit/s——Gigabit 以太网(802.3z)。

10 000 Mbit/s——10 Gigabit 以太网(802.3ae)。

以太网的结构如图 2-51 所示。

以太网的广播机制使所有与网络连接的工作站都可以"看到"数据,通过查看数据帧中的目标地址确定是否接收。如果确实是发给自己的,就接收数据并传递给高层协议进行处理。

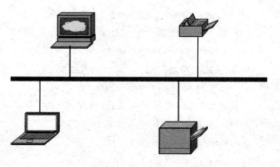

图 2-51　以太网结构示意图

以太网采用具有冲突检测的载波监听多点接入（CSMA/CD）介质访问机制，在发送数据之前，工作站首先需要侦听网络是否空闲，如果网络上无数据传送，就发送自己的信息；如果检测到冲突，就等网络空闲的时候再发送数据。由于没有任何集中式的管理措施，非常可能多台工作站同时检测到网络空闲，进而同时发送数据。这时发出的数据帧会相互"碰撞"而损坏。工作站必须等待一段时间之后，重新发送数据，这段时间用补偿算法来决定。

二、以太网的设备

以太网中常见网络设备有网卡、集线器、交换机、路由器等。

（一）网卡

以太网/IEEE 802.3 通常使用专门的网卡或集成到系统主板上的网卡电路与网络连接。

网卡也称网络适配器、网络接口卡（NIC），它是一块插在计算机总线插槽内或某个外部接口上，用于发送和接收数据的集成电路卡。计算机通过网卡连接到网络，网卡将计算机内部数据转换成适合在网络上传输的格式，通过网络介质传输，简单说就是负责收发数据。它的主要技术参数为带宽、总线方式、电气接口方式等。

以太网卡按总线类型可分为 PCI（PC 机）、PCMCIA（笔记本计算机）等类型，用 RJ-45 接口。每块网卡都有一个物理地址（MAC 地址）。这个 MAC 地址在它出厂时，由网络接口卡制造商把 MAC 地址写入网卡的 ROM 芯片中。MAC 地址是唯一的，不存在两块相同的 MAC 地址的网卡。

（二）集线器（HUB）

集线器是最简单的网络设备，提供很多网络接口，将网络中多个计算机连在一起，基本功能是信息分发。集线器信号传输的方法很简单，将任一个端口收到的数据帧，采用广播方式分发到其他所有的连接端口，因此平均每用户（端口）传递的数据量、速率等受活动用户（端口）总数量的限制。

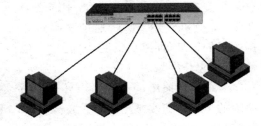

集线器是单一总线共享式设备，所谓共享是指集线器所有用户（端口）公用一条数据总线进行彼此之间的通信。它工作在物理层，比较简单，性能不及交换机。集线器所组成的网络为总线型网络结构，如图 2-52 所示。

图 2-52　集线器连接的总线型网络结构图

（三）交换机

以太网交换机，也称为交换式集线器。交换机是一种基于 MAC（网卡的硬件地址）识别、能完成封装、转发数据帧功能的网络设备，工作在数据链路层（二层）。

同集线器一样，交换机也是完成局域网内的数据转发，但性能大为提高。两者的根本区别在于它包含一个交换矩阵，能够对任意两个端口进行临时连接，使各端口设备能独立地进行数据传递而不受其他设备影响，表现为各个端口有独立、固定的带宽。此外，交换机还具备集线器没有的功能，如数据过滤、网络分段、广播控制等。由交换机组成的网络称之为交换式网络，每个端口都能独享带宽，所有端口都能够同时进行通信，并且能够在全双工数据传输模式下提供双倍的传输速率。交换机连接的网络结构如图 2-53 所示。

随着技术的发展，出现了三层交换机。它通过硬件完成第三层报文的高速路由和交换，既保留了二层交换机灵活的虚拟局域网（VLAN）划分和高交换速度的优点，又解决了二层网络无法处理的"广播风暴"问题。许多交换机已能支持第四层以至第七层交换。

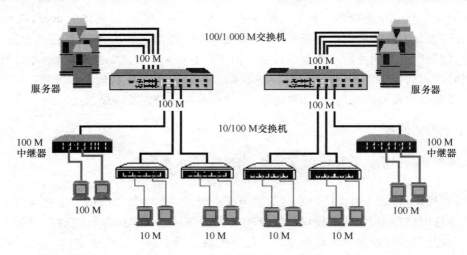

图 2-53 交换机连接的网络结构图

（四）路由器

路由器是一个重要的网络设备，作用相当于邮局。寄信需要写明门牌号码、街区名称、城市名称和省份名称；在互联网上的计算机要向路由器提供另一个计算机的端口号、主机号、子网号和网络号，才能把信息送到目的地。

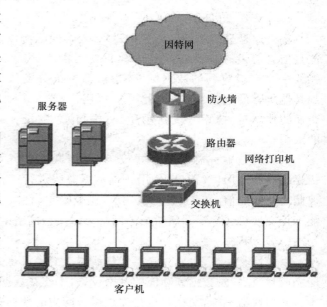

路由器的主要作用是为收到的报文寻找最佳路径，并把它们转发出去。它也包含交换矩阵。与交换机的不同之处在于，交换机利用 MAC 地址来确定数据的目的地址，而路由器利用的是 IP 地址，所以它是网络层设备。

当一个网络中的主机要给另一个网络中的主机发送数据帧时，它首先把数据帧送给本地网络的"出口"路由器，路由器根据目的地址选择合适的路由，把该数据帧送到目的网络的"进口"路由器，最后被递交给目的主机。它也用于实现不同类型网络之间的数据"翻译"，使一种类型的网络（如以太网）能够"读懂"另一个类型的网络（如令牌环网）发过来的数据。它掩盖了下层网络的细

图 2-54 路由器连接的网络结构图

节，使各类网络都在 IP 上达到统一。路由器连接的网络结构如图 2-54 所示。

以太网的工作原理参见有关计算机网络的专著，这里不作深入介绍。

三、以太网接入

以太网用于实现宽带接入，必须对它进行改造，增加宽带接入所必需的用户认证、鉴权和计费功能，这些功能主要通过 PPPoE 方式实现。

PPPoE 是以太网上的点到点协议的简称，它提供了基于以太网的点对点服务。在 PPPoE

接入方式中,由安装在汇聚层交换机旁边的宽带接入服务器(简称 BAS)承担用户管理、用户计费和用户数据转发等接入功能。BAS 可以与以太网中的各个用户进行单个 PPP 会话,以不同的会话标识(Session ID)进行区分。BAS 对不同用户的 PPP 逻辑连接进行管理,并通过 PPP 建立连接和释放的会话过程,对用户上网业务进行时长和流量的统计,实现基于用户的计费功能。

作为以太网和拨号网络之间的一个中继协议,PPPoE 充分利用了以太网技术的寻址能力和 PPP 协议在点到点的链路上的身份验证功能,继承了以太网的快速和 PPP 拨号的简单,逐渐成为宽带上网的常见方式。

在城域网建设中,千兆位以太网已经延伸到了居民密集区、学校以及写字楼。利用 FTTx+LAN 的方式可以实现千兆到小区、百兆到大楼、十兆到家庭的宽带接入。如图 2-55 所示,把小区内的千兆或百兆以太网交换机通过光纤连接到城域网,小区内采用网线,用户计算机终端插入网卡,安装专用的虚拟拨号客户端软件,就可以实现高速的网络接入,实现上网、视频点播、远程教育等多项业务。接入用户不需要在网卡上设置固定 IP 地址、默认网关和域名服务器,PPP 服务器可以为它动态指定。

基于以太网技术的宽带接入仅借用了以太网的帧结构和接口,网络结构和工作原理与局域网的以太网技术有所不同。它具有高度的信息安全性,电信级的网络可靠性,强大的网管功能,能保证用户的接入带宽,为用户提供稳定可靠的宽带接入服务。

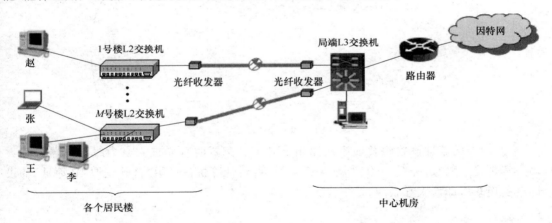

图 2-55　FTTx+LAN 网络结构示意图

第四节　电力线接入(PLC)

一、概　述

PLC 即电力线通信。电力线接入指在配电变压器(10 kV/380 V)低压侧至室内电源插座 220 V 电力线上实现高速数据和话音通信的技术。用电力线作为通信载体,具有极大的便捷性,只要在房间任何有电源插座的地方,就可以享受高速网络接入。PLC 网络如图 2-56 所示。

以电力线作为传输线路接入互联网时,只需将光纤和其他形式的主通信干线铺设至居民楼的配电间,在居民楼里配备一台 PLC 头端设备(电力路由器),上网用户使用 PLC 用户端设备(即"电力猫"),用户的计算机通过 RJ-45 接口或 USB 接口与"电力猫"相连,使用普通电源插头就可以上网了。此时以太网数据信号转化成高频信号在 220 V 的民用电力线上传输。如

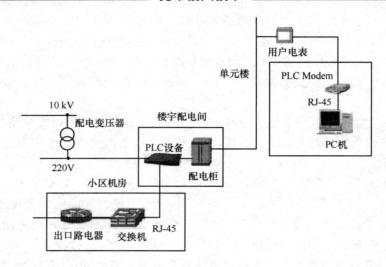

图 2-56　PLC 网络示意图

图 2-57 所示。PLC 的特点是：电力线的入户率高，覆盖范围大，在户内的插座（电力线通信口）多，不需另外铺设通信线路。

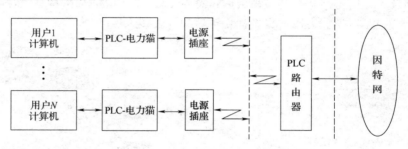

图 2-57　PLC 和系统结构

　　电力路由器的软件设置跟普通家用路由器类似。配置时首先进入电力线路由器管理界面，输入宽带接入账号，配置 DHCP 及 NAT；然后各台计算机都采用"自动获取 IP 地址"的设置，即可实现开机即接入互联网。

二、相关技术

　　电力线接入是低压配电网上的数据传输系统，头端一般安装在配电变压器低压出线端，主要实现 PLC 高频信号和宽带数据信号的互相转换。头端的一侧通过电容或电感耦合器连接电力电缆，注入和提取高频 PLC 信号；另一侧通过各种接入方式，如 xDLS、光纤或以太网等连接至因特网。用户侧的"电力猫"的设备，主要由接口、调制解调和耦合等三部分组成。

　　PLC 利用 1.6～30 M 频带范围传输信号。在发送时，利用 GMSK 或 OFDM 调制技术将用户数据进行调制，然后在电力线上进行传输，在接收端，先经过滤波器将调制信号滤出，再经过解调，就可得到原通信信号。目前可达到的通信速率依具体设备不同在 4～200 M 之间。

　　电力线宽带通信的国际标准化组织之一家庭插电联盟，制定的 HomePlug AV 技术规范，在物理层采用具有高级前向纠错、通道预估和自适应能力的 OFDM，而在 MAC 层则综合使用具有 QoS 保证的时分多址（TDMA）有序接入和载波侦听（CSMA）竞争接入两种方式，并通过快速自动重发请求（ARQ）来保障可靠传送。物理层（PHY）和介质访问控制层（MAC）的技术指标参见表 2-13 和表 2-14。

表 2-13　HomePlug AV 物理层技术参数

参　　数	值
频谱	2～30 MHz
调制	OFDM
子载波	1 155
子载波空间	24. 414 kHz
子载波调制方式	BPSK,QPSK,16 QAM,64 QAM,256 QAM,1 024 QAM
数据前向纠错	Turbo 码速率 1/2 或速率 16/21(打孔)
数据率	ROBO(稳定的 OFDM):4～10 Mbit/s 自适应比特加载:20～200 Mbit/s

表 2-14　HomePlug AV MAC 特性

功　　能	工作方式
信道接入	CSMA/CA 带可选的 TDMA
中央协调器能力	是
信道估计	预协商单音映射的自适应比特加载
带宽共享	N/A

三、PLC 的应用

事实上,用电力线进行模拟或数字信号双工传输由来已久,具有普及方便、节省费用、安装方便、应用广泛等特点,互联网接入只是它的应用之一。

1. 在自动抄表系统中的应用

自动抄表系统就是自动采集各种计量表的读数(如电表、水表、煤气表、冷气表等)。现在采集数据方法有电话线、无线电、电力线和红外线等。利用电力线为传输介质进行数据收集,不但有效降低系统的成本,同时可方便快捷地实现自动化抄表。利用计算机统计功能,抄收的数据可立即处理成报表,同时可很容易实现监控用户用电参数、监控欠费断电等其他系统没有的功能。

2. 在智能化家居中的应用

把电力线通信技术与网络、微控制器相结合,是推进家庭自动化的最经济的途径。家庭自动化即以电力线为传输介质,把分布在家庭各个角落的微控制器和家电与计算机连成一个网络。

优点是电力线和信号线合一,人们原来使用和维护电器的习惯都不受影响,家电无须增加双绞线、红外等接口,只要在内部配备电力线通信芯片,再更新程序就行了。家电的信息量小,电力线通信基本可满足数据通信需求。特别是在中低速率传输应用方面,因具有可靠性高、造价低廉等优点,可以与"蓝牙"相媲美。

四、PLC 的问题

应该注意到,电力线是一个极其不稳定的高噪声、强衰减的传输通道,电力线通信的环境比电话线、网线、同轴线要恶劣得多。

当电力线上负荷很重时,线路阻抗急剧下降,从而削减 PLC 通信信号的功率。

电力线上接有各种各样的用电设备,有阻性的、感性的、容性的,有大功率的、小功率的。各种用电设备经常频繁开闭,引起电力线上电流的波动,使得电力线的周围会产生电磁辐射,所以沿电力线传送数据时,会出现许多干扰信号;同时,由于低压电网上负载的开关是随机的,其阻抗是随时间而变化的,很难进行匹配,而信号衰减与信道的物理长度和低压电网的阻抗匹配情况却有关。电力线通信的噪声主要来源于与低压电网相连的所有负载以及无线电广播的干扰。

由于电力线网络是一个介质共享的网络,获取数据和监视数据是非常容易的,因此网络存在很大的安全问题,所以在 PLC 中必须采用加密技术。

PLC 方式从传输线路上来讲,与电话线上网并没有区别,都是利用金属导线作为传输线路,不同的只是两者所采用的传输频率不同(PLC 一般为 17～30 MHz)。但电力线上网除了其他技术难题外,还有两大问题始终得不到根本性的解决,一是无屏蔽措施的电力线在传输高频电信号时会像发射天线一样对空间产生高频电磁辐射影响其他设备(电磁兼容性不好),二是与电信线一样,带宽是很有限的。

复习思考题

1. PSTN Modem 拨号上网与 ADSL 接入有何区别?
2. ATU-C 和 ATU-R 分别是什么设备? 起什么作用?
3. 局端 DSLAM 与 ATU-C 是什么关系?
4. 为什么 ADSL 能用高于 3 kHz 的频带传数字信号?
5. DMT 调制是怎样进行的? 有什么特点?
6. ADSL 中的频分复用有什么作用? 分离器作用是什么?
7. ADSL 的 DMT 功率谱总带宽是多少,分成多少子信道? 每个子信道带宽是多少,用什么调制方式?
8. ADSL 为什么能进行子信道传输速率自适应和动态调整?
9. ADSL 的帧结构是怎样的? 数据帧是怎样构成的,分别传送什么数据?
10. ADSL 的帧结构中的快速字节中包含哪些信息?
11. VDSL 是什么技术? 与 ADSL 有什么异同点?
12. VDSL2 的传输模板有何作用? 包含什么参数?
13. VDSL2 有哪些 OAM 操作、管理维护信道和功能?
14. HomePNA 系统是怎样组网的?
15. 同轴电缆 Modem 的作用是什么? 数字机顶盒的的作用是什么? 它们有什么区别?
16. HFC 系统频谱分配是怎样的?
17. HFC 接入系统是怎样构成的? 信道带宽是多少? 信道使用有什么特点?
18. HFC 接入系统物理层下行传输会聚子层有什么作用,帧结构如何?
19. CMTS 带宽分配的单位是什么? 分配是怎样进行的?
20. HFC 的 MAC 帧结构如何? 几种特别 MAC 帧有什么作用,怎样区别的?
21. HFC 的 MAC 管理消息中的上行信道描述符(UCE)有什么作用? 有哪些参数?

22. HFC 的 MAC 层管理消息中的上行带宽分配(MAP)有什么作用？有哪些参数？
23. 同轴电缆 Modem 的初始化过程是怎样的？
24. PLC 是怎样构成系统与因特网相连的？
25. PLC 物理层怎样调制？MAC 层怎样接入？

第三章
光纤接入

　　光接入网（OAN）指在接入网中用光纤作为主要传输介质，针对接入网环境专门设计的光纤传输网络。更专业的定义是，OAN 指采用基带数字传输技术，以传输双向交互式业务为目的的接入光纤传输系统。早期的 OAN（G.982 标准）要与程控交换机对接，从事基于电路交换、2 M 以下速率的窄带业务。经过多年的发展，OAN 的内涵已经悄然变化，IEEE 802.3ah、G.984 标准下的 OLT、ONU 已变成了基于分组交换、速率为 GHz 以上的接入设备。近年来，OAN 不仅为电话线接入（如 VDSL）、同轴线接入（HFC）提供有力的传输支持，而且已经为光纤到户（FTTH）甚至光纤到桌面（FTTD）、广播式和交互式宽带数据业务做好了充分技术准备。

第一节　光纤接入基本概念

　　光纤接入网从技术上可分为两大类，有源光网络（AON）和无源光网络（PON）。有源光网络可分为基于 SDH 的 AON 和基于 PDH 的 AON，以 SDH（同步光网络）系统为主；无源光网络可分为 EPON 和 GPON 等类型。

一、光纤接入系统组成

　　光纤接入系统示意图如图 3-1 所示。

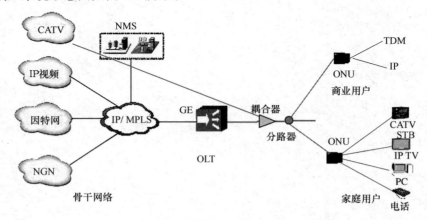

图 3-1　光纤接入系统示意图

　　光纤接入网位于用户与交换局之间，光纤接入网的交换局侧进行电/光变换，用户侧进行光/电变换。

二、基本功能块

如图 3-2 所示，S 是光发送参考点，R 是光接收参考点，SN 是业务节点，网络管理接口是 Q₃，用户与网络之间的接口是 UNI，业务节点（SN）与网络之间的接口是 SNI。

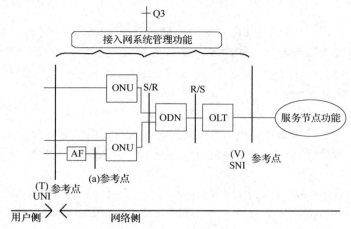

图 3-2 G.982 光纤接入网参考配置

光纤接入网参考配置中包含了四种基本功能块，即光线路终端（OLT）、光配线网（ODN）、光网络单元（ONU）、适配功能块（AF）。

G.982 标准下的 OLT、ONU 主要支持 2 Mbit/s 以下速率的窄带业务，基本业务有：普通电话（POTS）、租用线、分组数据、ISDN 基本速率接入（BRA）、ISDN 一次群速率接入（PRA）、$N \times 64$ kbit/s、2 Mbit/s（成帧和不成帧）等。

OLT 与 ONU 之间的传输可以是一点对多点，也可以是点对点方式，具体的光配线网（ODN）根据用户需要而定。具体的传输方式有空分复用（SDM）、波分复用（WDM）、副载波复用（SCM）、时间压缩复用（TCM）等，接入方式一般以时分多址接入（TDMA）为基础。

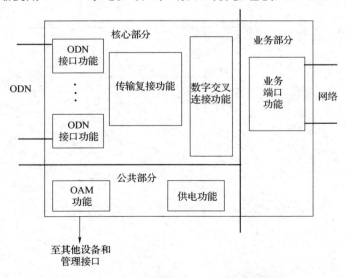

图 3-3 G.982 光线路终端（OLT）功能块框图

1. OLT 功能块

光线路终端（OLT）的作用是为光接入网提供光配线网（ODN）与本地交换机之间的接口，并提供必要的手段来传递不同的业务。它可以分离交换和非交换业务，对来自 ONU 的信令和监控信息进行管理。OLT 经一个或多个 ODN 与用户侧的 ONU 通信，OLT 与 ONU 的关系为主从通信关系。

如图 3-3 所示，G.982 标准的 OLT 功能块框图中，业务部分主要指业务端口，能配置成至少提供一种或同时支持两种以上不同的业务。公共部分包括：①供电功能；②OAM（运行、管理、维护）功能，可对所有功能块实现运行、管理和维护，以及与上层网管的连接。

核心部分包括三种功能：

（1）数字交叉连接功能，可为网络与 ODN 之间在可用带宽内提供交叉连接。

（2）传输复用功能，可为 ODN 上发送和接收业务通路提供信号的复接。

（3）ODN 接口功能，可根据光纤类型提供各种物理光接口，并实现电/光、光/电变换。

2. ONU 功能块

光网络单元（ONU）位于光分配网（ODN）和用户之间，处于 ODN 的用户侧。ONU 的主要功能是处理来自 ODN 光纤上的光信号，并为多个小企事业用户和居民住宅用户提供业务接口。

ONU 的网络侧是光接口而用户侧是电接口，因此 ONU 需要有光/电和电/光 转换功能，还要完成对语声信号的数/模和模/数转换、复用、信令处理和维护管理功能。

ONU 大部分功能块与 OLT 相同，不同的有用户和业务复用功能和用户端口功能。用户端口功能包括 $N \times 64$ kbit/s 适配、信令转换等，如图 3-4 所示。

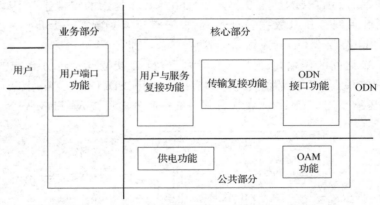

图 3-4　G.982 光网络单元（ONU）功能块框图

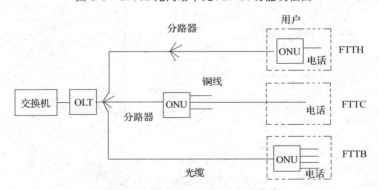

图 3-5　光纤接入网 ONU 的几种位置

ONU 位置有很大灵活性。按照 ONU 在接入网中所处的位置不同,可以将 OAN 划分为几种基本不同的应用类型,即光纤到路边(FTTC)、光纤到楼(FTTB)以及光纤到办公室(FTTO)和光纤到家(FTTH),如图 3-5 所示。在 FTTC 结构中,ONU 设置在路边的入孔或电线杆上的分线盒处,有时也可能设置在交换箱处。

3. ODN 功能块

光配线网(ODN)位于 ONU 和 OLT 之间,如图 3-6 所示,是 OAN 的关键部分。其主要作用是在 OLT 与 ONU 之间提供光传输手段,完成光信号的功率分配任务。多个 ODN 可以通过光纤放大器结合起来延长传输距离和扩大服务用户数。

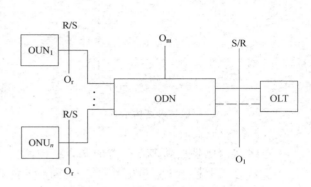

图 3-6　ODN 的通用物理配置模型

通常,ODN 是一个光路分配网络,主要构成是:

(1)单模光纤和光缆。

(2)光衰减器。

(3)光连接器。

(4)无源分路元件,又称光分路器(OBD)或分光器。

ODN 是由 P 个级联的光通道元件构成,总的光通道 L 等于各部分 L_j 之和。通过这些元件可以实现直通光连接、光分路/合路、多波长传输及光路监控等功能,如图 3-7 所示。

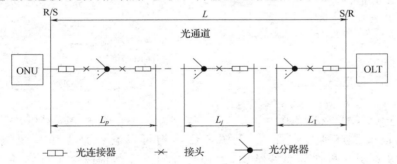

图 3-7　ODN 中的光通道

ODN 的配置通常为点到多点方式,即多个 ONU 通过 ODN 与一个 OLT 相连。这样,多个 ONU 可以共享同一光纤和光电器件,从而节约了成本。按照其连接方式不同可以细分为四种结构,即星形、树形、总线和环形。

(1)单星形结构

ONU 与 OLT 之间按点到点配置,即每一 ONU 直接经一专用光链路与 OLT 相连,中间没有光分路器(OBD),如图 3-8 所示。由于这种配置不存在光分路器引入的损耗,因此传输距离远大于点到多点配置。

(2)树形结构

树形结构是点到多点配置的基本结构,这种结构利用了一系列级联的光分路器对下行信号进行分路,传给多个用户,同时也靠这些分路器将上行信号结合在一起送给 OLT,如图 3-9 所示。

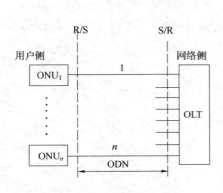

图 3-8 单星形结构示意图

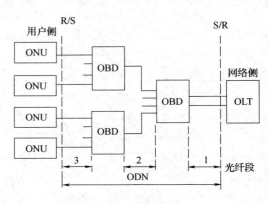

图 3-9 树形结构示意图

（3）总线结构

总线结构也是点到多点配置的基本结构，这种结构利用了一系列串联的非平衡光分路器件以便从总线上检出 OLT 发送的信号，同时又能将每一 ONU 发送的信号插入光总线送回给OLT。如图 3-10 所示。

（4）环形结构

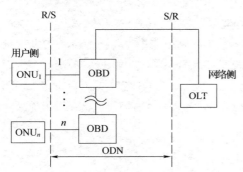

图 3-10 总线结构示意图

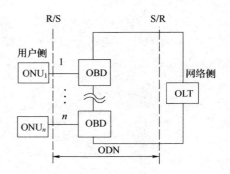

图 3-11 环形结构示意图

环形结构也属于点到多点配置，无源环形结构可以看作是无源总线结构的一种特例，即逻辑上等效于一折迭的总线结构，这种闭合的总线结构改进了网络的可靠性，如图3-11 所示。

ODN 的反射会造成发送光功率的波动和激光光源波长的偏移，光通道多个反射点产生的反射波干涉会在接收机处转化为强度噪声，因此 ODN 的反射应控制在一定指标内。

4. AF 功能块

适配功能块（AF）是附加的设备或功能，用于改变 ONT/ONU 用户侧对 UNI 的接口，也用于改变 OLT 对 SNI 的网络接口，使之满足使用者的需要。

三、无源光接入网（PON）

（一）PON 基本概念

当 ODN 全部由无源器件（光纤、光无源分路器、波分复用器等）组成，不包含任何有源节点，这种光纤接入网称为无源光接入网（PON）。

无源光网络（PON）技术是点到多点的光纤接入技术，由光线路终端（OLT）、光网络单元（ONU）和光分配网络（ODN）组成，可以灵活地组成树形、星形、总线形等拓扑结构

（典型结构为树形结构）。PON 的本质特征就是光配线网 ODN 全部由无源光器件组成，没有任何有源电子器件。这样避免了外部设备的电磁干扰和雷电影响，简化了供电配置和网管复杂度，同时节省了维护成本。PON 的业务透明性较好，原则上可适用于任何制式和速率信号，是实现 FTTx 理想的宽带接入方式。如图 3-12 所示为 PON 光接入网应用举例。

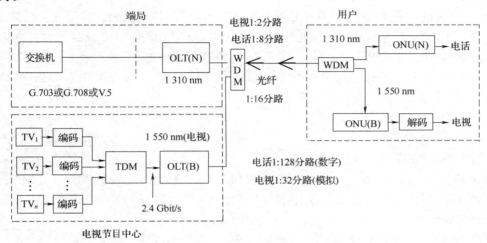

图 3-12　PON 光接入网应用举例

PON 的提出和实施，最主要的原因是接入带宽需求的快速增长，宽带业务正从单一的互联网接入向复合型的组合业务演化。

按照客户类型的不同，接入网的用户大致可分为商业客户和家庭用户两大类，二者对业务类型、带宽需求存在极大差别。对于商业客户，业务需求以 IP 专线或 TDM 专线业务（如 E1 专线）为主，业务类型比较单一，如 IP 专线业务的典型带宽需求为 10～100 M。对于家庭用户，IPTV（流媒体）、视频通信、VoIP、高速上网、IP VPN 等都是大带宽应用类型。在这些业务中，提供 MPGE4 编码方式的标清 IPTV，需要 2～3 M 左右的带宽，提供一套高清 IPTV 业务需要 5～6 M 以上的带宽。近期网络应具有提供每个家庭用户下行 4～18 M 和上行 2～4 M 的能力；远期应具备提供下行 10～30 M 和上行 4～10 M 的能力。

宽带多业务的这种接入需求，使所有的铜线接入技术都难以为继，而以光纤传输为基础的 PON 技术以其天然具有的高带宽、全业务接入能力成为 FTTx 的主流技术。

应用场景的复杂性，导致了 PON 系统中的用户端设备 ONU 设备的多样性。按照业务接口类型和数量的不同，ONU 可分为 SFU、SBU、MDU、MTU、HGU 等类型。

采用 FTTB/C（光纤到楼宇/分线盒）方式时，每个 ONU 需接入多个独立用户，此时的 ONU 被称为 MDU/MTU（多住户单元/多租户单元）。MDU/MTU 可提供多个 FE 接口、DSL 接口，POTS 接口及 E1 接口。

当采用 FTTH/FTT0（光纤到家庭/办公室）方式时，每个 ONU 仅接入一个用户，此时的 ONU 被称为 SFU/SBU（单个家庭用户单元/单个商业用户单元）。SFU/SBU 提供少量 FE 接口、POTS 接口，SBU 还可以提供 E1 接口。

业务类型的多样性，导致了对服务质量（QoS）的要求存在很大差异。

对于 TDM 业务，要求承载网络能够绝对保证其低延时、无误码，PON 系统通过预留固定带宽、短帧封装的技术来满足。

对于 IP 业务,PON 系统通过保证数据传输逻辑通道的 QoS 来间接为不同业务类型提供差异化服务功能。由于逻辑通道仅存在于 OLT 和 ONU 之间,因此为了实现全网的 QoS,ONU 会根据业务类型的不同通过 802.1P 协议为数据帧添加不同的优先级标识,此时需要 ONU 具有业务"感知"和区分的能力,并能针对不同业务类型作 QoS 标记。

逻辑通道在 EPON 系统中是 LLID,在 GPON 系统中是 GEM Port/T-CONT(后面介绍)。在多逻辑通道方案中,每类业务被标识上不同的 802.1P 标记后分别通过不同的逻辑通道进行传送。PON 系统为每个逻辑通道绑定一定的 QoS 等级标识,并通过严格优先级(SP)和加权轮询(WRR)等调度策略来保证 QoS。在单逻辑通道方案中,各种业务应用共享一个逻辑通道,即承载于同一个逻辑通道中传输,在 PON 层上无法区分业务服务等级,只能通过 802.1P 技术在第二层上提供差异化服务能力。

802.1P 协议参见附录三。

(二)PON 关键技术

1. 上、下行复用与上行多址

因为 PON 中的业务都是交互式的,有收发两个方向的信号,也就是常说的上、下行信号。在一根光纤中,用什么方法把用户的上行信号和下行信号分开呢？多个用户的上行信号又怎样区分出来呢？

PON 中 OLT 到 ONU 下行信号传输较简单,一般采用 TDM 广播方式:在 OLT 中将需要送至各 ONU 的信息采用时分复用(TDM)方式组成复帧送至馈线光纤,经光分器分成多路后分送到每一个 ONU,ONU 收到下行复帧信号后根据下行比特流中的同步时钟信号,分别取出属于自己的那一部分信息。由于在 ODN 中全是无源器件,整个无源分配网(不含 WDM 分路器件时)对信号只有衰减,没有对信号的分离和选择,因而信号在 ODN 上的传送是"透明"的、广播式的,虽然每个 ONU 都能收到所有的下行信号,但只能解复用出那些属于自己的时隙信号。

PON 中,为区分多个用户的上行信号,ONU 到 OLT 的上行信号的传输,可以采用各种多址技术:如时分多址(TDMA)、副载波复用多址(SCMA)、码分多址(CDMA)、波分多址(WDMA)等,以 TDMA 的采用最为广泛。

至于上下行双向传输的复用技术,则有空分复用(SDM),时间压缩复用(TCM),波分复用(WDM)和副载波复用(SCM)。在一根光纤上实现双向传输的,称为单纤双工传送。

SDM(空分复用)是利用空间分割构成不同信道的一种复用方法。例如下行从 OLT 到 ONU 和上行从 ONU 到 OLT 采用不同的光纤,这是比较简单的方案。

WDM(波分复用)即来去方向分别使用不同波长,这是最常用的一种方式。WDM 技术还可用于在同一光纤上同时支持数字信号和模拟 CATV 信号的传送。

TCM(时间压缩复用)就像打乒乓球那样来去两方向信号时间上交替传送。

SCM(副载波复用)技术中,首先各路基带信号(模拟或数字,即每个 ONU 的上行信号)对不同的副载波频率振荡器进行调制,经调制后的各路变频信号再经过带通滤波和功率放大后调制一个光发送机成为受调光信号向上行方向发送。

在该技术中,下行信号采用 TDM 方式,由于下行基带数字信号的带宽有限,而光纤具有很宽的宽带,有可能在下行数字信号频谱分量高端以上的频带采用副载波复用技术传送上行信号,每一个 ONU 占用一个副载波。在 OLT 处对各个副载波进行合路,同时进行解调。

上行信号，由于每个 ONU 占用一个副载波，因而每个 ONU 所占用的带宽在频率上被区分开来，即每个 ONU 确定地占用一段频带，这样避免了 TDMA 方式中为了防止时隙"碰撞"而必须对各 ONU"测距"的复杂程序，也减少了反射的影响。采用 SCM 技术的 OAN 系统工作原理如图 3- 13 所示。

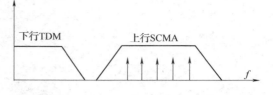

图 3-13　SCM 技术的上下行频谱分布

SCM 方式中上行信号采用了模拟的副载波复用技术，各副载波间不可避免地存在着交调，因而要求各个激光器的线性要非常好，各路副载波的频率定位要十分准确，以避免相互干扰。另外，副载波调制含有模拟技术的成分，有不可克服的某些弱点。

2. 突发数据发送

EPON 的点对多点（P2MP）的结构和时分多址（TDMA）的接入方式决定了 ONU 发送机工作在突发发送的模式下。这就对激光器的响应速度，更重要的是对发射机输出光功率控制电路提出了新的要求。传统自动功率控制（APC）电路针对连续信号设计，其偏置电流在整个传输过程中恒定不变。然而在突发模式中，激光器被不断地打开和关闭，其偏置电流必须能快速地响应变化，否则很可能在直流偏置还没有调整到指定值之前，ONU 的发送已经结束，激光器又要关闭，直流偏置重新归零，导致 APC 无法正常工作。

针对这个问题有两种解决方案。一是采用数字 APC 电路的方法，在每个 ONU 突发发送期间特定时间点对激光器的输出光信号进行采样，根据激光器输出光功率的具体样值，按一定的算法对激光器的直流偏置进行调整。采样值在两段数据发送时间间隔内保存，这就解决突发模式下的自动功率控制问题。但是数字 APC 存在一些缺点，它需要一个微控制器和一块高速 RAM，这样不利于模块的集成，同时对微控制器的速率要求较高。二是对连续模式的 APC 电路进行修改，使之能工作于突发模式之下。连续模式的 APC 之所以不能正常工作在突发模式下，是由于当激光器关闭后直流偏置切断，当激光器重新打开时，APC 电路已丢失了原来的状态，直流偏置呈现不连续的变化。只要能在激光器关闭期间保持 APC 电路的状态不变，当激光器重新打开后，APC 电路就能在前一个突发间隔结束状态的基础上继续进行工作，直流偏置的变化将是一个连续的过程，因而 APC 电路能稳定工作在突发模式下。

3. 突发数据接收

在 EPON 系统中，由于各 ONU 与 OLT 间距离不一样，它们各自传输的上行码流的衰减也不一样，造成各个 OLT 接收到的各个 ONU 的信号强度各不相同。在极限情况下，从最近 ONU 发来的"0"信号的光强度甚至比从最远 ONU 传来的"1"信号的光强度还要大。

因此，为了正确恢复出原有数据，在 OLT 端不能采用判决门限恒定的常规光接收机，要根据每个 ONU 的信号强度快速调节"0"、"1"电平的判决点（即判决门限），按每一分组信号开始的几个比特信号幅度的大小建立合理的判决门限，如图 3-14 所示 。

现有的突发模式接收机分为直接耦合方式和交流耦合两大类。

直流耦合模式的基本思想是，依据接收的突发信号，通过测量其光功率而做出相应的调节。根据反馈方式不同又可以分为自动增益控制（后向反馈模式）和自动门限控制（前向反馈模式）两种方式，在整个码元时间内动态调整判决电平。

交流耦合模式的基本思想是，由于接收到的高速数据流被看做是高频信号的话，前后两个数据流之间平均功率的变化可认为是低频信号，因此，只需要一个高通滤波器滤除低频信号就

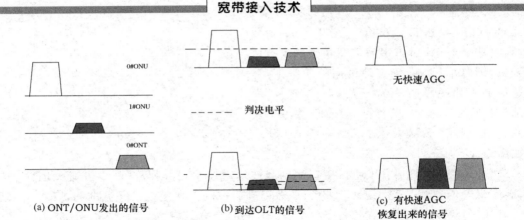

(a) ONT/ONU发出的信号　　　(b) 到达OLT的信号　　　(c) 有快速AGC
恢复出来的信号

图 3-14　TDMA 判决门限自动调整示意图

可完成判决门限恢复。

　　不管采用哪种模式,突发接收会都对系统性能造成一定影响,相对于传统连续模式,光接收机将付出一定的光功率代价。在突发接收过程中,对系统性能造成影响的因素主要有两个:一是接收机中固有高斯噪声影响了判决门限的判定,使其偏离最佳值,进而造成接收灵敏度损失;二是来源于接收机中门限检测电路的有限的充放电时间常数。

　　4. 快速比特同步

　　各 ONU 从 OLT 发送的下行信号中获取定时信息,并在 OLT 规定的时隙内发送上行分组信号 ,由于突发信号的不确定性,各 ONU 的分组数据是"突发"的,所以 PON 中 OLT 端的接收机必须工作在突发模式下,必须采用快速比特同步电路,在每一分组信号开始几个比特信号的时间范围内就能迅速建立比特同步,进而接收数据。

　　5. 测距

　　上行信号的传输采用 TDMA(时分多址)技术时,各个 ONU 上行信号通过占有不同的时隙,从而在时域上划分开来。因为是多点到点,PON 中的众多 ONU 都要向 OLT 发送信号,就将上行传输时间分为若干时隙,在每个时隙内只安排一个 ONU 以分组的方式向 OLT 发送信息,各 ONU 按 OLT 规定的顺序向上游发送。分布在 20 km 距离内的光纤传输时延最大可达 0.1 ms(10^5 个比特的宽度)。

　　为避免各 ONU 向上游发送的码流在 ODN 合路时发生碰撞,必须利用测距和时延补偿技术实现全网同步,即 OLT 测定它与各 ONU 的距离后调节时延,对各 ONU 进行严格同步,使数据帧按确定时隙到达 OLT。如图 3-15 所示。

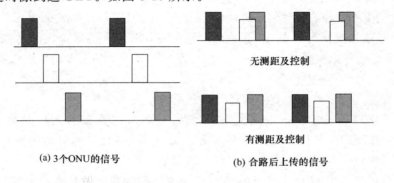

(a) 3个ONU的信号　　　　　　(b) 合路后上传的信号

图 3-15　TDMA 时隙碰撞示意图

（三）PON 的种类

无源光网络种类主要包括 ATM-PON（APON，即基于 ATM 的无源光网络）和 Ethernet-PON（EPON/GEPON，基于以太网的无源光网络）和 GPON 三种形式，它们的主要差别在于采用了不同的链路层技术，可以实现宽带数据业务与 CATV 业务的共网传送。

APON 把 ATM 和 PON 结合在一起，在 PON 网络上实现基于信元的 ATM 传输。APON 由于 ATM 技术实现复杂、成本较高而不敌以太网，逐渐淡出人们的视线。

EPON 是将以太网与 PON 结合起来，用简单的方式实现点到多点结构的以太网光纤接入系统。它不仅能综合现有的有线电视、数据和话音业务，还能兼容如数字电视、VoIP、电视会议和 VOD 等等，实现综合业务接入。EPON 特点是消除了 ATM 和 SDH 层，直接把以太帧放在光纤上传输，可以大量采用以太网技术成熟的芯片，实现简单，易于升级。千兆速率（Gbit/s）的 EPON 系统也常被称为 GEPON。100 M 的 EPON 与 1G 的 EPON 只有速率上的不同，其中所包含的原理和技术是一样的，目前主要应用的是 GEPON，以后提到 EPON 没有特别说明，都是指千兆的 GEPON。EPON 的主要缺点是总体效率较低，难以支持以太网之外的业务。当遇到话音/TDM 业务时，就会引起 QoS 问题。EPON 的系统结构示意图，如图 3-16 所示。

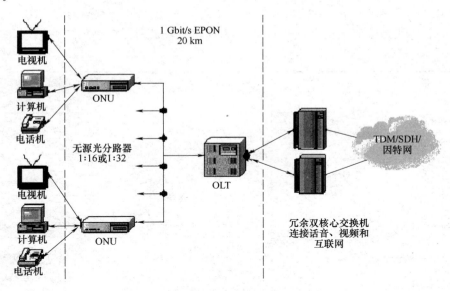

图 3-16　EPON 的系统结构示意图

GPON（吉比特 PON）标准是 ITU-T G.984 系列，是 ITU-T /FSAN（全业务接入网）联盟 2002 年 9 月提出的。它可以灵活地提供 1.244 Gbit/s 和 2.488 Gbit/s 的下行速率和 ITU 规定的多种标准上行速率（对称和非对称速率）；传输距离至少达 20 km；系统分路比可以为 1:16、1:32、1:64、1:128；支持各种接入服务，特别是能非常有效地支持原有格式的数据帧和 TDM 流（上行带宽利用效率可以达到 90%，EPON 只有 75%）。GPON 支持的业务类型包括数据（以太帧，IP 和 MPEG 视频流）、PSTN（POTS、ISDN）、专用线（T1、E1、DS3、E3 和 ATM）和视频（数字视频）。简而言之，GPON 是一种速率高、效率高、全业务的光接入网技术。

第二节　以太网无源光网络（EPON）

一、EPON 系统构成

（一）网络结构

EPON 有"点到点"以太网和"点到多点"两种应用，PON 上传输的是以太网协议，因而得名。

"点到点"（P2P）光以太网在一条单模光纤上双向传送 1 000 Mbit/s 以太帧，距离大于等于 10 km。主要特点是：物理层是单根光纤，在收发两个方向上使用不同的波长，下行 1 510 nm、上行 1 310 nm（不同于两根独立的光纤使用相同的波长，省了一根光纤）；在 MAC 层则采用已有的技术 100Base-FX 和 1 000Base-LX。

"点到多点"（P2MP）的标准是 IEEE 的 802.3ah，该标准尽量在 802.3 协议结构内改进，最小程度地扩充 MAC 协议。上下行速率为对称 1.25G，光纤的最大传送距离为 20 km，分光器最大分光比为 1:16。与 P2P 光以太网一样，也采用单纤双向光传输技术，波长分配则遵循 G.983 的标准，即下行数据波长为 1 490 nm，上行数据波长为 1 310 nm，叠加的 RF 视频波长为 1 550 nm；在数据链路层仍采用以太网技术，EPON 多指这种点对多点的拓扑结构。

各种 EPON 物理层情况参见表 3-1。其中"带 PON"的类型才是点对多点 EPON，其他都是点对点的。铜线传输的类型不属于 EPON，为便于比较也列在其中。

表 3-1　EPON 物理层概况

名　　称	设　　备	速率（Mbit/s）	一般传输距离（km）	传输线路
100BASE-LX10	ONU/OLT	100	10	2 根单模光纤
100BASE -BX10-D	OLT	100	10	1 根单模光纤
100BASE-BX10-U	ONU			
1000BASE-LX10	ONU/OLT	1 000	10	2 根单模光纤
			0.55	2 根多模光纤
1000BASE-BX10-D	OLT	1 000	10	1 根单模光纤
1000BASE-BX10-U	ONU			
1000BASE-PX10-D	OLT	1 000	10	1 根单模光纤带 PON
1000BASE-PX10-U	ONU			
1000BASE-PX20-D	OLT	1 000	20	1 根单模光纤带 PON
1000BASE-PX20-U	ONU			
10PASS-TS-O	局端	10	0.75	1 对（或更多）音频铜线
10PASS-TS-R	用户端			
2BASE-TL-O	局端	2	2.7	1 对（或更多）音频铜线
2BASE-TL-R	用户端			

EPON 的系统结构如图 3-17 所示。某 OLT 位于局端，是整个 EPON 系统的核心部件，向上提供接入网与核心网/城域网的高速接口，向下提供一点对多点的 PON 接口；ONU 位于用户端，提供对用户业务的各种适配功能；ODN 是由无源光分路器组成的光纤分配网络，使得一个 PON 接口的光纤传输带宽可以由多个 ONU 共享，节省了大量的光纤铺设成本。

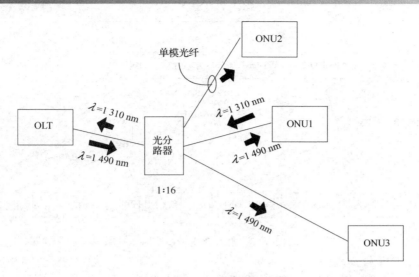

图 3-17　EPON 的网络结构示意图

EPON 的网络拓扑结构如图 3-18、图 3-19 和图 3-20 所示。

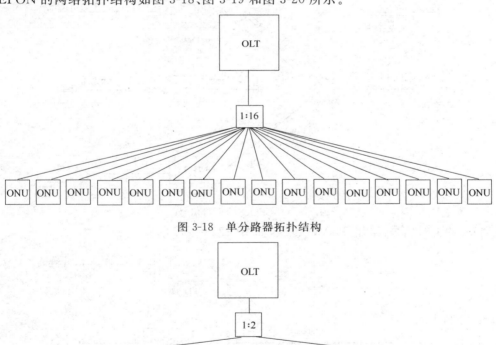

图 3-18　单分路器拓扑结构

图 3-19　树形分路器拓扑结构图

　　PON 拓扑结构中的根结点是主设备，即 OLT；位于边缘部分的多个节点是从设备，即 ONU。OLT 管理 ONU。

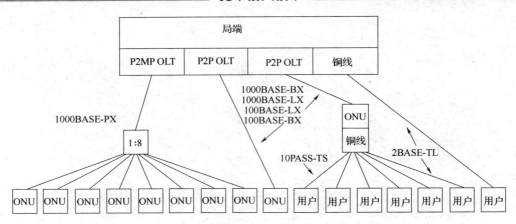

图 3-20　混合介质拓扑结构

(二)上、下行传输方式

EPON 的下行信号采用的是 TDM 广播方式,如图 3-21 所示。

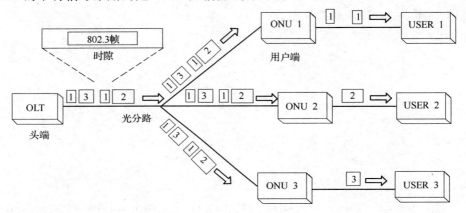

图 3-21　EPON 的下行信号

EPON 的上行信号,采用 TDMA 方式,如图 3-22 所示。

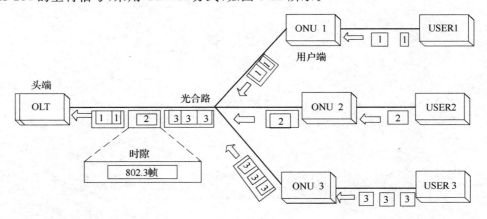

图 3-22　EPON 的上行信号

可知 EPON 采用成熟的全双工以太技术,使用实时的 TDM 通信,各 ONU 在给自己的时隙内发送数据,因此各 ONU 没有碰撞,不需 CDMA/CD,从而能充分利用带宽。

EPON 应用时,在下行方向,IP 数据、语音、视频等多种业务,由位于中心局的 OLT 采用广播方式,通过 ODN 中的 1∶N 无源分光器分配到 PON 上的所有 ONU 单元。在上行方向,来自各个 ONU 的多种业务信息互不干扰地通过 ODN 中的 1∶N 无源分光器耦合到同一根光纤,最终送到位于局端 OLT 接收端。

二、EPON 的协议

(一) 来历与变化

EPON 协议帧(802.3ah)是在 802.3 帧结构(参见附录二)上扩展而来,通过新增加的 MAC 控制命令来控制和优化各光网络单元(ONU)与光线路终端(OLT)之间突发性数据通信。

在 802.3 以太网帧开始处有 64 bit(8 byte)的前导字符,其中前 7 byte 称为前同步码,内容是 16 进制数 0xAA,最后 1 byte 为帧起始标志符 0xAB,它标识着以太网帧的开始。前导字符的作用是使接收节点同步并做好接收数据帧的准备。GEPON 对 802.3 MAC 帧的前导码和起始定界符 (SFD)这 8 个 byte 做了修改,以 SLD,LLID 和 CRC8 进行了几个字节的替换。SLD(LLID 的起始定界符)用来给接收方定位 LLID 和 CRC8 域;LLID(逻辑链路标识)为 2 byte 长,最高位为模式位,剩下 15 位指明对应 MAC 地址的 LLID;CRC8 域包含从 SLD 到 LLID 之间的 CRC 校验码。普通 MAC 帧和 GEPON 帧前导码的区别如图 3-23 所示。由于每一个 ONU 都有唯一的"ONU ID"——LLID 标识自己的身份,OLT 端通过 LLID 识别 ONU,实现测距、时隙分配等功能。下行数据都会带有 LLID,ONU 也据此来识别自己的数据。通过 MAC 地址和 LLID 的一一对应,使 P2MP 的点对多点通信实际成为多个点对点的通信。

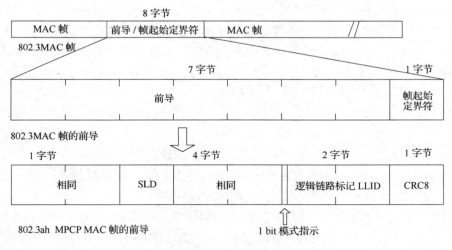

图 3-23　802.3 与 802.3ah 前导码的比较

(二) EPON 的协议体系

EPON 的技术涉及 OSI 七层协议的物理层和数据链路层。EPON 协议栈如图 3-24 所示。

1. 物理层

OSI 的物理层定义了数据传输和接收的电气信号、链路状态、时钟要求、数据编码和电路系统,它有几个子层。

物理编码子层(PCS)的作用是将上层发来的数据编码/解码,使之适于在物理介质上传送。EPON 采用的前向纠错码(FEC)是 RS 码;采用的线路编码是 8B/10 B,1 Gbit/s 数据速

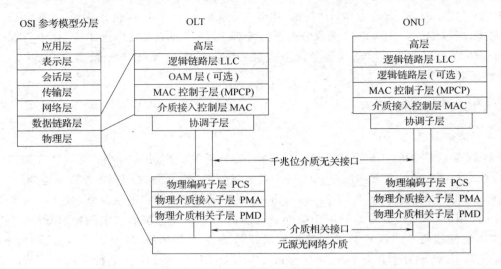

图 3-24　EPON 协议栈

率(线路码速率为 1.25 Gbit/s),上、下行对称。

因为大分路比的分光器的衰减很大,信号的传输距离有限,EPON 系统使用 FEC 能有效地减小误码率,使误码率从纠错前的 10^{-4} 降至纠错后的 10^{-12}。这可以减小激光器发射功率预算,减少功耗,增加光信号的最大传输距离,或者在同样的接入距离内,支持更多的接入用户。不足之处是增加开销,增加系统的复杂性。前向纠错码 RS 码(里德-索罗蒙码)特别适合纠正突发错误,用于既存在随机错误又存在突发错误的信道。

8B/10B 是一种分组码,编码后可以使线路上传输的码流有效地减小直流分量,降低误码率,比较容易提取时钟信号,还可以进行误码检测。它的编码原理来自通信传输线路码常用的分组码,也称 $mBnB$ 码,编码方法是,把输入的二进制原始码流按 m(bit)为一组进行分组,然后把每个分组变换成一个 n(bit)的二进制码,并在同样大小的时隙内输出。特点有:①码流中"1"和"0"码概率相等,连"1"连"0"少,定时信息丰富。②高低频分量少,基线漂移小。③码流中引入一定冗余度,便于在线误码监测。数据传输常以字节为单位,1 byte 正好有 8 bit,所以取 $m=8$;$n=10$ 就是在 10 位 2 进制数,2^{10} 个码字中,取出 8 位 2 进制数,2^8 个 0 和 1 分布比较均等的码字,组成 8 bit 原码与 10 bit 线路码一一对应的码表,成为 8/10 B 编码方式。因此 PCS 层需要把从 GMII 口接收到的 8 位并行的数据(8 B)转换成 10 位并行的数据(10 B)输出。

物理介质附加子层(PMA)的作用是生成发送到线路上的信号,并接收线路上的信号。

物理介质相关子层(PMD)的作用是提供与线缆的物理连接。如前所述 EPON 采用波分复用技术(下行 1 490 nm,上行 1 310 nm)实现单纤双向传输,同时定义了 1000 BASE-PX-10 U/D 和 1000 BASE-PX-20 U/D 两种 PON 光接口,分别支持 10 km 和 20 km 的最大距离传输。

2. 数据链路层

在数据链路层,MAC 子层将上层通信发送的数据封装到以太网的帧结构中,并决定数据的安排、发送和接收方式。MAC 层通过千兆介质无关接口(GMII)发送或接收数据帧,GMII 接口允许 MAC 以标准方式测试是否存在符合千兆以太网标准的物理层。EPON 的 MAC 层增加了多点 MAC 控制协议(MPCP),可以在点到多点 EPON 系统中实现点到点的"仿真"。MPCP 主要处理 ONU 的发现和注册,在多个 ONU 之间进行上行传输资源的动态分配。

EPON MAC 层定义了广播 LLID(LLID＝0xFF)作为单拷贝广播(SCB)信道,用于传输下行视频广播/组播业务。

EPON 还提供了一种可选的 OAM 功能,提供远端故障指示和远端环回控制等管理机制,用于管理、测试和诊断已激活 OAM 功能的链路,并进行其他链路层或高层应用的远程管理和控制。

（三）MPCP 协议

1. MPCP 帧结构

EPON 系统是一种典型的点到多点传输/接入设备,OLT 负责发送定时,处理 ONU 的拥塞报告,以便优化带宽分配。OLT 与 ONU 之间的数据传输采用 MPCP 协议,通过 MPC PDU 来实现光网络单元(ONU)的自动发现、OLT 与 ONU 之间的带宽请求、带宽授权、监控、测距等。MPCP 控制帧结构如图 3-25 所示。

模式(1 bit)＋LLID(15 bit)
CRC(1 byte)
目的地址(6 byte)
源地址(6 byte)
长度/类型＝88-08
操作码(2 byte)
时戳(4 byte)
数据域(40 byte)
FCS(4 byte)

图 3-25　MPCP 控制帧结构

表 3-2　MPCP 的操作码

MPCP 数据帧	操作码
GATE	00-02
REPORT	00-03
REGISTER_REQ	00-04
REGISTER	00-05
REGISTER_ACK	00-06

(1)在消息帧的前导码中,表示模式的 1 bit,用于标记是点对点(P2P)方式还是广播方式;LLID 是逻辑链路标记,用于识别多个 ONU。

(2)目的地址(DA):指 MAC 多播地址,或 MPCP 数据帧要到达的目的端口 MAC 地址。

(3)源地址(SA):指 MPCP 数据帧发送的源端口 MAC 地址。

(4)操作码:代表对 EPON 网络的管理和操作方式。

(5)时戳:在发送 MPCP 数据帧时的时间信息。

(6)数据域:用于 MPCP 数据帧的内容填充,如果未使用,则填充为 0。

(7)FCS:帧校验序列。

MPCP 控制帧的 5 条操作码见表 3-2。

在表 3-2 中,GATE 帧在发现过程和正常数据操作过程中 OLT 发送授权时隙给 ONU,以便 ONU 根据所分配的时隙进行数据发送;REPORT 帧是从 ONU 发往 OLT 的,用于报告 ONU 的状态以及请求;REGISTER_REQ 是 ONU 发给 OLT 的,在自动发现过程的注册请求;REGISTER 是 OLT 发给 ONU,对 REGISTER_REQ 消息的响应;REGISTER_ACK 是 ONU 发给 OLT 的,指示整个注册过程的结束。

2. MPCP 的主要工作过程

(1)ONU 自动发现

在 EPON 网络中,ONU 并不总是在线的,因此 OLT 和 ONU 之间需要一个自动发现过程,以使得想上线的 ONU 能够登录 PON 网络。自动发现过程是由 OLT 来控制的,OLT 周期性的发送发现 GATE 帧,其中包含了 ONU 可用的时隙窗口(发送数据起始时间和时间长度),使 ONU 能发送消息让 OLT 发现它的存在,发现 GATE 帧以广播的方式发送。

　　离线 ONU 在收到发现 GATE 帧,随机等待一段时间后(这是为了避免不同的 ONU 同时发送 REGISTER_REQ 消息而造成冲突)发送 REGISTER_REQ 帧给 OLT,其中包含了 ONU 的 MAC 地址和其他参数。OLT 收到后,注册该 ONU,分配一个新的逻辑端口标识符(LLID)并与对应的 MAC 地址绑定,之后发送 REGISTER 消息给新近发现的 ONU(消息中包含分配给该 ONU 的 LLID),再发送一个标准 GATE 帧让 ONU 发送 REGISTER_ACK 消息,OLT 接收到 REGISTER_ACK 消息后,该 ONU 的整个发现过程就完成了,交互过程如图 3-26 所示。

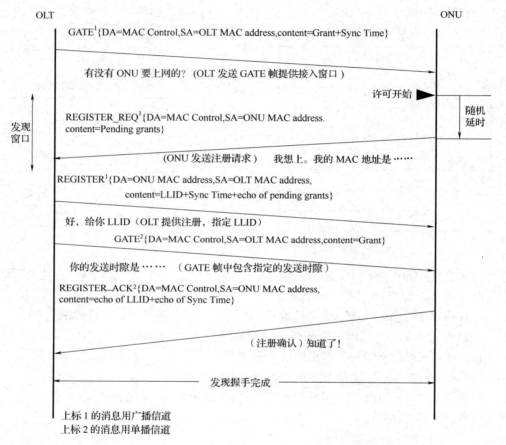

图 3-26　发现握手交互过程

　　在 ONU 完成在 OLT 上的注册后,每个注册的 ONU 获得 1 个 LLID,用户 MAC 地址和 LLID 绑定,OLT 的每个 EPON 接口维护一个 MAC 地址表,EPON 接口对每个用户帧进行检查,并把源 MAC 地址信息加入到 MAC 地址表中,形成 LLID←→MAC 地址关系表,便于以后使用。

　　如图 3-26 中操作命令的上标 1 表示该消息是广播的,上标 2 表示该消息是单播的。

　　发现握手交互过程中出现的数据帧(PDU)结构如图 3-27 至图 3-30 所示。

　　(2)GATE/REPORT

　　ONU 完成在 OLT 的注册后,就可以访问 PON 网络了。在 EPON 网络中,OLT 通过给不同的 ONU 分配各自的发送时隙来控制 ONU 的发送,形成时分多址(TDMA)的通信方式,

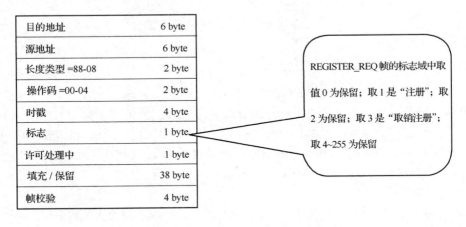

目的地址	6 byte
源地址	6 byte
长度类型 =88-08	2 byte
操作码 =00-02	2 byte
时戳	4 byte
许可数 / 标志	1 byte
许可 #1 起始时间	0/4 byte
许可 #1 长度	0/2 byte
许可 #2 起始时间	0/4 byte
许可 #2 长度	0/2 byte
许可 #3 起始时间	0/4 byte
许可 #3 长度	0/2 byte
许可 #4 起始时间	0/4 byte
许可 #4 长度	0/2 byte
同步时间	0/2 byte
填充 / 保留	13~39 byte
帧校验	4 byte

GATE 帧的许可数 / 标志域中第 0~2 bit 表示"许可数量",取值 0~4;第 3 bit 是"发现",取 0 为正常 GATE,取 1 为发现 GATE;第 4、5、6、7 bit 都是"强制报告许可",取 0 为无动作,取 1 为报告帧

图 3-27 MPCP 协议 GATE 帧

目的地址	6 byte
源地址	6 byte
长度类型 =88-08	2 byte
操作码 =00-04	2 byte
时戳	4 byte
标志	1 byte
许可处理中	1 byte
填充 / 保留	38 byte
帧校验	4 byte

REGISTER_REQ 帧的标志域中取值 0 为保留;取 1 是"注册";取 2 为保留;取 3 是"取销注册";取 4~255 为保留

图 3-28 MPCP 协议 REGISTER_REQ 帧

它们之间的控制及数据传递由 GATE 消息和 REPORT 消息完成,如图 3-31 所示。

GATE 消息除了 OLT 在"自动发现"中使用,也用于正常交互时给 ONU"授权"发送时隙,告诉 ONU 可以从什么时候开始上传数据,以及可以上传多久的时间,ONU 收到 GATE 消息后,会等到"起始时间"到来时再开始上传数据,直到时间为"起始时间 + 时间长度"才停止。GATE 消息也用作 OLT 与 ONU 之间的保持消息。

REPORT 消息有几个功能:消息中的"时间戳"为 OLT 进行往返时间(RTT)的计算;"带宽请求"使 OLT 了解 ONU 各个队列请求的情况,OLT 可以依照各个 ONU 提出的需求以及

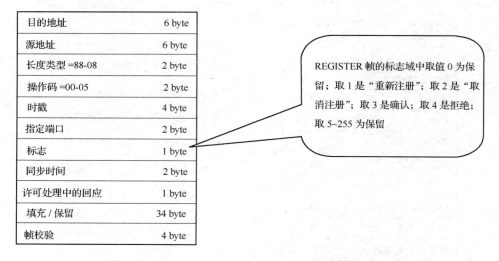

图 3-29　MPCP 协议 REGISTER 帧

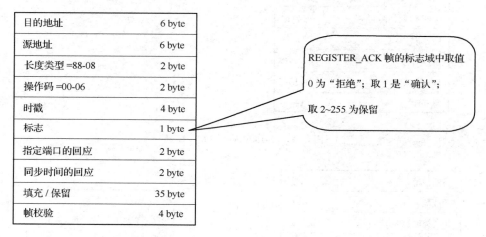

图 3-30　MPCP 协议 REGISTER_ACK 帧

传送数据时间的使用率等统计数字,来动态分配各个 ONU 的带宽。同时,REPORT 消息也用作 ONU 和 OLT 的"保持联系",即 ONU 周期性的产生 REPORT 消息以维持在 OLT 上的注册。ONU 会主动产生 REPORT 消息,OLT 也可以向 ONU 请求一个 REPORT 消息。

REPORT 数据帧(PDU)结构如图 3-32 所示。

(3)同步和测距

EPON 系统使用 TDMA 方式支持点到多点拓扑结构,即各 ONU 接入系统采用时分复用方式,这种方式要求整个系统有一个共同的参考时钟,才能正确传输信息。在 EPON 系统中以 OLT 的时钟为准,所有的 ONU 在开始通信之前必须与 OLT 同步,为此 OLT 周期性的广播同步信息给各个 ONU,让各个 ONU 调整自己的时钟。由于不同的 ONU 与 OLT 的距离各不相同,ONU 的时钟必须比 OLT 的时钟有一个合适的时间提前量(这就是传输时延),才能保证数据到达 OLT 时彼此没有时隙冲突。这样 OLT 需要知道数据到达各个 ONU 的往返时间 (RTT),从而可以参考 RTT 来修正分配给各 ONU 的上传数据时间。OLT 获得 RTT 的过程即为测距。

OLT 和 ONU 都有一个本地计数器提供本地时间戳,OLT 发送 MPCP 协议帧时,把计数器的值复制到报文的时间戳字段,在 ONU 接收到 MPCP 协议帧时,设置它本地计数器的值为

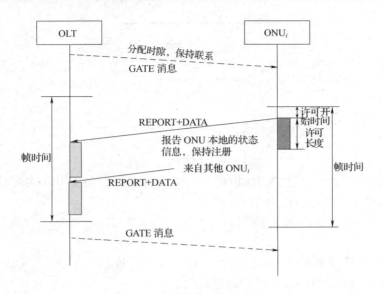

图 3-31　GATE/REPORT 过程

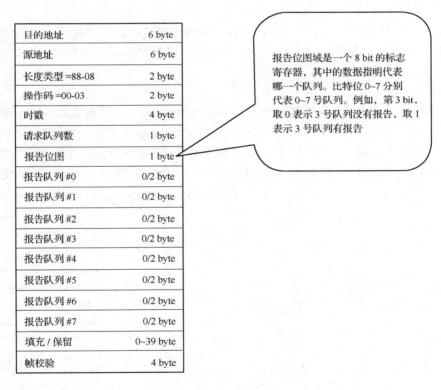

目的地址	6 byte
源地址	6 byte
长度类型 =88-08	2 byte
操作码 =00-03	2 byte
时戳	4 byte
请求队列数	1 byte
报告位图	1 byte
报告队列 #0	0/2 byte
报告队列 #1	0/2 byte
报告队列 #2	0/2 byte
报告队列 #3	0/2 byte
报告队列 #4	0/2 byte
报告队列 #5	0/2 byte
报告队列 #6	0/2 byte
报告队列 #7	0/2 byte
填充 / 保留	0~39 byte
帧校验	4 byte

报告位图域是一个 8 bit 的标志寄存器，其中的数据指明代表哪一个队列。比特位 0~7 分别代表 0~7 号队列。例如，第 3 bit，取 0 表示 3 号队列没有报告，取 1 表示 3 号队列有报告

图 3-32　REPORT 帧

接收的 MPCP 协议帧时间戳字段的值，通过这个过程，所有的 ONU 都同步到 OLT 的时钟。

同样，ONU 发送 MPCP 协议帧时，也要把它本地计数器的值复制到 MPCP 协议帧的时间戳字段，OLT 接收到 MPCP 协议帧后，用所接收的时间戳来计算和验证 OLT 和 ONU 之间的 RTT，RTT 的计算示意图如图 3-33 所示。

RTT 计算中，OLT 在绝对时间 T_1 发送 GATE；ONU 在绝对时间 T_2 接收 GATE，调整本

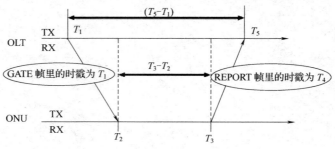

图 3-33　RTT 计算示意图

地时间为 T_1；ONU 在绝对 T_3 发送 REPORT，此时本地时间时间为 T_4；OLT 在绝对时间 T_5 接收 REPORT，报文中的时间戳为 T_4。

可以得出：RTT＝下行时延＋上行时延＝$T_2-T_1+T_5-T_3＝T_5-T_4$（利用了 $T_3-T_2＝T_4-T_1$）。

由于每一 MPCP 数据帧都有时戳，因此每次 ONU 传送 GATE 与 REPORT 消息时，OLT 都可以修正该 ONU 的 RTT 进行时延补偿。

三、EPON 的网络管理

EPON 在 OLT 和 ONU 之间定义了 OAM，为网络管理员提供了监控网络以及快速故障定位和错误告警的能力，如远端故障指示（RFI）、远端环回控制以及链路监视，方便进行链路管理。

1. 管理帧（OAM PDU）的结构

如图 3-34 所示，OAM PDU 帧结构中，目的地址是慢协议（1 s 周期中发送不超过 10 帧）多播地址；源地址是发送 OAM PDU 的端口的 MAC 地址；长度类型是慢协议的编码；子类型是特定慢协议编码；标志域表示 OAM 的发现过程是否完成，是否有紧急事件、是否有链路故障等等；代码域指示 OAM PDU 的具体类型，计有信息（0x00）、事件告知（0x01）、变量请求（0x02）/响应（0x03）、环回控制（0x04）等类型；数据域就是 OMA 数据，有时为了达到最小帧常放填充字节。

目的地址 =01-80-c2-00-00-02	6 byte
源地址	6 byte
长度类型 =88-09　（慢协议）	2 byte
子类型 =0x03[OAM]	1 byte
标志	2 byte
代码	1 byte
数据 / 填充	42~1 496 byte
帧校验	4 byte

所有 OAM PDU 都有的固定帧头

图 3-34　OAM PDU 结构

2. 几种常用的 OAM PDU

（1）信息 OAM PDU

TLV 是类型、长度、值的简称。

如图 3-35 所示，信息 OAM PDU 结构，TLV 的信息类型域指示 TLV 承载的数据属性

（0x00 为 TLV 结束标识，0x01 为本地信息，0x02 为远端信息等）；状态域包含 OAM 状态信息，如是否与非 OAM PDU 复用、对非 OAM PDU 的转发、环回、删除处理等；OAM 配置域指示是否支持管理信息数据库的变量提取，是否支持对链路事件的解释，是否支持 OAM 的远端环回，是否有能力发送 OAM PDU，OAM 是主动还是被动方式等。OAM PDU 配置域指示 OAM PDU 的最大尺寸。

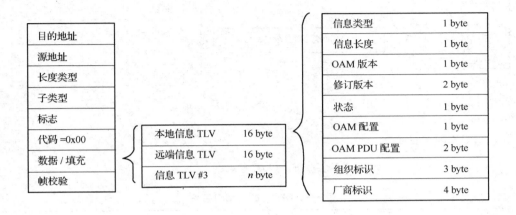

图 3-35　信息 OAM PDU 结构

（2）事件通知 OAM PDU

如图 3-36 所示，事件通知 OAM PDU 结构中，TLV 的事件类型域表示链路事件类型。

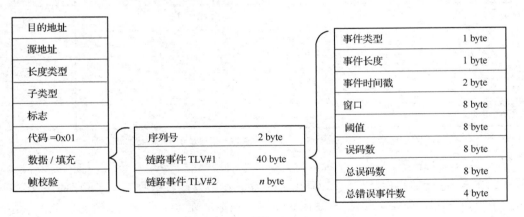

图 3-36　事件通知 OAM PDU 结构（示例）

TLV 的事件类型域 0x01 为误码秒事件，此时，事件时间戳域指示事件产生的时间；窗口域为指定时间周期内的符号数，时间周期下限是 1 s，上限是 1 min，默认是 1 s；阈值域为给定的误码门限。

TLV 的事件类型域 0x00 为 TLV 结束标识，0x02 为误帧事件，0x03 为误帧秒事件，0x04 为误帧秒统计事件等；其含义与误码秒事件类似。

（3）环回控制 OAM PDU

远端环回 OAM PDU 结构如图 3-37 所示。

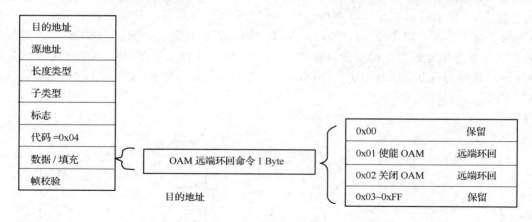

图 3-37 远端环回 OAM PDU 结构

四、EPON 的光接口

EPON 沿用 1000BASE 的以太网物理层,见表 3-3。

表 3-3 EPON 的光信道特性

描 述	1000BASE PX10- U	1000BASE PX10- D	1000BASE PX20- U	1000BASE PX20- D	单 位
光纤类型	单模光纤				
光纤数量	1 根				
标称传输波长	1 310	1 490	1 310	1 490	nm
传输方向	上行	下行	上行	下行	
最小范围	0.5~10 k		0.5~20 k		m
最大通道插入损耗	20	19.5	24	23.5	dB
最小通道插入损耗	5		10		dB

注意:在加有前向纠错码的链路中,最小范围会增加;最大通道插入损耗是在标准传输波长下得到的。

1000BASE-PX 框图如图 3-38 所示。

完成光电、电光转换时,按 1.25 Gbit/s 的速率发送或接收数据。上、下行的激光器分别工作在 1 310 nm 和 1 490 nm 窗口;之所以上行波长选择在 1 310 nm,是因为它色散较小,用户端的 ONU 可以使用普通 F-P 腔激光器,成本较低。光信号的传输要做到当分路光比较小的时候,最大传输 20 km 无中继。ONU 的光模块中,光接收机处于连续工作状态,而光发送机则工作于突发模式,这是为了避免附近 ONU 自发辐射噪声对远距离 ONU 光信号的屏蔽,ONU 激光器在无数据时要关闭,有数据时再工作。所以只有在特定的时间段里激光器才处于打开状态,其他时间激光器并不发送数据。由于激光器发送数据的速率是 1.25 Gbit/s,因此要求激光器的开关的速度要足够快。同时要求在激光器处于关闭状态时,要使从 PMA 层发送过来的信号全部为低,以确保不工作的 ONU 激光器的输出总功率叠加起来不会对正在工作的激光器的信号造成畸变。

EPON 的光发射机特性见表 3-4。

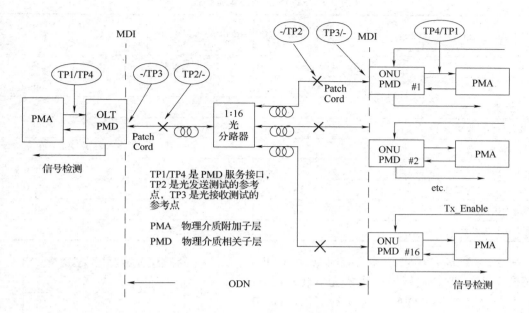

图 3-38 1000BASE-PX 框图

表 3-4 EPON 的光发射机特性

描　　述	1000BASE-PX10-D	PX20- D	1000BASE-PX10-U	PX20- U	单位
标称发射机类型	长波长激光器		长波长激光器		
信号速率	(1.25±100) ppm		(1.25±100) ppm		GBd
波长	1 480 ～1 500		1 260～1 360		nm
最大平均发送功率(ON)	+2	+7	+4	+4	dBm
最小平均发送功率(ON)	−3	+2	−1	−1	dBm
最大平均发送功率(OFF)	−39		−45		dBm
最小消光比	6		6		dB
光发射机眼图模板定义 {X1, X2, Y1, Y2, Y3}	{0.22, 0.375, 0.20, 0.20, 0.30}		{0.22, 0.375, 0.20, 0.20, 0.30}		UI
$T_{ON}(max)$(上升时间)	N/A		512		ns
$T_{OFF}(max)$(下降时间)	N/A		512		ns
最大光回波损耗容限	15		15		dB
最小 ODN 回波损耗	20		20		dB
光发射机反射	−10	−10	−6	−10	dB
最大光功率色散代价	1.3	2.3	2.8	1.8	dB

EPON 的光接收机特性见表 3-5。

表 3-5　EPON 的光接收机特性

描　　述	1000BASE-PX10-D	PX20-D	1000BASE-PX10-U	PX20-U	单位
信号速率	(1.25 ±100) ppm		(1.25 ± 100) ppm		GBd
波长	1 260～1 360		1 480～1 500		nm
最大误码率	10^{-12}				
最大平均接收功率	−1	−6	−3	−3	dBm
最大过载	+4	+4	+2	+7	dBm
最大接收灵敏度	−24	−27	−24	−24	dBm
最小信号检测阈值	−45		−44		dBm
最大接收机反射	−12		−12		dB
最大接收机设置时间	400		N/A		ns

　　注意：参数最大接收机设置时间是针对 OLT 侧光接收机的，意为进行突发模式光电转换时，输出的电信号达到稳定值的 15% 所需要的时间，建议值为 400 ns，它反映 EPON OLT 光接收机接收突发数据时调整判决门限的快慢。对于不同距离 ONU 传来的光信号幅度不同，接收机判决门限必须能自动调整，而且调整速度也应满足要求。

　　EPON 光发射眼图模板如图 3－39 所示。

五、EPON 的典型设备与配置

（一）典型设备

　　一个典型的 EPON 系统由 OLT、ONU、

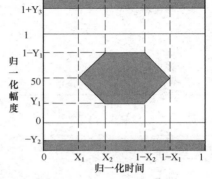

图 3-39　EPON 光发射眼图模板图
注意：实际光发射眼图要落在眼图模板的白色区域。

ODN 组成。OLT 放在中心机房，ONU 放在用户设备端附近或与其合为一体。ODN 主要是无源光纤分路器 POS 和光纤，用于连接 OLT 和 ONU，它的功能是分发下行数据，并集中上行数据。

　　OLT 既是一个交换机或路由器，又是一个多业务提供平台，它提供面向无源光纤网络的光纤接口（PON 接口）。OLT 上可提供多个 1 Gbit/s 和 10 Gbit/s/s 的以太网接口，向上支持 WDM 传输，以及提供 OC3/12/48/192 等速率的 SONET 的连接（参见附录五）。OLT 除了网络集中和接入的功能外，还可以针对用户的 QoS 的不同要求进行带宽分配，网络安全和管理配置。OLT 根据需要可以配置多块 OLC（光线路卡），OLC 与多个 ONU 通过无源分光器连接，分光比为 8、16、32、64，可以多级连接，一个 OLT PON 端口下最多可以连接的 ONU 数量与设备类型密切相关，一般是固定的。

　　例如，某公司采用某系列以太网交换机作为 OLT 设备，通过在交换机上增加 EPON 业务板及与之配套的交换引擎来满足 EPON 组网需求。

　　支持 EPON 业务的某种业务板，提供 4 个千兆全双工的 SC/PC 接口，所有 4 个端口都支持 GEPON（吉比特以太网无源光网络），可通过 POS（无源光分路器）与用户侧 ONU 设备相连。

　　某业务板主要参数见表 3-6。

表 3-6　某业务板主要参数

项　目	参　数
接口类型	SFF 模块、SC 类型
接口数量	4
接口传输速率	1 000 M
接口标准	1000Base-PX10
遵循的规范和协议	IEEE 802.3ah
配套使用的交换引擎	Salience Ⅲ系列交换路由板
SFF 模块类型	1000Base-PX-SFF-SC
中心波长	发射：1 490 nm；接收：1 310 nm
接口连接器类型	SC/PC
接口光纤规格	9/125 μm 单模光纤
光纤传输距离	10 km

某 OLT 设备支持的软件特性功能见表 3-7。

表 3-7　OLT 设备支持的软件特性功能

业　务	支　持　特　性
EPON 特性	支持 IEEE 802.3ah； 每个 PON 端口支持 32 个 ONU，整机支持 1 408 个 ONU； 支持动态带宽分配（DBA），动态带宽分配算法支持第三方定制加载； 支持网管管理远端 ONU 设备，支持 ONU 远端软件升级
交换模式	存储转发模式
交换功能	支持 4 K VLAN； 支持 32 K MAC 地址； 支持二、三层线速转发，支持 ONU 间 VPN； 支持 IEEE 802.3x，IEEE 802.3ad，IEEE 802.1D，IEEE 802.1w； 支持端口镜像； 支持广播风暴抑制
端　口	支持 GEPON、10GE、GE、FE 端口，支持 GE、FE 端口捆绑
AAA 与安全	支持基于 ONU MAC 地址的认证； 支持 IEEE 802.1x； 支持本地认证和 RADIUS 认证； 系统管理用户分级管理和口令保护； OLT 端口支持 ACL（接入控制列表），支持二、三、四层报文过滤； （基于端口、源/目的 MAC 地址的帧过滤，基于源/目的 IP 地址和上层协议类型的报文过滤等）； 支持 SNMP（简单网络管理协议）V3 的加密认证； 支持 SSH（安全层）； 支持上、下行（OLT、ONU）报文加密
QoS	支持流分类； 支持基于端口、MAC 地址、IP 地址、TCP/UDP 端口号、ToS（服务类型）/Diffserv 值和 CAR（恒定接入速率）的带宽管理，带宽管理的粒度为 64 kbit/s； 支持基于动态带宽分配的带宽管理每端口 8 个队列； 支持 FIFO（先进先出）、PQ（优先级排队）等队列调度算法
IP 路由	静态路由； RIP（路由信息协议），V1/V2； OSPF（开放最短路径优先），V2； IS-IS（中间系统域间路由信息交换协议）； BGP（边界网关协议），V4； 支持 4 条等价路由
组　播	IGMP（互联网组管理协议）； IGMP Snooping（互联网组管理协议侦听）； PIM-DM（独立组播协议-密集模式）； PIM-S（独立组播协议-稀疏模式）

宽带接入技术

业　务	支　持　特　性
系统配置/系统管理	支持通过 AUX 口利用 Modem 拨号进行配置、远程维护； 支持中/英文双语界面； 支持 CLI(命令行)的配置方式； 支持通过 Console(控制台)端口、Telnet、Modem 拨号进行配置； 支持基于 SNMP V1/V2/V3 网管； 支持 RMON(远端监测)的 1/2/3/9 组 MIB； 支持系统日志、告警； 支持通过 FTP(文件传输协议)、TFTP(小文件传输协议)实现加载升级； 支持 Ping、Tracert 等维护诊断工具

某 ONU 设备的接口特性见表 3-8。

表 3-8　ONU 设备的接口特性

属　　性	上行 PON 接口	下行用户接口
接口类型	SFF 模块、SC 类型、单纤双向	RJ-45
接口标准	1000Base-PX10	10/100/1000Base-T
传输距离	10/20 km	100 m
遵循的规范和协议	IEEE 802.3ah IEEE 802.1x	IEEE 803.3 IEEE 803.1Q IEEE 803.3ab IEEE 803.3u IEEE 803.1p
数　　量	1	1

某 ONU 设备光路特性见表 3-9。

表 3-9　ONU 设备光路特性

属　　性	描　　述	属　　性	描　　述
分光器支持的分光数	支持 1:32、1:16、1:8、1:4、1:2	接收饱和光功率	−4 dBm
分光比	均分或在 1:32 之内定制	接收灵敏度	−26 dBm
上下行波长	上行 1 310 nm,下行 1 490 nm	发射光功率	+4 ～ −1 dBm

分光器是 EPON 系统中不可缺少的器件,在光纤通信中归类为无源光器件中的"光耦合器"。作为连接 OLT 设备和 ONU 用户终端的无源设备,它把由馈线光纤输入的光信号按功率分配到若干输出用户线光纤上,有 1 分 2、1 分 4、1 分 8、1 分 16、1 分 32 五种分支比。对于 1 分 2 的分支比,功率会有平均分配(50:50)和非平均分配两种类型。而对于其他分支比,功率会平均分配到若干输出用户光纤去。对于上行传输,由分光器把由用户线光纤上传的光信号耦合到馈线光纤并传输至光线路终端,分光器不需要外部能源,仅需要入射光束,并且只会增加损耗,这主要是由于它们分割了输入(下行)功率的缘故。这种损耗称为分光器损耗或分束比,通常以 dB 表示,主要由输出端口的数量决定。分光器由一个干路光接口和多个支路光接口组成。

(二)数据配置

某 EPON 设备的部分配置命令见表 3-10,从中可以看出 OLT 对 ONU 进行的部分管理。虚拟局域网 VLAN 概念参见附录三。

表 3-10 某 EPON 设备部分配置命令

OLT 配置命令	ONU 的远程管理配置命令
attribute 主要用于设置 OLT 属性 auto-authorize-onu enable 用于设置对 ONU 设备进行自动鉴权 display epon-capability 用于显示 OLT 设备或 ONU 设备能力信息 display epon-version 用于显示 OLT 或 ONU 的版本信息 display epon-work mode 用于查询 OLT 或 ONU 的当前工作模式 display epon statistics interface 用于显示 OLT 或者 ONU 的统计数据,如误码率和误帧率 display onuinfo interface 用于显示一个 OLT 端口下的 ONU 的信息,包括:ONU 的 MAC 地址、ONU 的类型、RTT(往返时间)值、端口名称、硬件版本、软件版本、EEPROM版本、主机类型和 ONU 的状态 display onuinfo mac-address 用于显示指定 MAC 地址的 ONU 信息 display onuinfo slot 用于显示用户指定槽位的所有 OLT 下已上电注册的 ONU 信息 max-rtt 用于配置 ONU 的最大 RTT 值,使各 ONU 都能成功进行注册 port hybrid pvid vlan 用于设置 OLT 端口的缺省 VLAN ID port hybrid vlan 用于将 OLT 端口加入到指定的已经存在的 VLAN port link-type 用于设置 OLT 端口的链路类型为Hybrid sample enable 用于使能 EPON 系统的统计采样功能 timer response-timeout 用于配置 HOST(OLT 设备EPON 特性业务板中的 CPU)和 OLT 之间的响应超时时间	bandwidth downstream 用于配置下行(OLT 向 ONU 转发数据流)带宽监管策略和带宽限定 bind onuid 用于将 ONU 端口与指定类型的 ONU 的 MAC 地址进行绑定。只有绑定之后 OLT 才能对 ONU 进行通信和配置 dba-parameters 用于设置上行 DBA 参数,多长时间发送一次发现帧给 ONU deregister onu 用于将 ONU 取消注册,之后 ONU 会自动重新进行注册 display epon-oam interface 用于显示 ONU 的 OAM(操作,管理与维护)信息 display onu-dot1x interface 用于显示 ONU 进行 802 1x 认证时的账号和密码 display onu-event interface 用于显示 ONU 的注册和注销记录 display onu-protocol 用于显示 ONU(必须处于 Up 的状态)支持的协议相关信息 Linktest 用于对 OLT 和 ONU 之间进行连接测试,查看其连通情况 port access vlan 用于把 ONU 端口加入到指定的 VLAN 中 reboot onu 用于将 ONU 重新启动 set onu-dot1x 用于设置对 ONU 进行 802.1X 认证时的账号和密码。该账号和密码被写入到 ONU 的 EEPROM 中 untagged vlan 用于设置 ONU 端口属于哪个 VLAN,并且一个 ONU 端口只能属于一个 VLAN update onu filename 用于对 ONU 软件进行更新 upstream-sla 用于设置 ONU 的上行最小带宽和最大带宽
ONU 的 UNI 远程管理配置命令	告警配置命令
display current-configuration uni 用于显示当前 ONU 的 UNI 配置信息 display uni 用于显示当前 ONU 的 UNI 状态信息 uni duplex 用于设置 ONU 的 UNI 双工状态 uni flow-control 用于开启 ONU 的 UNI 流量控制特性 uni line-rate 用于限制 ONU 的 UNI 报文转发速率 uni mdi 用于设置 ONU 的 UNI 网线类型 uni priority 用于设置 ONUUNI 的报文优先级 uni pvid 用于设置 ONUUNI 缺省 VLAN ID 值 uni shutdown 用于关闭 ONU 的 UNI uni speed 用于设置 ONU 的 UNI 速率	alarm bit-error-rate 用于配置监控方向和误码率告警阈值 alarm frame-error-rate 用于配置监控方向和误帧率告警阈值 alarm llid-mismatch 当时隙错乱,ONU 不在自己的时隙内转发数据时,会引起 LLID 匹配错误帧告警 alarm oam dying-gasp enable 当遇到系统出错,数据加载错误或者其他无法恢复的错误时,会引起 dying gasp 告警 alarm oam error-frame 在给定时间段内(即窗口大小),如果错误帧的数目超过了预先设定的门限阈值,会引起 error frame 告警 alarm oam-link-disconnection enable 当 OAM 链路中断时,会引起 OAM 链路断开告警 alarm onu-over-limitation enable 当 OLT 下所挂的 ONU 总数超过系统所支持的规格,会引起 onu over limitation 告警 alarm registration-error enable 当 ONU 在注册过程中发生错误时,会引起 registration error 告警 alarm software-error enable 当信号量错误、数据访问异常或者内存分配失败时,会产生软件错误告警

第三节 吉比特无源光网络(GPON)

GPON 支持高速率和对称/非对称工作方式,有强大的多业务支持能力和运行、管理、维护(OAM)能力。它支持的业务类型有数据业务(以太网帧、IP、MPEG 视频流)、PSTN 业务(POTS、ISTN)、专用线(T1、E1、DS3、E3、ATM)和视频业务(数字视频),尤其是 125 μs 的 TC 帧长直接支持 TCM 业务。GPON 把多种业务映射到 GEM 帧中传输,均能提供相应的 QoS 保证。GEM 支持灵活的定长和不定长帧的封装,实现多种业务的通用映射,实现简单,开销小。

一、GPON 系统结构

G.984.1 建议的 GPON 参考模型及功能框图如图 3-40 所示,GPON 由光线路终端 OLT、光网络单元/光网络终端(ONU/ONT)及光纤分配网 ODN 组成。OLT 位于中心机房,向上提供广域网接口,包括 GE、ATM、DS-3 等;ONU/ONT 放在用户侧,为用户提供 10/100BaseT、T1/E1、DS-3 等应用接口,适配功能 AF 在具体实现中可能集成于 ONU/ONT 中;ODN 由分路器/耦合器等无源器件构成;上、下行数据工作于不同波长,下行数据采用广播方式发送,上行数据采用基于统计复用的时分多址方式接入。图 3-40 中,波分复用器 WDM 和网络单元 NE 为可选项,用于在 OLT 和 ONU 之间采用另外的工作波长传输其他业务,如视频信号。

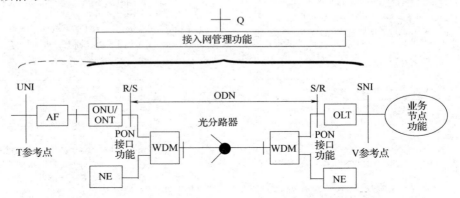

图 3-40 ITU-T G.984 GPON 系统参考配置

OLT 功能框图如图 3-41 所示,PON 核心部分的作用是成帧、介质接入控制、操作管理维护(OAM)、动态带宽分配、ONU 管理等;交叉连接部分提供 PON 与业务之间的通信通道,采用的连接技术取决于业务和 OLT 内部结构等因素;业务部分提供业务接口与业务容器(TC)接口之间的转换。

如图 3-42 所示,ONU 功能框图与 OLT 类似,因为 ONU 工作时只有一个 PON 接口(顶多加一个用于保护),故可以省略交叉连接部分,取而代之的是业务的复接与分复接功能,用于处理业务。

如图 3-43 所示,ONT 的功能是:

(1)接入网线路终端功能(AN-LT)。

(2)用户网络接口线路终端功能(UNI-LT),注意到一个 ONT 的 UNI 接口可能属于不同用户。

(3)业务复用和去复用功能(MUX/DEMUX)。

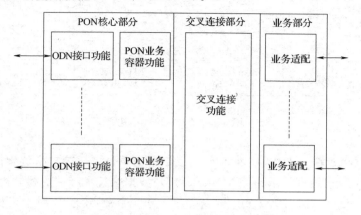

图 3-41　G.984 GPON OLT 功能框图

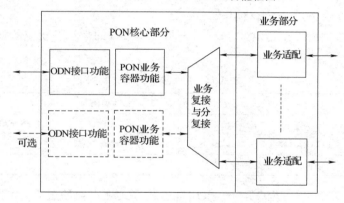

图 3-42　G.984 GPON ONU 功能框图

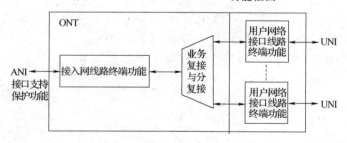

图 3-43　G.984 GPON ONT 功能框图

二、GPON 的协议

GPON 的技术特点主要体现在传输汇聚层。GPON TC(GPON 传输汇聚层,GTC)层的主要功能一是介质接入控制(MAC),二是 ONU 的注册。GPON 传输汇聚层协议栈参见附录六附图 6-1。

(一)GPON 封装协议 GEM

GPON 的 GEM(GPON 封装方法)协议是专为 GPON 定义的适配协议,可以进行简单高效的数据封装,实现多种业务的高速传输。它有两个功能,一是对用户数据的封装,二是在复接码流中对端口的识别,如图 3-44 所示为 GEM 的帧结构。

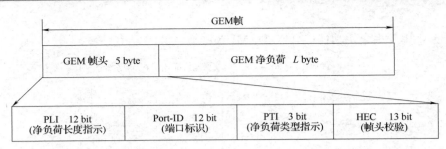

图 3-44　GEM 协议结构

图 3-44 中：

（1）PLI，数据净负荷长度指示，为 12 bit，以字节为单位用于确定净负荷长度，也用于寻找下一帧的帧头。12 bit 最多指示到 4 095 byte，用户数据帧长大于它的要分段处理。

（2）Port ID，端口标识，为 12 bit，可以提供 4 095 个业务标识，用于支持 GPON 网络多 ONU、多端口复用；它是考虑到点对多点 GPON 系统中传输中多路复用的需要引入的，ONU 与 OLT 的点到点连接，由 Port ID 标识。

（3）PTI，数据净负荷类型指示，3 bit 长，表示传输数据的类型及相应的处理方式。格式见表 3-11。

表 3-11　PTI 编码的含义

PTI 编码	含　　义	PTI 编码	含　　义
000	用户数据分段，一帧未结束	101	GEM OAM，一帧结束
001	用户数据分段，一帧结束	其他	保留
100	GEM OAM，一帧未结束		

（4）HEC 为帧头校验，占据 16 bit，采用自描述方式确定帧的边界，用于帧的同步与帧头保护。

（5）GEM Payload，数据净负荷，长度不定，TDM 数据、以太网帧数据、IP 数据帧、SDH 数据帧等，都放在这一区域进行传输。如图 3-45 和图 3-46 所示。

GEM 要经过捕获－预同步－同步过程，实现收发的帧同步。

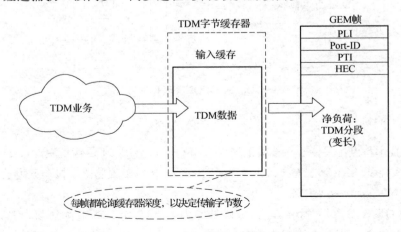

图 3-45　TDM 信号进入 GEM 帧示意图

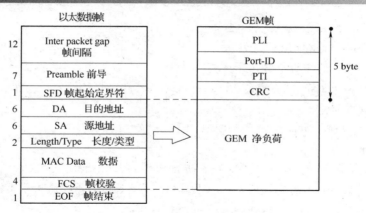

图 3-46　以太帧进入 GEM 帧示意图

（二）GPON TC 帧结构

GPON 传输汇聚层协议栈中的 GTC 成帧子层有三个作用，一是复接与分复接，要把 PLOAM 和 GTC 数据净负荷复接进 GTC 帧中；二是帧头信息的插入及解析；三是进行 Alloc ID的内部路由。

1. GPON TC 下行帧结构

GPON TC 帧长 125 μs(8 kHz)，有 19 440 和 38 880 byte，分别对应 1. 244 16 和 2. 488 32 Gbit/s 的下行速率，加帧同步扰码（扰码多项式为 $x^7 + x^6 + 1$）使下行数据变成伪随机码。

如图 3-47 所示，帧头是下行物理层控制块（PCBd）字段；帧的数据净负荷中透明承载 GEM 帧。ONU 依据 PCBd 获取同步等信息，并依据 GEM 帧头的 Port ID 找出 GEM 帧数据。

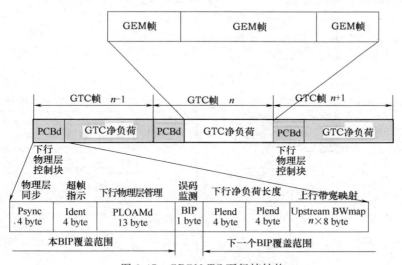

图 3-47　GPON TC 下行帧结构

下行物理层控制块 PCBd，提供帧同步、定时及动态带宽分配等 OAM 功能，其中：

（1）Psync，物理层同步，4 byte 长，编码是固定的 0xB6AB31E0.，这部分是不扰码的。用作 ONU 与 OLT 同步，ONU 用这 4 个 byte，经过捕获—预同步—同步过程，找出一帧的起始位置，从而实现与 OLT 的帧同步。

（2）Ident，超帧指示，4 byte 长，包含一个超帧计数器，也可用于提供低速的同步参考信号。计数器对帧计数，值为 0 时指示一个超帧的开始。最高位指示是否采用了前向纠错码。如图 3-48所示。

（3）PLOAMd，下行物理层管理，13 byte长，用于承载下行物理层运行管理维护信息，可实现 ONU 的注册及 ID 分配、测距、Port ID 分配、数据加密、状态检测、误码率监视等功能，如图 3-49 所示。

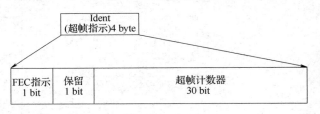

图 3-48　Ident 域的内容

（4）BIP 是比特间插奇偶校验 8 bit 码，用作误码监测。

（5）Plend，下行数据净负荷的长度，为了防止出错，Plend 出现两次（如图 3-47 所示），其中，Blen（带宽映射长度）域说明 Upstream BW Map 域的长度，CRC 域提供 CRC-8 校验，生成多项式 $g(x) = x^8 + x^2 + x + 1$，如图 3-50 所示。

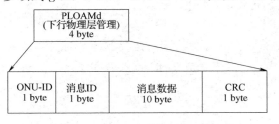

图 3-49　PLOAMd 域的内容　　　　　图 3-50　Plend 域的内容

（6）Upstream BW Map，上行带宽分配，带宽分配的控制对象是 T-CONT（业务容器），一个 ONU 可分配多个 T-CONT，每个 T-CONT 可包含多个具有相同 QoS 要求的 Port ID，这种方式提高了动态带宽分配的效率。T-CONT 含义如图 3-51 所示。

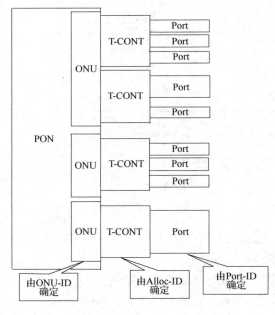

图 3-51　T-CONT 含义

表 3-12　Flags 标志域

bit 11（MSB）	指示对应的 ONU 发送 PLSu（功率测量序列）；不支持 PLSu 时置 0
bit 10	置 1 时指示对应的 ONU 发送 PLOAMu
bit 9	置 1 时指示对应的 ONU 使用前向纠错码
bit8,7	发送 DBRu 的模式：00 表示不发送 DBRu；01 表示发送"模式 0" DBRu（2 byte）；10 表示发送"模式 1" DBRu（3 byte）；11 表示保留，保护
bit 6~0	保留

Upstream BW Map 域如图 3-52 所示。

Allocation ID 指明授权发送的分配带宽标识，一个 Allocation ID 对应于一个业务容器 T-CONT，一个 ONU 可分配多个 Allocation ID。

Flags 标志域，12 bit 长，含义见表 3-12。

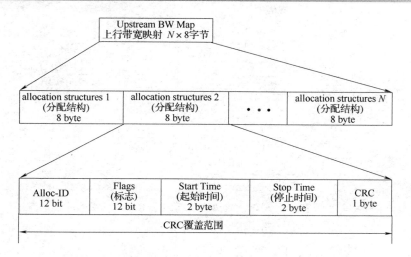

图 3-52　GPON 下行帧结构中 Upstream BW Map 域的内容

StartTime,发送起始的时间,以字节为单位,起始时间最小为 0,最大取决与上行速率,1 244.16 Mbit/s对应 19 438,2 488.32 Mbit/s 对应 38 878。

StopTime,发送结束的时间,以字节为单位。

CRC 提供整个 Upstream BW Map 域的校验。

Upstream BW Map 域例子如图 3-53 所示,GPON 下行发送器示意图如图 3-54 所示。

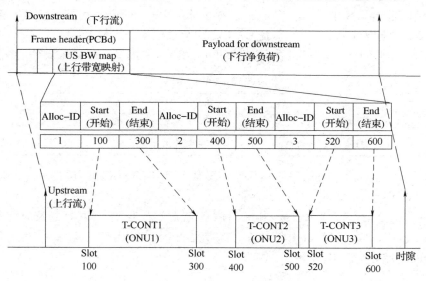

图 3-53　Upstream BW Map 域例

2. GPON TC 上行帧结构

GPON TC 上行帧长也是 125 μs,每帧包含上行物理层开销 PLOu,还有多个 ONU 的突发数据,数据长度由下行帧中 Upstream BW Map 域确定。如图 3-55 和图 3-56 所示 GPON 的上行帧结构及开销,其中有两种类型的 GTC 层开销,一是上行物理层管理(PLOAMu)消息,二是上行动态带宽报告(DBRu)。OLT 使用的标志域(见表 3-12)来指示 ONU 的上行数据是否包含 PLOAMu 或 DBRu。上行数据也要扰码。

GPON 上行的帧结构中:

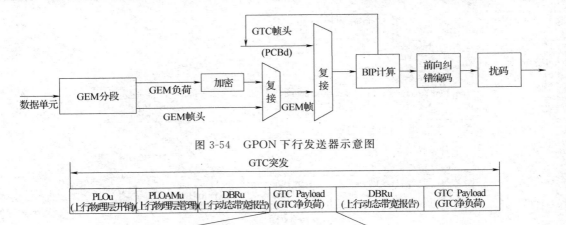

图 3-54　GPON 下行发送器示意图

图 3-55　GPON TC 上行帧结构

（1）PLOu（上行物理层开销）用于突发传输同步，包含前导码、定界符、BIP、ONU ID、PLOAMu 及 FEC 指示，ONU 在占据上行信道后首先发送 PLOu 单元，以使 OLT 能够快速同步并正确接受 ONU 的数据，突发数据长度由 OLT 在初始化时根据 ONU 的业务参数设置。

PLOu 中的前导，定界符用于突发数据接收；BIP（1 byte）用于误码监测；ONU-ID（1 byte）是发送数据的 ONU 的标识，是 OLT 在测距过程中分配给 ONU 的，未得到特有标识前，使用未指定 ONU-ID（255）；Ind 指示域（1 byte）给 OLT 提供实时报告，格式见表 3-13。

表 3-13　Ind 指示域

比特位	功　　能	比特位	功　　能
7（MSB）	紧急 PLOAMu 等待（1＝等待，0＝无等待）	5	远端故障指示（RDI）状态（1＝ Defect ,0＝OK）
6	FEC 状态（1＝ FEC on ,0＝FEC off）	4～0	保留

（2）PLOAMu，上行物理层管理域，用于承载上行 PLOAM 信息，包含 ONU ID、Message 及 CRC，长度为 13 byte，结构与下行帧相同。

（3）DBRu，上行动态带宽报告域，其中的信息与业务容器 T-CONT 以及对应的 ONU 相关，它有 DBA（动态带宽分配）域用于申请上行带宽及 CRC 域用于校验。

（4）Payload 域，填充 GEM 帧。

三、GPON 的网络管理

（一）网络管理信息

GPON 的 OAM 有三个通道，嵌入式的 OAM 信道、PLOAM 和 OMCI，形成丰富的业务管理和电信级的网络监测能力。

嵌入式的 OAM 通道体现在上下行帧结构中的动态带宽分配 DBA、误码监测 BIP 等字节上，它们实时报告 ONU 的信息。

物理层管理 PLOAM 消息信道上、下行各有 13 byte，传输 OLT 和 ONU 之间的管理信息。ONU 管理与控制接口 OMCI 协议的信息在 GEM 帧中传输。

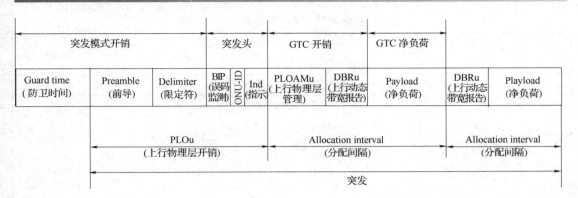

图 3-56　GPON TC 上行帧结构的开销

PLOAM 消息格式如图 3-57 所示。

PLOAM 消息格式中 ONU-ID 在测距过程中就指定了，用于定位一个特定的 ONU，取值范围 0～253，对所有 ONU 广播时取 0xFF；消息标识指示消息的类型，数据是具体的消息，CRC 做校验。

ONU ID(ONU 标识)	1 bit
Message ID(消息标识)	1 bit
Data(数据)	10 bit
CRC(帧校验)	1 bit

图 3-57　PLOAM 消息格式

下行管理消息见表 3-14。

表 3-14　下行管理消息

序号	消息名称	功　能
1	Upstream_Overhead	指示 ONU 上行使用的前导字节数和预分配的时延，定义 ONU 的光功率
2	Assign_ONU-ID	按 ONU 的序列号分配 ONU-ID
3	Ranging_Time	测距时间，ONU 需要插入的时延
4	Deactivate_ONU-ID	指示某 ONU 停止发送，重新启动
5	Disable_Serial_Number	使能/使不能带有某序列号的 ONU
6	Encrypted_Port-ID	指示 ONU 信道是否加密
7	Request_Password	请求通过密码以核实 ONU
8	Assign_Alloc-ID	分配 Alloc-ID 给 ONU 的 T-CONT
9	No message	无有效信息
10	POPUP	OLT 强制所有 POPUP 状态下和非 LOS/LOF 状态下的 ONU 转到测距状态或命令特定 ONU 直接进入操作状态
11	Request_Key	OLT 触发 ONU 产生新的密钥，并在上行信息中发送
12	Configure Port-ID	配置 GEM 帧中的端口标识，用于 OMCI 通道
13	Physical_Equipment_Error (PEE)	指示各 ONU，OLT 不能发送 GEM 帧和 OMCC 帧
14	Change_Power_Level	OLT 触发 ONU 增加或减少发射功率电平
15	Passive optical network Section Trace (PST) message	检查 ONU-OLT 之间的连通性配置，以执行自动保护切换(APS)
16	BER Interval	定义误码统计的时间间隔
17	Key_Switching_Time	指示 ONU 启用新密钥时间
18	Extended_Burst_Length	指示扩展突发时前导字节的数量

上行管理消息见表 3-15。

表 3-15　上行管理消息

序号	消息名称	功　　能
1	Serial_Number_ONU	包含 ONU 的序列号
2	Password	核实 ONU 用的密码
3	Dying_Gasp	ONU 正常断电信息,避免 OLT 无谓告警
4	No message	无有效信息
5	Encryption key	给 OLT 发送的密钥
6	Physical _ Equipment _ Error (PEE)	指示 OLT,本 ONU 不能发送 GEM 帧和 OMCC 帧
7	Passive optical network Section Trace (PST) message	检查 ONU-OLT 之间的连通性配置,以执行自动保护切换(APS)
8	Remote error indication (REI)	远端误码指示,包含给定误码间隔时间内的误码数
9	Acknowledge	ONU 对下行信息的确认

GPON 协议的其他部分参见附录六。

(二)ONU 的激活注册

"激活过程"指允许 ONU 加入或恢复 PON 的业务。激活过程包括三个阶段:参数学习、序列号获得和测距。

在参数学习阶段,未上电的 ONU 取得运行参数用于上游的传输;在序列号获得阶段,OLT 发现一个新序列号的 ONU,分配 ONU ID;测距阶段的启动过程,需要以下参数:

(1)OLT 与 ONU 的传输时间间隔,称为 ONU 的往返延时(RTD),与它们之间的光纤距离和 ONU 的响应时间成正比,每个 ONU 的往返延时(RTD)都是不同的。

(2)为了确保来自不同的 ONU 的突发数据与 OLT 同步,每个给定的 ONU 在正常的响应与实际发送上行数据之间都有一段延时,称为 ONU 的均衡延时 EqD。这个均衡延时是 OLT 测量、计算后为每个 ONU"量身定做"的。

(3)在参数学习阶段,OLT 可以让 ONU 使用特定的公共的均衡延时值完成测距过程,称为预指定延时(PrD)。通过测距阶段得到 OLT 和 ONU 之间的逻辑距离,从而建立上、下行通信通道。

在 ONU 正常工作前必须完成激活注册过程,激活过程是在 OLT 控制下以交换上、下行 PLOAM 消息的方式完成的,过程大致如下(如图 3-58 所示):

(1)ONU 进入激活过程侦听下行信号,取得预同步(PSync)和超帧同步。

(2)ONU 的等待 OLT 周期性发布的 Upstream_Overhead PLOAM 消息,以及可选的 Extended_Burst_Length PLOAM 信息。

(3)ONU 通过 Upstream_Overhead 和 Extended_Burst_Length 消息接收 PON 的操作参数:突发数据帧开销的模式和长度,预指定的延时,初始光功率电平。

(4)ONU 通过响应 OLT 周期性发布的 Serial_Number_ONU 消息宣布自己进入无源光网络。

(5)ONU 调整自己的传输光功率水平。

(6)OLT 发现了一个新连接的 ONU 的序列号,用 Assign_ONU-ID 消息给它分配 ONU ID。

(7)OLT 对新发现的 ONU 发出序列号请求,确定 ONU 响应时间。

(8)OLT 计算对该 ONU 的均衡时延,用 Ranging_Time 消息通知 ONU。

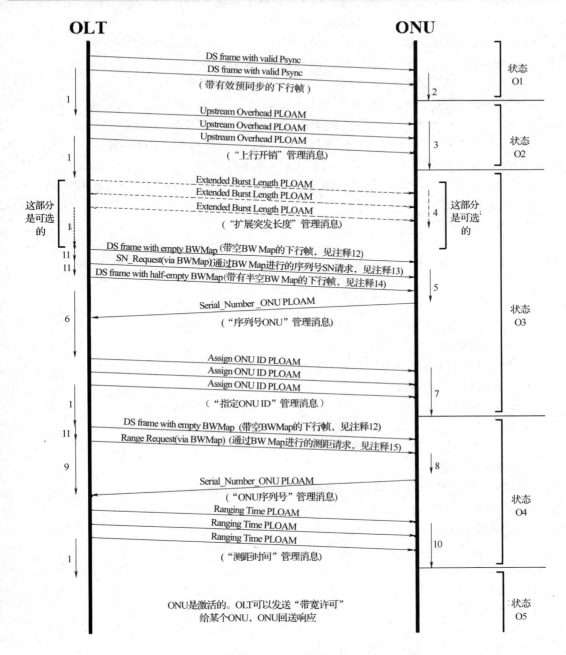

图 3-58　ONU 激活过程

（9）ONU 按给定的均衡时延调整自己的上行 GTC 的帧时钟。

（10）ONU 完成激活，开始正常运行。

就这样，OLT 通过一系列 PLOAM 消息，根据 ONU 的序列号来识别和配置 ONU。

ONU 注册由自动发现流程完成。ONU 注册有两种方式："配置序列号"方式是通过管理系统（如 NMS 和/或 EMS）在 OLT 注册 ONU 序列号，即通过运维系统根据 ONU 的序列号进行预配置，直接激活 ONU；"发现序列号"方式是不通过管理系统在 OLT 注册 ONU 序列号。不能提前获知 ONU 的序列号时，OLT 需要采用自动发现 ONU 的机制。

激活 ONU 的事件有三个:

(1)网络运营商在得知新的 ONU 连接到网络后,从运维系统启动激活过程。

(2)当有 ONU 从工作状态丢失时,OLT 就自动启动激活过程。

(3)OLT 周期发起激活过程,查询周期可由运维系统设定。

如果收不到 ONU 的光信号,不能确定上行帧边界,上行数据超出指定的时间窗口,不能形成有效的 ONU 序列号,或 CRC 校验错误,OLT 都认为是 ONU 激活失败。

在正常运行状态,OLT 监测上行的状态和误码率,必要时 OLT 可以重新计算和动态更新任一 ONU 的均衡时延,也可以动态调整其光功率水平。

图 3-58 中出现的几个上、下行管理消息含义见表 3-14 和表 3-15,几个状态分别是:

O1——初始状态。

O2——待机状态。

O3——序列号状态。

O4——测距状态。

O5——运行状态。

注释:

(1)OLT 等待 ONU 至少 750 μs 来处理消息。

(2)ONU 清除 LOS/LOF 错误。

(3)产生前导和 ONU 的分隔符,并设置预分配的延时。

(4)ONU 产生扩展的前导。

(5)ONU 随机化响应时间,产生 Serial_Number_ONU PLOAM 消息。

(6)OLT 分析输入 PLOAMs 的序号,将 ONU-ID 与序列号关联起来。

(7)ONU 存储指定的 ONU-ID。

(8)ONU 准备响应 PLOAM。

(9)OLT 测量收到响应的时间,并计算让 ONU 调整的均衡延时。

(10)ONU 更新其均衡延时。

(11)连续帧发送。

(12)带有空 BWmap 的下行帧(创建 125 μs 的"安静窗口")帧。

(13)将建立 BWmap。

(14)完成请求序列号的窗口。

(15)建立 BWmap。

(三)告警与监控

OLT 侧监测的告警信息见表 3-16。

表 3-16　OLT 侧监测的告警信息

类　型	描　　述
LOS$_i$	ONU$_i$ 信号丢失,连续 4 个不相邻的上行帧中没有有效的光信号
LOS	信号丢失,OLT 连续 4 帧没有收到任何预期的上行帧
LOF$_i$	ONU$_i$ 帧丢失,收到 ONU$_i$ 连续 4 个无效的分隔符
DOW$_i$	ONU$_i$ 窗口漂移,收到的 ONU 的上行帧不在预期的时间内,DOW$_i$ 意味着发生了相位漂移,通过均衡时延 EqD 的修改可纠正

续上表

类 型	描 述
SF_i	ONU_i 信号失效,当 ONU_i 上行数据的误码率 $\geqslant 10^{-y}$ 时出现,y 是可配置的,范围 $3\sim 8$
SD_i	ONU_i 信号劣化,当 ONU_i 上行数据的误码率 $\geqslant 10^{-x}$ 时出现,x 是可配置的,范围 $4\sim 9$,但必须高于 y(SF_i 阈值)
$LCDG_i$	GEM 信道定界信息丢失,当 ONU_i 的 GEM 帧分段的描述信息丢失时产生
RDI_i	ONU_i 的远程缺陷指示,当 ONU_i 出现 RDI 信息时,它收到 OLT 的数据带有缺陷
TF	发射机失效,OLT 发送机收不到正常的背向监测光电流或驱动电流超过最高值
SUF_i	ONU_i 启动失败,ONU_i 测距 n 次失败($n=2$)
DF_i	ONU_i 停用失败,ONU 在 3 次 Deactivate_ONU-ID 或 3 次 Disable_Serial _Number
LOA_i	ONU_i 的确认丢失,OLT 在发送了隐含上行确认的一组下行信息后接收不到 ONU_i 的确认
DG_i	OLT 接收到 ONU_i 的正常断电信息消息
$LOAM_i$	ONU_i 的 PLOAM 丢失,当 OLT 请求 ONU 发送 PLOAMu 后连续 3 次 ONU_i 的 PLOAM 信息丢失
MEM_i	从 ONU_i 来的 Message_Error 消息,当 OLT 从 ONU_i 接收未知信息时产生
MIS_i	ONU_i 的链路不匹配,OLT 检测到发送与接收的 PST 不相同
PEE_i	ONU_i 物理设备错误,当 OLT 从 ONU_i 接收了 PEE 消息
TIW_i	传输干扰告警,任何连续 n 帧中,ONU 的传输漂移超过指定的阈值
TIA	传输干扰报警,一个 ONU 在分配给另外 ONU 的时间中打开了它的激光器
LOK_i	ONU_i 同步密钥丢失,ONU 响应 Request_Key 消息,发送密钥失败三次

ONU 侧监测的告警信息见表 3-17。

表 3-17 ONU 侧监测的告警信息

类 型	描 述
LOS	信号丢失,下行无有效的信号接收
LOF	帧丢失,收到 OLT 连续 5 个无效的预同步信号
SF	信号失效,当下行数据的误码率 $\geqslant 10^{-y}$ 时出现,y 是可配置的,范围 $5\sim 8$
SD	信号劣化,当下行数据的误码率 $\geqslant 10^{-x}$ 时出现,x 是可配置的,范围 $6\sim 9$,但必须高于 y(SF 阈值)
LCDG	GEM 信道定界信息丢失,当 ONUi 的 GEM 帧分段的描述信息丢失时产生
TF	发射机失效,ONU 发送机收不到正常的背向监测光电流或驱动电流超过最高值
SUF	启动失败,ONU 测距失败
MEM	Message_Error 消息,当 ONU 接收了未知信息
DACT	停用 ONU-ID,当 ONU 的接收 Deactivate_ONU-ID 消息,它指示此 ONU 要停用
DIS	使 ONU 无能力,当 ONU 接收针对自己序列号的 Disable_Serial_ Number 消息,使 Flag=0xFF,即使关闭电源它也停留在这种状态
MIS	链路不匹配,ONU 检测到发送与接收的 PST 不相同
PEE	物理设备错误,当 ONU 接收了 PEE 消息
RDI	ONU_i 的远程缺陷指示,ONU 收到的 OLT 的数据带有缺陷

OLT 和 ONU 的性能监测针对 ONU 的 BIP 错误和远端故障指示进行。

(四)ONT 管理控制协议

1. OMCI 管理接口

宽带接入技术

GPON 的网络管理通过管理接口 OMCI 进行，如图 3-59 所示。

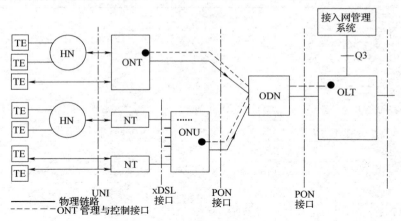

图 3-59　ITU-T G.984.4 OMCI 网络参考模型

图 3-59 中，ONT 是用于 FTTH 并具有用户端口功能的 ONU，NT 是网络终端，HN 是家庭网络，TE 是终端设备。

ITU-T G.984.4 OMCI 协议有以下功能：

（1）建立和释放与 ONT 的连接。

（2）管理 ONT 的 UNI。

（3）请求配置和性能统计信息。

（4）如出现连接失败之类事件自动通知系统操作员。

OMCI 是对 GPON 光网络终端 ONT 进行管理和控制的规定，它定义了 OLT 管理配置 ONT 的所有接口。

通过 OMCI，OLT 可以实现对 ONT 的配置管理、故障管理、性能管理和安全管理。配置管理提供了控制、识别、从 ONT 收集数据和向 ONT 提供数据的功能，例如 ONT 的设备配置、UNI 配置、GEM Port、Network CTP（连接终端点）配置、OAM 流配置以及 QoS 相关的配置等。故障管理上，ONT 支持大多数故障指示，如以太网、UNI、音频、xDSL 物理端口的故障报告等。性能管理上，提供 ONT 支持的各种业务统计信息。安全性管理上用加密算法保证 GPON 信息安全。

2. OMCI 帧结构

每个 ONT 的管理和控制协议数据帧被直接封装在一个 GEM 帧里，数据帧结构如图 3-60 所示。

GEM帧头 (5 byte)	事务相关标识 (2 byte)	消息类型 (1 byte)	设备标识 (1 byte)	消息标识 (4 byte)	消息内容 (32 byte)	OMCI尾巴 (8 byte)

图 3-60　ONT 的管理和控制协议数据帧结构

（1）GEM 帧头

帧头包含了 OMCI 所定位的 ONT 的 Port-ID。

对按正常分段规则的 GEM 来说，帧头 PTI 应该等于 000 或 001。

（2）处理相关标识符

处理相关的标识符来关联一个请求消息和它的响应消息。对于请求消息,OLT 可以为它选择任一处理标识符,但相应的响应消息就必须携带该处理标识符,换言之,它是用来匹配 OLT 与 ONT 之间的命令和响应的。事件消息的处理标识符是 0x0000。

处理相关标识符最重要的比特位表明该消息的优先级。采用编码:0 = 低优先级,1 = 高优先级。OLT 按优先级低高决定是否执行命令。

(3)消息类型

消息类型字段分为四个部分,如图 3-61 所示。

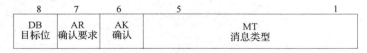

8	7	6	5	1
DB 目标位	AR 确认要求	AK 确认	MT 消息类型	

图 3-61 消息类型字段的含义

最重要的第 8 位保留给目标位(DB)。OMCI 这一位始终为 0。

第 7 位,确认要求(AR),表明这条消息是否需要确认。如果希望确认,该位设置为 1。如果不希望确认,该位设置为 0。注意:"确认"是指对一个请求动作的响应,而不是链路层的确认。

第 6 位,确认(AK),指示此消息是否是对一个请求动作的确认,如果此消息是一个确认,该位设置为 1。如果此消息不是一个响应,该位设置为 0。

第 5 至 1 位,消息类型(MT),表明消息类型。代码 0~3 及 29~31 预留将来使用。代码 4 至 28 定义的消息类型见表 3-18 。

表 3-18 OMCI 的消息类型

序号	消息类型	含 义
4	Create	创建一个带属性的管理实体
5	Create complete connection	创建完整的连接(不推荐)
6	Delete	删除一个管理实体实例
7	Delete complete connection	删除完整的连接(不推荐)
8	Set	设置管理实体的属性
9	Get	取得管理实体的属性
10	Get complete connection	取得完整的连接(不推荐)
11	Get all alarms	上传所有管理实体的的告警状态,重置告警消息计数器
12	Get all alarms next	取得下一个管理实体的活动的告警
13	MIB upload	上传管理信息数据库
14	MIB upload next	取得上传的管理实体实例的属性
15	MIB reset	重置管理信息数据库
16	Alarm	告警通知
17	Attribute value change	属性值自动变化的通知
18	Test	请求对特定管理实体的测试
19	Start software download	开始软件下载动作
20	Download section	下载软件的一部分
21	End software download	结束软件下载动作
22	Activate software	激活下载的软件

续上表

序号	消息类型	含　义
23	Commit software	完成下载的软件
24	Synchronize Time	OLT 与 ONU 之间的同步时间
25	Reboot	重新启动 ONT 或电路
26	Get next	取得上传的管理实体的属性值
27	Test result	测试结果通知
28	Get current data	取得管理实体属性的当前数据

（4）设备标识符

符合 ITU-TG. 984.4 协议的系统，这个字段被定义为 0x0A。

（5）消息标识符

该消息标识符有 4 个字节。2 个字节用来指示消息类型规定的动作的目标管理实体（管理实体标识符），已规定了 300 多种管理实体，例如 ONUB-PON、802.11、xDSL、Video、IP、TCP/UDP、VoIP、Network address、RTP、SIP、T-CONT、GEM、OMCI、Protection 、Multicast 等等管理和配置数据的标识，可管理实体的最大数量是 65 535，预留了多个字节。另外两个字节用于标识管理实体的实例。

（6）信息内容

该消息字段的内容是具体的信息。

（7）OMCI 帧尾

该消息字段重用了 ATM AAL5 的帧尾。

（五）GPON 管理特点

从 GPON 的 GEM 封装可以看出，GPON 能高效透明的进行多种业务的适配，包括 ATM 业务、TDM 业务及 IP/Ethernet 业务；从 GPON 的上下行帧结构中可以看出，GPON 网络本质上是同步的，它的 125 μs 帧结构使 GPON"天然"支持端到端的定时和准同步业务，特别是 TDM 业务；它支持多路复用，动态带宽分配，OAM 机制也是相当完善的。

动态带宽分配（DBA）机制使 GPON 有优秀的 QoS 服务能力。GPON 将业务带宽分配方式分成四种类型，优先级从高到低分别是固定带宽、保证带宽、非保证带宽和尽力而为带宽，以业务容器（T-CONT）作为上行流量调度单位，每个 T-CONT 由 Alloc-ID 标识，每个 T-CONT 可包含一个或多个 GEM Port-ID。T-CONT 分为五种业务类型，不同类型的 T-CONT 具有不同的带宽分配方式，可以满足不同业务流对时延、抖动、丢包率等不同的 QoS 要求。

T-CONT 类型 1 的特点是固定带宽固定时隙，对应固定带宽分配，适合对时延敏感的业务，如话音。

T-CONT 类型 2 的特点是固定带宽但时隙不确定，对应保证带宽分配，适合对抖动要求不高的固定带宽业务，如视频点播。

T-CONT 类型 3 的特点是有最小带宽保证又能够动态共享富余带宽，并有最大带宽的约束，对应非保证带宽分配，适合于有服务保证要求而又突发流量较大的业务，如下载。

T-CONT 类型 4 的特点是尽力而为，无带宽保证，适合于时延和抖动要求不高的业务，如 WEB 浏览。

T-CONT 类型 5 是组合类型,在分配完保证和非保证带宽后,额外的带宽需求尽力而为进行分配。

GPON 既有基于 GEM-Port 的逻辑层调度,又有基于 T-CONT 的物理层调度,双层调度机制能准确高效地调度业务流,从而使区分用户价值和业务价值、提供差异化的服务成为可能。

GPON 具有物理层的 PLOAM 和高层的 OMCI(ONT 管理与控制接口)双层 OAM 机制。PLOAM 信息用于实现数据加密、状态检测、误码监视等功能。OMCI 用于实现对高层的管理,控制 ONT 的功能包括:建立和释放与 ONT 的连接;管理 ONT 上的 U-NI 接口;请求配置信息和性能统计;自动通知系统的运行事件。通过这些功能实现 OLT 对 ONT 的配置、故障、性能和安全的管理。总之,双层 OAM 机制能够方便地进行 GPON 网络的管理和控制,满足电信网络可运营、可管理的能力要求。

GPON 作为电信级的技术标准,提供了前所未有的高带宽,具有在接入网层面上的保护机制和完整的 OAM 功能,能进行分服务等级、有 QoS 保证的全业务接入。

相比较而言,EPON 以兼容目前的以太网技术为目的,是 802.3 协议在光接入网上的延续,充分继承了以太网价格低、协议灵活、技术成熟等优势,具有广泛的市场和良好的兼容性。

虽然 EPON 以及 GPON 有自己不同的技术,但是两者有相同的网络拓扑结构,相似的网络管理结构,均面向相同的光接入网应用,并非不可融合。下一代 PON 网络系统 xPON 可以同时支持这两种标准,即 xPON 设备可以根据用户的不同需求提供不同形式的 PON 接入,解决了两种技术不兼容性问题。同时 xPON 系统提供统一的网络管理平台可以管理各种业务需求,实现具有严格 QoS 保障的全业务(包括 ATM、以太网、TDM)支持能力,通过 WDM 支持下行有线电视传输,具有多业务接口;同时可以自动识别 EPON,GPON 接入卡加入、撤销;真正同时兼容 EPON 以及 GPON 网络。对于网络管理者来说所有管理、配置都是针对业务进行的,而不用考虑 EPON 和 GPON 技术上的差异。也就是说,EPON 和 GPON 的技术实现对于网管是透明的,两者的差异被屏蔽掉后提供给上层统一的接口,实现了两个不同的 PON 技术在网络管理层面上的统一。实用系统应具有大容量 IP 交换内核(30G)提供 10G 以太网网络接口,支持端口流量统计。支持动态和静态带宽分配,支持多播和组播,提供可选的 1+1 保护倒换机制,充分满足电信网对网络可靠性的要求,倒换时间少于 50 ms。xPON 系统结构如图 3-62 所示。

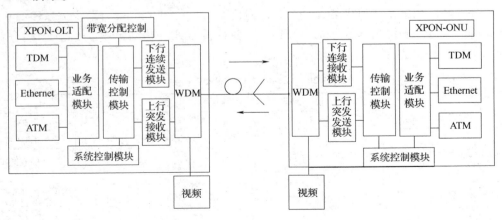

图 3-62　xPON 系统结构图

P2P、EPON 和 GPON 技术比较见表 3-19。

表 3-19 P2P、EPON 和 GPON 技术比较

	P2P 光以太网	EPON	GPON
带宽(上行/下行)	100 Mbit/s/100 Mbit/s 或 1 Gbit/s/1 Gbit/s	1 Gbit/s/1 Gbit/s	最大 2.5 Gbit/s/2.5 Gbit/s
波长	1 550 nm(下行) 1 310 nm(上行)	1 490 nm(下行) 1 310 nm(上行) 1 550 nm(CATV)	1 490 nm(下行) 1 310 nm(上行) 1 550 nm(CATV)
帧结构	Ethernet	Ethernet	GEM 封装,可以支持 ATM、Ethernet、TDM
支持业务	Triple play(IP TV)	Triple play(CATV 或 IP TV)	Triple play(CATV 或 IP TV)
OAM	Ethernet OAM	Ethernet OAM	OMCI
技术实现	容易实现	容易实现	技术难度高

四、GPON 的光接口

GPON 的 PMD 层对应于 OLT 和 ONU 之间的光传输接口(也称为 PON 接口),其具体参数值决定了 GPON 系统的最大传输距离和最大分路比。OLT 和 ONU 的发送光功率、接收机灵敏度等关键参数主要根据系统支持的 ODN 类型来进行划分。根据允许衰减范围的不同,ODN 类型主要分为 A、B、C 三大类,结合目前实际应用需求和光收发模块的实际能力业界还定义了 B⁺ 类,扩展了 GPON 系统支持的最大分路比。ODN 分类见附录七附表 7-1。

GPON 的标称传输速率有如下几种搭配(下行/上行):

1 244.16 Mbit/s/155.52 Mbit/s;

1 244.16 Mbit/s/622.08 Mbit/s;

1 244.16 Mbit/s/1 244.16 Mbit/s;

2 488.32 Mbit/s/155.52 Mbit/s;

2 488.32 Mbit/s/622.08 Mbit/s;

2 488.32 Mbit/s/1 244.16 Mbit/s;

2 488.32 Mbit/s/2 488.32 Mbit/s。

上下行均采用 NRZ 码。下行波长 1 480～1 500 nm,上行波长 1 260～1 360 nm,在 1 根光纤上双向传输,如果是两根光纤,则上、下行都是 1 260～1 360 nm。目前主流厂家的 GPON 产品均支持 2 488.32 Mbit/s/1 244.16 Mbit/s,并且在 20 km 传输距离下支持 1∶64 分路比。GPON ODN 参数见表 3-20。

表 3-20 G.984.2 GPON ODN 参数

项 目	单位	说 明	项 目	单位	说 明
光纤类型		ITU-T Rec. G.652	最大逻辑到达距离差	km	20
衰减范围(ITU-T Rec. G.982)	dB	A 级:5～20 B 级:10～25 C 级:15～30	S/R 和 R/S 点之间最大光纤距离	km	20(10 km 可选)
			最大分路比		受通路衰减限制 1∶16,1∶32,1∶64
光通道衰减差	dB	15	双向传输		1 根光纤 WDM 或 2 根光纤
最大光通道代价	dB	1	维护波长		自定义
最大逻辑到达距离	km	60(高层管理、测距)			

注:光通道衰减差表示在 ODN 中最高和最低的光通道衰减的差值,在同一 ODN 中最大差值为 15 dB。

GPON 下行光接口参数见表 3-21。

表 3-21　G.984.2 GPON 下行光接口参数

项　目	单　位	单　纤						双　纤					
OLT 光发射接口													
标称速率	Mbit/s	1 244.16			2 488.32			1 244.16			2 488.32		
工作波长	nm	1 480～1 500						1 260～1 360					
线路码		扰码 NRZ						扰码 NRZ					
ODN 在上下行光接口处最小光回波损耗	dB	>32						>32					
ODN 级别		A	B	C	A	B	C	A	B	C	A	B	C
最小平均发射功率	dBm	−4	+1	+5	0	+5	+3	−4	+1	+5	0	+5	+3
最大平均发射功率	dBm	+1	+6	+9	+4	+9	+7	+1	+6	+9	+4	+9	+7
消光比	dB	>10						>10					
发送事件光功率容差	dB	> −15						> −15					
MLM 激光器最大根均方谱宽	nm	N/A						N/A					
SLM 激光器最大 −20 dB 谱宽	nm	1						1					
SLM 激光器最大边模抑制比	dB	30						30					
ONU 光接收接口													
接收波长处设备最大反射	dB	<−20						<−20					
误码率		$<10^{-10}$						$<10^{-10}$					
ODN 级别		A	B	C	A	B	C	A	B	C	A	B	C
最小灵敏度	dBm	−25	−25	−26	−21	−21	−28	−25	−25	−25	−21	−21	−28
最小过载	dBm	−4	−4	−4	−1	−1	−8	−4	−4	−4	−1	−1	−8
抗连 0 连 1	bit	>72						>72					
反射光功率容限	dB	<10						<10					

GPON 上行光接口参数见表 3-22。

表 3-22 G.984.2 GPON 上行光接口参数

项目	单位	单纤											
ONU 光发射接口													
标称速率	Mbit/s	155.52			622.08			1 244.16			2 488.32		
工作波长	nm	1 260~1 360			MLM 类型 1 或 SLM：1 260~1 360 MLM 类型 2：1 280~1 350 MLM 类型 3：1 288~1 338			1 260~1 360					
线路码		扰码 NRZ						扰码 NRZ					
发射波长处设备最大反射	dB	<−6						<−6			FFS（进一步研究）		
ODN 在上下行光接口处最小光回波损耗	dB	>32						>32			FFS（进一步研究）		
ODN 级别	—	A	B	C	A	B	C	A	B	C	A	B	C
最小平均发射功率	dBm	−6	−4	−2	−6	−1	−1	−3	−2	+2	FFS	FFS	FFS
最大平均发射功率	dBm	0	+2	+4	−1	+4	+4	+2	+6	+7	FFS	FFS	FFS
发射机无输入发射光功率	dBm	< 最小灵敏度 −10						< 最小灵敏度 −10			FFS		
最大 Tx 使能	bit	2			8			16			32		
最大 Tx 使无效	bit	2			8			16			32		
消光比	dB	>10						>10			FFS		
对发送机事件的光功率容差	dB	> −15						> −15			FFS		
MLM 激光器最大根均方谱宽	nm	5.8			MLM 类型 1：1.4 MLM 类型 2：2.1 MLM 类型 3：2.7			FFS					
SLM 激光器最大 −20 dB 谱宽	nm	1						1			FFS		
SLM 激光器最大边模抑制比	dB	30						30			FFS		
OLT 光接收接口													
接收波长处设备最大反射	dB	< −20						< −20			FFS		
误码率		<10^{-10}						<10^{-10}					
ODN 级别		A	B	C	A	B	C	A	B	C	A	B	C
最小灵敏度	dBm	−27	−30	−33	−27	−27	−32	−24	−28	−29	FFS	FFS	FFS
最小过载	dBm	−5	−8	−11	−6	−6	−11	−3	−7	−8	FFS	FFS	FFS
抗连 0 连 1	bit	>72						>72			FFS		
反射光功率容限	dB	<10						<10			FFS		

注：双纤指标略，光接口参数解释参见介绍光纤通信系统的专业书籍，眼图模板及参数参见附录七。

五、GPON 的典型设备与配置

（一）典型设备概况

以某型号 GPON OLT 为例，面板布置如图 3-63 所示。

21 电源	1	2	3	4	5	6	7	8	9	10	11	12	13	14	15	16	17	18	19 GIU
22 电源	GPBC/OPFA	GPBC/OPFA	GPBC/OPFA	GPBC/OPFA	GPBC/OPFA	GPBC/OPFA	GPBC/OPFA	GPBC/OPFA	SCULL	SCULL	GPBC/OPFA	GPBC/OPFA	GPBC/OPFA	GPBC/OPFA	GPBC/OPFA	GPBC/OPFA	GPBC/OPFA	GPBC/OPFA	20 GIU
0 GP-I-O																			

图 3-63　某型号 OLT 机框单板分布图

图 3-61 中，最左边槽位从上到下分为 3 部分，上面两部分为电源接入板槽位，槽位编号为 21、22，固定配置两块电源板 PRTG，电源板为双路输入，互为备份。下面为通用接口板，槽位编号为 0。

1～8 和 11～18 槽位为业务板槽位。

9～10 槽位为主控板槽位。一个机框可以配两块 SCUL 板，实现业务控制和主备功能。

最右边槽位分为上、下两个部分，为 GIU（通用接口单元）槽位，槽位编号为 19、20。可插 GICF/GICG/X1CA/X2CA 板，提供上行口。

SCUL 是系统主控板，主要功能是系统控制，对外接口有 1 个维护网口、1 个串口、1 个环境监控口。

GPBC 是 GPON 接口板，提供 GPON 接入功能，有 4 个 GPON 接口。

OPFA 是 FE 光接口板，提供 16 路 FE 光接入，有 16 个 FE 光口。

GICF 是 GE 上行光接口板，提供 GE 上行功能，有 2 个 GE 光接口。

GICG 是 GE 上行电接口板，提供 GE 上行功能，有 2 个 GE 电接口。

X1CA 是 10GE 上行光接口板，提供 10GE 上行功能，有 1 个 10GE 光接口。

X2CA 是 10GE 上行光接口板，提供 10GE 上行功能，有 2 个 10GE 光接口。

TOPA 是 TDM 接口板，提供 E1 上行功能，有 16 个 E1 接口。

ETHA 是以太网级联板，提供 GE 级联光接口，有 8 个 GE 光接口。

PRTG 是电源接入板，为业务框供电。

BIUA 是 BITS 接口单元板，提供时钟处理功能，有 12 路标准的 BITS 时钟输入接口和 1 路 BITS 时钟输出接口。

对应的 ONU 面板布置及单板介绍参见第二章 xDSL 设备配置部分，即 ADSL 局端设备，其实是个 ONU，应与此处的 OLT 配合使用。

1. 硬件结构

图 3-64 中的业务接口模块由业务板 GPBC 板、OPFA 板以及相关软件组成。功能是实现 GPON 接入和汇聚，与主控板配合，实现对 ONU/ONT 的管理；实现点对点的以太网光纤接入，提供高带宽的接入业务。以太网交换模块在系统主控板中，完成基于 10GE Bus 架

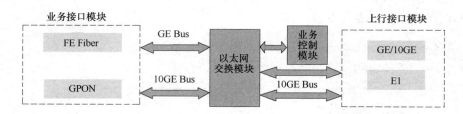

图 3-64　某 OLT 功能结构

构的以太网汇聚和交换功能。业务控制模块也在系统主控板中,负责系统的控制和业务管理;提供维护串口与网口,方便维护终端和网管客户端登录系统;支持主控板主备倒换功能。上行接口模块提供上行接口(GE 光/电接口、10GE 光接口、E1 接口)及上行至上层网络设备。

　　OLT 的物理接口如图 3-65 所示。

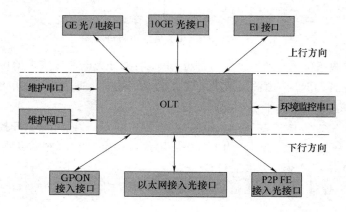

图 3-65　某 OLT 的物理接口

ONU 的物理接口如图 3-66 所示。

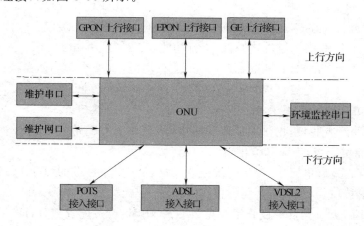

图 3-66　某 ONU 的物理接口

　　图 3-65 和图 3-66 中的维护网口(即 ETH 维护网口),使用网线连接 OLT 和维护终端进行本地维护和远程维护,以命令行方式对系统进行各种业务的配置。维护串口使用串口线连接 OLT 和串口维护终端进行本地维护和远程维护,通过超级终端等工具软件,以命令行方式对系统进行各种业务的配置。环境监控串口,使用 RS-485 串口线连接 OLT 和环境监控设

备,实现各种温度、湿度等环境量的监控,将监控到的环境
量数据上报到 OLT。

2. 软件结构

该 OLT 支持 SNMP 协议、SFTP/TFTP/FTP 协议、
Telnet 协议,上级网管可以通过 SNMP 接口实现对系统的配
置管理,维护终端也可以通过 SFTP/TFTP/FTP 接口实现对
系统的配置管理,OLT/ONU 的逻辑接口如图 3-67 所示。

OLT/ONU 单板软件运行在业务板、接口板及部分电源板
上,实现单板业务管理、数据管理、告警管理、驱动与诊断功能。
OLT/ONU 主机软件运行在主控板上,由四个平面构成:

系统支撑平面:主要完成硬件系统的驱动。该
OLT/ONU 的软件结构如图 3-68 和图 3-69 所示。

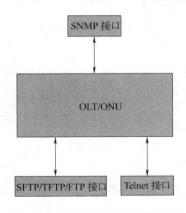

图 3-67　某 OLT/ONU 的逻辑接口

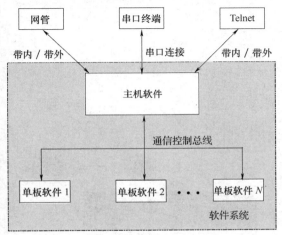

图 3-68　某 OLT/ONU 系统软件结构示意图

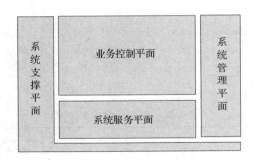

图 3-69　某 OLT/ONU 主机软件结构示意图

系统服务平面:为软件运行提供最基本运行服务和对系统设备进行管理的平面,系统服务
平面的基本功能模块就是操作系统。

系统管理平面:主要功能是提供设备和业务管理的手段。

业务控制平面:为 IP 业务控制子平面,是设备业务功能提供的核心模块,负责对业务
配置命令进行分析和执行,完成设备间的协议互连,对业务请求进行处理并最终提供业
务服务。

(二)设备配置

某 OLT 命令结构如图 3-70 所示。

1. OLT 配置设备

设备管理主要包括:

机框管理:设置机框描述信息、查询机框描述信息、查询机框属性。

业务框主控板管理:复位主控板、查询主控板信息。

业务板管理:离线增加业务板、确认业务板、删除业务板、复位业务板、禁用/解禁用业务
板、查询业务板信息。

配置设备主要命令见表 3-23。

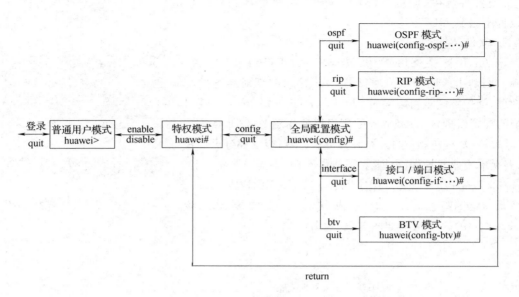

图 3-70　OLT 命令结构

举例：删除 0 框 2 槽业务板。

huawei(config)♯board delete 0/2

are you sure to delete this board? (y/n)[n]:y

Board delete successfully

表 3-23　配置设备主要命令

操　作	命　令
设置机框的描述信息	frame set
查询机框属性	display frame info
复位主/备用主控板	Reboot active/ standby
查询单板信息	display board
复位系统	Reboot system
增加业务板	board add
删除业务板	board delete
复位业务板	board reset

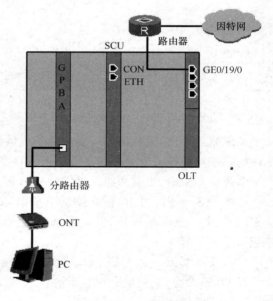

图 3-71　OLT 的连接

2. OLT 配置 GPON 业务

OLT 配置业务时的连接如图 3-71 所示。

OLT 配置业务时的数据规划举例见表 3-24。

表 3-24 OLT 数据规划举例

OLT		ONU	
项 目	数 据	项 目	数 据
网络侧 VLAN	VLAN ID：100	网络侧 VLAN	10
用户侧 VLAN	VLAN ID：10	ADSL2+ 端口	0/2/0
上行端口	0/19/0	上行口	0/0/1
ONT 能力集模板	索引号 18(自定义)	封装格式	PPPoE
DBA 模板	Type 1，索引号 6	流量模板	索引号：7
告警门限模板	索引号 1		接入速率：3072 kbit/s
GPON 端口	0/14/2		优先级：6
ONT ID	1		优先级策略： Local－Setting
GEM Port ID	128	线路配置总模板	索引号：3
T－CONT ID	1	线路配置模板	索引号：4
			上下行速率调整方式： adaptAtRuntime
			上下行目标 SNR 容限： 8 dB
			上下行最小 SNR 容限： 2 dB
			其他参数均取缺省值
		信道配置模板	索引号：4
			上、下行最小 INP 值： 4(twoSymbols)
			下行最大交织时延： 24 ms
			上行最大交织时延： 12 ms
			其他参数均取缺省值
		线路告警总模板号	1(系统缺省模板)

注：VLAN 概念参见附录四。

OLT 相应的配置步骤及命令：

步骤 1：创建 VLAN。

huawei(config)＃vlan 100 smart

步骤 2：添加上行端口。

huawei(config)＃port vlan 100 0/19 0

步骤 3：配置 ONT 能力集模板。（选配）

huawei(config)＃ont－profile add gpon profile－id 18

＞ Number of uplink PON ports＜1-2＞[1]：

＞ IP config mode＜0-Nonsupport, 1-Support, 2-DHCP only, 3-Static only＞[1]：

＞ The type of MAC bridge＜1-Single,2-Multi＞[1]：

＞ Number of GEM ports＜1-32＞[32]：

＞ Is UNI configuration concerned＜1-not concern, 2-concern＞[2]：1

＞ Mapping mode＜1-VLANID, 2-802_1pPRI, 3-VLANID_802_1pPRI, 9-IPTOS,

10-VLANID_IPTOS＞[1]：

> Number of T-CONTs<1-8> [1]:8

> The type of flow control<1-PQ, 2-GEMPORT-CAR, 3-FLOW-CAR> [1]:2

Adding an ONT profile succeeded

Profile-ID : 18

Profile-Name : ont-profile_18

步骤 4:配置 DBA 模板。(选配)

huawei(config)#display dba-profile all

查询系统中已存在的 DBA 模板

选择索引号为 6 的 DBA 模板的类型和速率:

Profile-ID:6;type:1;Bandwidth compensation:No;Fix:102400 kbit/s;Assure:0;Max:0;Bind times:1

步骤 5:配置告警门限模板(选配)。

huawei(config)#display gpon alarm-profile all

命令查询系统中已存在的告警门限模板。

选择索引号为 1 的告警门限 模板(内容略)

步骤 6:添加 ONT。(使用 ONT 自动发现功能)

    huawei(config)#interface gpon 0/14/*

    huawei(config-if-gpon-0/14)#port 2 ont-auto-find enable

huawei(config-if-gpon-0/14)#

The command is executed successfully

huawei(config-if-gpon-0/14)#display ont autofind 2

Number	F/ S/ P	SN	Password
1	0/14/ 2	3230313100000001	123456

huawei(config-if-gpon-0/14)#ont confirm 2 ontid 1 sn-auth 3230313100000001 profile-id 18

步骤 7:绑定告警门限模板。

huawei(config-if-gpon-0/14)#ont alarm-profile 2 1 profile-id 1

步骤 8:绑定 DBA 模板。

huawei(config-if-gpon-0/14)#tcont bind-profile 2 1 1 profile-id 6

huawei(config-if-gpon-0/14)#

Binding a DBA-profile succeeded

步骤 9:配置 GEM Port。

huawei(config-if-gpon-0/14)#gemport add 2 gemportid 128 eth

huawei(config-if-gpon-0/14)#

Adding a GEM port succeeded

步骤 10:绑定 GEM Port 与 ONT T-CONT。

huawei(config-if-gpon-0/14)#ont gemport bind 2 1 128 1 gemport-car 102400 102400

huawei(config-if-gpon-0/14)#

The GEM port(s)bind the T-CONT successfully

步骤 11:建立 GEM Port 与业务流的映射。

huawei(config-if-gpon-0/14)#ont gemport mapping 2 1 128 vlan 10

步骤 12:加入业务虚端口。

```
huawei(config-if-gpon-0/14)#quit
huawei(config)#service-port vlan 100 gpon 0/14/2 gemport 128 multiservice
user-vlan 10 rx-cttr 6 tx-cttr 6
```

步骤 13:保存数据。

```
huawei(config)#save
```

ONT 相应的配置步骤及命令:

步骤 1:查询和配置流量模板。

```
huawei(config)#display traffic table ip from-index 0
```

选择 7 号流量模板:

```
TID:7 ,CIR:3072 (kbit/s), CBS:100304 ( bytes), PIR:6144 (kbit/s),
PBS:200608 ( bytes),Pri:6, Pri-Policy:localpri pri
```

步骤 2:配置 VLAN 并为 VLAN 增加上行端口和业务虚端口。

```
huawei(config)#vlan 10 smart
huawei(config)#port vlan 10 0/0 1
huawei(config)#service-port vlan 10 adsl 0/2/0 vpi 0 vci 35 multi-service
user-encap pppoe rx-cttr 7 tx-cttr 7
```

步骤 3:配置 ADSL2$^+$线路配置模板。

线路配置主要选择是与线路有关的参数,如传输模式、纠错码、速率、信噪比、功率管理等。数字是模板的索引号,根据需要选择一个传输模式,命令中用索引号代表。

```
huawei(config)#adsl line-profile add 4
Start adding profile
> Do you want to name the profile (y/n)[n]:
> Transmission mode:
> 0: Custom
> 1: All (G.992.1~5,T1.413,ETSI)
> 2: Full rate(G.992.1/3/5,T1.413,ETSI)
> 3: G.DMT (G.992.1/3/5)
> 4: G.HS (G.992.1~5)
> 5: ADSL (G.992.1~2,ETSI,T1.413)
> 6: ADSL2 & ADSL2⁺ (G.992.3~5)
> Please select (0~6)[1]:
> Trellis mode 1-disable 2-enable (1~2)[2]:
> Bit swap downstream 1-disable 2-enable (1~2)[2]:
> Bit swap upstream 1-disable 2-enable (1~2)[2]:
> Please select the form of transmit rate adaptation downstream:
> 1-fixed, 2-adaptAtStartup, 3-adaptAtRuntime (1~3)[2]:3
> Please select the form of transmit rate adaptation upstream:
> 1-fixed, 2-adaptAtStartup, 3-adaptAtRuntime (1~3)[2]:3
> Will you set SNR margin parameters? (y/n)[n]:y
> Target SNR margin downstream (0~310 0.1dB)[60]:80
> Minimum SNR margin downstream (0~80 0.1dB)[0]:20
> Maximum SNR margin downstream (80~310 0.1dB)[300]:
> Target SNR margin upstream (0~310 0.1dB)[60]:80
```

> Minimum SNR margin upstream (0～80 0.1dB)[0]:20

> Maximum SNR margin upstream (80～310 0.1dB)[300]:

> SNR margin for rate downshift downstream (20～80 0.1dB)[30]:

> SNR margin for rate upshift downstream (80～300 0.1dB)[90]:

> SNR margin for rate downshift upstream (20～80 0.1dB)[30]:

> SNR margin for rate upshift upstream (80～300 0.1dB)[90]:

> Will you set shifttime? (y/n)[n]:

> Will you set DPBO parameters? (y/n)[n]:

> Will you set power management parameters? (y/n)[n]:

> Will you set tone blackout configuration parameter? (y/n)[n]:

> Will you set mode-specific parameters? (y/n)[n]:

Add profile 4 successfully

步骤 4:配置 ADSL2＋信道配置模板。

信道配置选择主要是与信道有关的参数,如 QAM 调制时的每符号比特数、收发速率、交织延时等。

huawei(config)#adsl channel-profile add 4

Start adding profile

> Do you want to name the profile (y/n)[n]:

> Will you set the minimum impulse noise protection? (y/n)[n]:y

> Minimum impulse noise protection downstream:

> 1-noProtection 2-halfSymbol 3-singleSymbol 4-twoSymbols

> 5-threeSymbols 6-fourSymbols 7-fiveSymbols 8-sixSymbols

> 9-sevenSymbols 10-eightSymbols 11-nineSymbols 12-tenSymbols

> 13-elevenSymbols 14-twelveSymbols 15-thirteenSymbols

>16-fourteenSymbols 17-fifteenSymbols 18-sixteenSymbols

> Please select (1～18)[2]:4

> Minimum impulse noise protection upstream:

> 1-noProtection 2-halfSymbol 3-singleSymbol 4-twoSymbols

> 5-threeSymbols 6-fourSymbols 7-fiveSymbols 8-sixSymbols

> 9-sevenSymbols 10-eightSymbols 11-nineSymbols 12-tenSymbols

> 13-elevenSymbols 14-twelveSymbols 15-thirteenSymbols

> 16-fourteenSymbols 17-fifteenSymbols 18-sixteenSymbols

> Please select (1～18)[2]:4

> Will you set interleaving delay parameters? (y/n)[n]:y

> Maximum interleaving delay downstream (0～63 ms)[16]:24

> Maximum interleaving delay upstream (0～63 ms)[6]:12

> Will you set parameters for rate? (y/n)[n]:

> Will you set rate thresholds? (y/n)[n]:

Add profile 4 successfully

步骤 5:配置 ADSL2⁺线路总模板。

线路总模板把指定的线路配置模板和信道配置模板进行绑定,ADSL2⁺线路总模板索引号为 3。

huawei(config)#adsl line-template add 3

Start adding template
> Do you want to name the template (y/n)[n]:
> Please set the line-profile index (1~128)
[1]:4
> Will you set channel configuration parame-
ters? (y/n)[n]:y
> Please set the channel number (1~2)[1]:1
> Channel1 configuration parameters:
> Please set the channel-profile index (1~
128)[1]:4
Add template 3 successfully

步骤 6:激活 ADSL2$^+$ 端口 0/2/0。

huawei(config)♯interface adsl 0/2

huawei(config-if-adsl-0/2)♯deactivate 0

huawei(config-if-adsl-0/2)♯activate 0 tem-
plate-index 3

步骤 7:绑定 ADSL2$^+$ 线路告警总模板。

huawei(config-if-adsl-0/2)♯alarm-config 0 1

步骤 8:保存数据。

huawei(config-if-adsl-0/2)♯quit

huawei(config)♯save

上述配置命令对应的 OLT 与 ONU 网络
结构如图 3-72 所示。

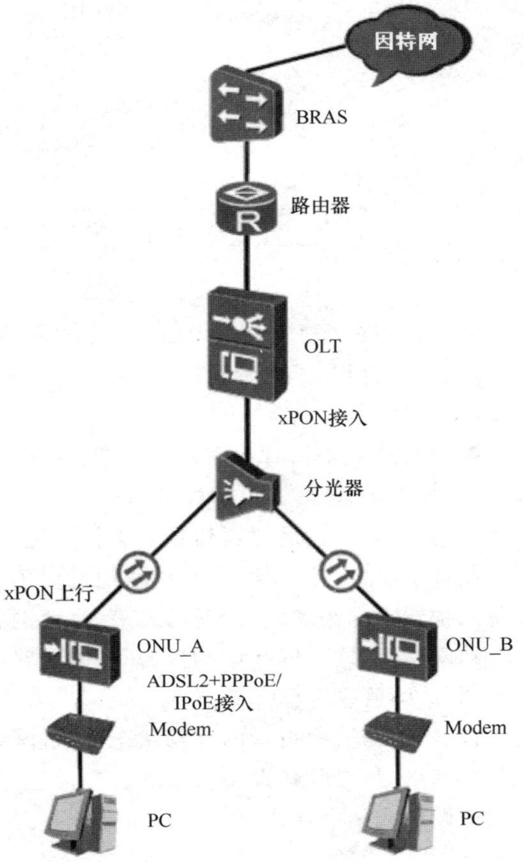

PC 通过 ADSL2$^+$ Modem 连接到 ONU
的 ADSL2$^+$ 业务端口,用户的数据经 Modem

图 3-72 ADSL2$^+$ PPPoE/IPoE 接入业务组网图例

后以 PPPoE/IPoE 方式接入到 ONU;ONU 通过 0/0/1 端口上行到 OLT。OLT 通过 GPBC
单板的 0/14/2 端口接入 ONU;OLT 通过 0/19/0 端口上行到汇聚交换机。

第四节 接入网网管综述

一、概　述

计算机技术和网络技术飞速发展,不但在社会生活中无处不在,还大量进入了通信领域。
早期是对设备的自动控制(如程控交换机),后来是对整个通信网的自动管理(如电信管理网
TMN),现在是直接进入通信信号的自动处理(如软件无线电)。如今的通信设备已经被强大
的计算机和网络技术所武装,不管是传输(如 MSTP)还是接入(如 EPON/GPON),整机中许
多是计算机和网络的功能模块,而交换更是占去大部分(如软交换、IMS)。计算机和网络已经
成为通信设备不可或缺的组成部分,使其成为智能的设备,通过各种协议中的各种字节,自动
地处理需要传输或交换的信息,自动地进行设备的管理。

电信管理网(TMN)是收集、传输、处理和存储有关维护、运营和管理信息的一个综合
管理系统,这个网络不但要管理自己(计算机部分),还要管理其他设备(通信部分),难度
大于普通的计算机网络。接入网的网络管理是电信管理网 TMN 的一部分,如图 3-73 所
示 。

宽带接入技术

电信管理网

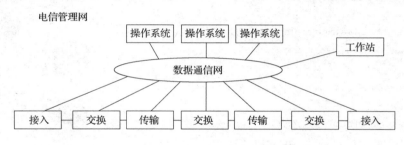

图 3-73 电信管理网示意图

TMN 的网络管理有两个层次（设备层、网络层），以及五大功能：一般管理、配置管理、故障管理、性能管理、安全管理。其中：

（1）配置管理

配置管理主要指对通信系统硬件、软件、各种参数的增删或改变，以进行网络配置、设备配置、业务配置等等，它是 TMN 的五大功能之一，也是其他功能的基础。先要搭建网管系统本身及其网络环境，然后对通信系统进行配置。

在设备层，配置机架上的单盘（通过对单板的选择和增减，同样的机架可以配置成不同的设备），预置它的服务状态、通信通道，设置网关等。

在网络层，增减网络中的设备，配置链路、路由，业务等。

（2）故障管理

在设备层，监视设备的告警状态，通过网管系统的提示定位到故障发生的单盘上。

在网络层，接收各设备上报的告警信息，并在网管系统上显示出来，通过提示将告警定位到某个设备或某个通道。

（3）性能管理

在设备层，收集它的性能数据（如误码率、严重误码秒等）随时进行统计分析，判断该设备的运行质量。

在网络层，依据各设备上报的性能数据，通过统计分析判断全网的运行质量。

（4）安全管理

在设备层和网络层，设定用户的操作权限，超级用户可查看设备状态也可进行设备配置，一般用户只能进行查看。

对通信设备进行管理、配置、调试、维护一般可采用两种软件：一是图形界面的网管软件，二是命令行软件，均可对设备进行管理、维护等。

图形界面网管软件采用 SERVER/CLENT（服务器/客户端）工作方式，软件复杂而庞大，需要用数据库做支持，用视窗化中文界面、鼠标点击、菜单选择等来实现对网元的操作，比较直观，容易掌握，主要是面向用户。

命令行通过逐行输入命令及参数实现对网元的操作。这些命令是英文字符和数字的，命令执行完后返回的信息也全是英文字符和数字，人机交互界面远没有网管软件那样形象友好。但命令行的优势也是明显的：①命令行软件很小巧，不用安装，拷贝即可使用；网管软件则需要安装使用。②命令行使用起来快捷简便，而且信息准确。相比起来，网管软件显得"臃肿"。特别是命令行有批处理功能，可以将命令编辑成文件，检查正确后成批下发执行。这在给网元下发配置数据和调测时十分好用。③命令行比网管软件具有更多深层次的功能，有些命令在调测及故障处理中起重要的作用。事实上在通信设备开通调试时都采用命令行方式，本书中的配置实例也如此。设备配置中的命令行都是人机语言(MML,有人管它叫"慢慢来")。这些命令都以英语单词或其缩写为基础,虽然格式各有不同,但大致可以从单词含义中理解其作用。再借助对所涉通信协议的全面了解及厂家的设备配置指南,就能很好地掌握和应用这些命令。

MML 命令行操作环境采用客户机/服务器体系结构,MML 服务器是 MML 控制的中枢,主要完成用户登录、任务调度、命令解释与编译、权限管理、定时任务管理等功能;MML 客户端仅是一个简单的输入输出接口,主要完成 ASCⅡ 字符的输入与输出功能。

MML 服务器在收到一个客户端的登录请求以后,先根据其 TCP 端口分配一个工作台号并保存起来,再根据客户端的 IP 地址和操作员账号,查询权限数据库,得到该操作员在此工作站的权限。服务器接受一条具体命令后,首先通过命令解释程序对该命令进行语法分析;如果分析通过,再通过权限分析程序判断此操作员能否执行此命令;如果可以执行,则将此命令分发给各业务进程或者其本身。各业务进程执行完命令后,将响应发送给 MML 服务器,由 MML 服务器根据工作台号与 TCP 端口的对应关系将此响应转发给各 MML 客户端。命令解释程序对输入的命令序列进行处理,主要是对每条命令的语法进行分析,也包括部分语义分析,实际上每条命令的执行是在各相关设备上完成的。

从计算机的角度看,人机语言实现了人机对话。即操作员或用户与计算机之间,通过控制台或终端显示屏幕,以对话方式进行工作。操作员可用命令或命令过程告诉计算机执行某一任务。在对话过程中,计算机可能要求回答一些问题,给定某些参数或确定选择项。通过对话,人对计算机的工作给以引导或限定,监督任务的执行。该方式有利于将人的意图、判断和经验,纳入计算机工作过程,增强计算机应用的灵活性,也便于软件编写。与人机对话相对应的是批处理方式,它用一批控制命令,使多个任务顺序完成,在任务执行过程中,没有人的介入和人机对话过程。

从计算机的角度看,通信设备就是计算机系统,通信网就是计算机网络。不但通信设备整机中包含完整的计算机系统(如主控板),甚至电路板都有自己的嵌入式系统及 IP 地址。通信网在"every thing over IP"的口号下,除了让音频、视频、数据业务都进入了 IP 数据帧,也让自身变成了一个相当彻底的计算机网络,一方面便于承载业务,另一方面便于网络管理。

配置数据要保存到网管服务器中,而且设备与网管服务器之间配置数据要一致。由于配置数据时常变化,为了保证一致性,数据同步可由用户发起(手工同步)或者由服务器发起(自动同步),下发相关指令到设备,设备接到指令后,将设备配置数据上传到服务器,从而实现服务器数据与设备数据的同步。

网管系统有以下几项任务:

(1)控制命令下发

控制命令包括配置管理命令(如创、删、改配置命令)、告警管理命令(如确认告警、取消告警确认)、性能管理命令(如创、删、改性能采集活动,性能门限的管理等),控制命令的下发是网络控制的基础。

(2)同步采集数据

根据同步方式下数据采集的要求,网元执行数据采集后,通过该机制将数据同步返回给 EMS。一般用于轮询机制下的小数据量数据传输。

(3)事件通知上报

在被管网元发生故障,或者配置信息改变的情况下,主动向 EMS 提供事件上报机制。

（4）异步传输数据

在历史大数据量性能数据的采集、配置文件的下发、日志的管理等可能需要网元和 EMS 之间进行大数据量信息的传输。通过该机制，可以实现网元和 EMS 之间数据的异步传输，一般采取文件传输的形式。

二、网管相关协议

网管系统与通信系统之间常用接口一般包括三部分：通信协议栈、网络管理协议（应用协议）和管理信息模型。通信协议栈是网管接口两侧的设备实现通信交互的基础，网络管理协议描述网管接口两侧提供和使用应用层服务的形式，而管理信息模型是网络管理功能和网络管理资源的抽象，是网络管理的基础。常用的协议包括 Telnet、SNMP、FTP、HTTP、TR-069 等。

1. 常用的网络协议

Telnet 是网络（如因特网）的登录和仿真程序，主要用于"会话"。它的基本功能是允许用户登录进入远程主机系统。Telnet 服务采用客户机/服务器模型，实现了基于 Telnet 协议的远程登录（远程交互式计算）。Telnet 默认端口是 23 端口，一般可以用来 Telnet 远程登录路由器、交换机、电脑主机、服务器等等，只要相应的服务和端口打开即可（有的还必须提供用户和密码），如果无法访问，可能是对方端口未开，或是服务未开启，IP 被禁止等等。因为 Telnet 的应用不仅方便了用户进行远程登录，也给黑客们提供了一种入侵手段和后门，不用时要把它关掉。

SNMP 是简单网络管理协议，专门设计用于在 IP 网络管理网络节点（服务器、工作站、路由器、交换机及 HUBS 等）的一种标准协议，它是应用层协议。SNMP 的一系列协议组和规范提供了一种从网络上的设备中收集网络管理信息的方法，也提供了一种设备向网络管理工作站报告问题和错误的方法，SNMP 使网络管理员能够管理网络，发现并解决网络问题以及规划网络增长。

FTP 是文件传输协议，用于 Internet 上的控制文件的双向传输。同时，它也是一个应用程序。用户可以通过它把自己的 PC 机与世界各地所有运行 FTP 协议的服务器相连，访问服务器上的大量程序和信息。FTP 的主要作用，就是让用户连接上一个远程计算机（这些计算机上运行着 FTP 服务器程序）察看远程计算机有哪些文件，然后把文件从远程计算机上拷到本地计算机，或把本地计算机的文件送到远程计算机去。

HTTP 协议是超文本传输协议，是互联网上应用最为广泛的一种网络协议。它是一种请求/响应式的协议。一个客户机与服务器建立连接后，发送一个请求给服务器；服务器接到请求后，给予相应的响应信息。HTTP 协议的目的在于支持超文本的传输，更加广义一些就是支持资源的传输。

以上几个协议都是常用的计算机网络协议，沿用到通信网的 TMN 系统之中。

在网管系统的控制命令下发任务中，Telnet/CLI（命令行界面）是最早，也是当前广泛应用于网络管理上进行远程登陆和远程控制的一种手段和方式，MML 完全继承了 Telnet/CLI 的优点。

在事件通知上报任务中，Telnet/CLI、MML 对故障管理提供了一套良好的管理服务，其中也包括事件通知上报。

异步传输数据任务一般应用于大数据量的传输。网管与通信设备之间需要进行大数据量传输时，一般可以通过带内传输和带外传输两种方式。其中，Telnet/CLI、MML、SNMP 等一般属于带内传输机制，FTP、HTTP 等属于带外传输机制。

HTTP 和 FTP 是大数据量传输最常见的方式，通常为文件的形式。和 SNMP 不同，HTTP和FTP 支持在代理端对传输内容的压缩（例如使用 GZIP），接收以后可以解压缩，因为传输的内容是文本格式,压缩率相对比较高,有效地降低对网络带宽的占有,提高传送效率。HTTP 和 FTP 有许多共同的特征,比如都运行在 TCP 之上,但它们之间最重要的差别在于,在 HTTP 中,客户端和服务器之间只建立一条 TCP 连接,它既用于承载请求和响应头部,也用于传送文件。FTP 使用两条并行的 TCP 连接来传送文件,一条是控制连接,一条是数据连接。控制连接用于在客户端和服务器之间发送控制信息,例如用户名和口令,改变远程目录的命令,取来或放回文件的命令;数据连接用于文件的传送。由于在 FTP 中,控制连接和数据连接的分离,将使软件响应速度极大提高。

2. TR-069 协议

TR-069 是由 DSL 论坛所开发的技术规范之一,其全称为"CPE 广域网管理协议"。它提供了对下一代网络中家庭网络设备进行管理配置的通用框架和协议,用于从网络侧对进入家庭的网络设备进行远程集中管理。

家庭网络设备不论是在安装还是在运行中的业务配置、变更或是故障维护,都需要通过管理接口对设备进行配置或是诊断。传统的做法是运营商的维护人员上门进行安装或调试设备,通过 LAN 侧管理接口做一些设备配置或故障诊断的工作。这种人工服务方式显然效率不高而且花费大量的人力。随着家庭网络业务的开展,有无数设备需要安置在用户家中,人工维护和管理方式将会成为一个巨大的负担。

TR-069 的出现正是为了解决这个服务难题。在 TR-069 所定义的框架中,主要包括两类逻辑设备:受管理的用户设备和管理服务器。前者一般都是与运营商业务直接相关的设备,比如家庭网关、机顶盒、路由器、IP 电话终端等,而对它们的所有配置、诊断、升级等工作均由统一的管理服务器来完成,如图 3-74 所示。

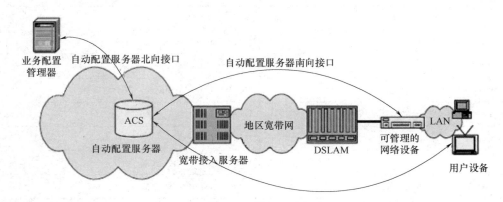

图 3-74 TR-069 端到端框架结构图

图 3-74 中,ACS 是自动配置服务器;南向接口指 ACS 与用户相连的接口,北向接口指 ACS 与网络相连的接口;DSLAM 数字用户线接入复用器,是 xDSL 的局端设备。

可见 ACS 是网络中的一个服务器,可以对网络设备或用户端设备进行管理。用户设备主要完成以下四方面的工作:

一是对用户设备的业务进行自动配置。对于 ACS 来说,每个用户设备可以在协议中对自己作出标志(例如型号、版本等),按照设定的规则,ACS 可以对某一个特定用户设备下发配置,也可以对某一组用户设备下发配置。用户设备 CPE 可以在开机后自动请求 ACS 中的配置信息,ACS 也可在必要时主动发起配置。从而实现用户设备的"零配置安装"功能,以及业务参数的动态改变。

二是对用户设备的软件、固件进行管理。TR-069 协议提供了对用户设备中软件、固件进行管理和下载的功能。ACS 可以识别用户设备的版本号,决定是否远程更新其软件版本,及更新是否成功。这样,当用户设备需要实现新的业务功能,或是当前软件存在 bug 时,通过该功能可以实现对用户设备的远程升级。

三是对用户设备的状态和性能进行监测。TR-069 定义了 ACS 对用户设备的状态和性能进行监测的手段。除了一些通用的性能参数可以反映用户设备的工作状态,还提供了标准的语法,运营商可以自定义参数。

四是对通信故障进行诊断。TR-069 定义了用户端自我诊断和报告的能力,例如在 ACS 的指示下,用户端可以通过 ping 或其他手段检查用户端与网络业务提供点之间的连通性、带宽等,检测结果返回给 ACS。这样运营商通过远程操作,就可以对用户申告的设备故障进行简单定位,并作相应的处理。TR-069 协议栈如图 3-75 所示。

| 用户设备/自动配置服务器管理应用 |
| 远程过程调用 RPC 方法 |
| 简单对象访问协议 SOAP |
| 超文本传输协议 HTTP |
| 互联网传输层安全协议 SSL/TLS |
| TCP/IP |

图 3-75　TR-069 协议栈

TR-069 协议栈中,用户设备/自动配置服务器管理应用,可以在 CPE 和 ACS 端分别实现 CWMP 协议。

远程过程调用方法是在 CWMP 中定义的各种读写、设置数据的方法,通过终端与服务器之间的呼叫、请求、响应来完成,见表 3-25。

表 3-25　RPC 方法

CPE 方法	
GetRPCMethods　取 RPC 方法	SetParameterValues　设置参数值
GetParameterValues　取参数值	GetParameterNames　取参数名
SetParameterAttributes　设置参数属性	GetParameterAttributes　取参数属性
AddObject　增加对象	DeleteObject　删除对象
Reboot　重启	Download　下载
Upload　上传	FactoryReset　出厂设置
GetQueuedTransfers　取传送队列	ScheduleInform　调度信息
SetVouchers　设置凭证	GetOptions　取选项
服务器方法	
GetRPCMethods　取 RPC 方法	Inform　信息
TransferComplete　传输完成	RequestDownload　请求下载

SOAP:简单对象访问协议主要用于 Web 服务中。SOAP 的出现是为网页服务器在从 XML 数据库中提取数据时,无需花时间去格式化页面,并能够让不同应用程序之间通过 HTTP 协议,以 XML 格式互相交换彼此的数据,使其与编程语言、平台和硬件无关。

HTTP:超文本传输协议。

SSL/TLS:标准的互联网传输层安全协议;SSL(安全套接层)是 netscape 公司设计的主

要用于 web 的安全传输协议,获得了广泛的应用。IETF 将 SSL 作了标准化,并将其称为 TLS(传输层安全)。

TCP/IP:标准的传输控制协议/因特网互联协议。

用户设备和 ACS 之间的通信分为 ACS 自动发现阶段和连接建立阶段。在 ACS 发现阶段,用户设备需要得知 ACS 的 URL 或地址,这些信息可以是预配置在用户设备中的,也可以通过 DHCP 的选项来传送给用户设备。一旦用户设备得到 ACS 的 URL 或地址,用户设备可以在任何时候发起对 ACS 的连接。

在连接过程中,用户设备作为 HTTP 的客户端,其 SOAP 请求通过 HTTP post 发送给 ACS;而 ACS 作为 HTTP 的服务端,其 SOAP 请求通过 HTTP 响应发送给用户设备。在每一个 HTTP 请求中可以包含多个 SOAP 请求或响应。为了确保管理配置系统的安全,TR-069建议使用 SSL/TLS 对用户设备进行认证。如果不使用 SSL/TLS,也应使用 HTTP 中定义的认证方式对用户设备进行认证。

除了上面提到的方式,TR-069 还明确 ACS 可以向用户设备发起连接请求,用于完成网络侧发起的异步配置动作等。

交互会话的流程示例如图 3-76 所示。其中 get 为从服务器上获取数据,post 为向服务器传送数据,几个命令见表 3-25,通过用户设备与 ACS 服务器之间的信息往来实现远程的管理。

CWMP 实现的功能有:

自动配置和动态服务扩展、软件/固件的程序管理、状态和性能监控、诊断、Web 应用的标识管理。

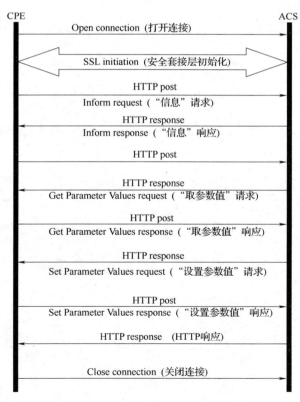

图 3-76　交互会话的流程示例

复习思考题

1. G.982 标准下光纤接入网的基本功能块有哪些？各有什么作用？

2. 什么是 PON？有哪些种类？各有什么特点？

3. PON 有哪些方法区分多个用户的上行信号，有哪些方法进行上下行双向传输的复用？

4. EPON 怎样进行光信号上下行双向传输复用的？分光比为 1:16 表示 OLT 可以带多少 ONU？

5. EPON 中 OLT 与 ONU 之间的 TDM 广播方式的下行信号传输是怎样进行的？

6. EPON 上行信号的传输采用 TDMA 时为什么要测距？怎样进行测距？

7. EPON 协议（802.3ah）与 802.3 协议帧结构有什么异同点？LLID 作用是什么？

8. 多点 MAC 控制协议（MPCP）能对 ONU 进行哪些操作？相应的 MPCP 协议帧有哪些区别？

9. EPON 系统中 ONU 自动发现是怎样进行的？

10. 比较 G.984 与 G.982 建议下的 OLT 和 ONU 功能框图，有什么异同点？

11. GEM 协议有什么作用？通过什么识别业务端口？

12. GPON 传输汇聚层协议栈中的 GTC 成帧子层有什么作用？

13. GPON 系统怎样从 TC 上下行帧结构中寻址到 ONU、业务容器 T-CONT？

14. GPON 系统怎样给 ONU 分配上行带宽？通过什么消息进行 ONU 的管理？

15. ONU 加入 GPON 系统是怎样进行的？

16. GPON 系统的 OMCI 协议有什么功能？

第四章
宽带无线接入

　　通信技术的不断发展,激发了新的市场需求。一方面,宽带固定接入用户已经不满足于家庭和办公室等固定环境,希望提供宽带接入移动服务;另一方面,移动用户也不满足于语音、短信和低速数据业务,希望能提供高数据速率的业务。宽带移动化和移动宽带化逐渐成为这两个领域技术发展的趋势。在移动宽带化方面,3G 标准化组织 3gpp/3gpp2 已经制定了 1xev-do、hsdpa/hsupa 等技术标准,在移动环境下实现宽带数据传输;在宽带移动化方面,国际电子与电气工程师协会发布的 IEEE 802.11、802.15、802.16、802.20、802.21 等提供了个域网、局域网到城域网、广域网各个范围的无线通信标准,意图能沿着固定、游牧/便携、移动这样的演进路线逐步实现宽带移动化。无线接入成为整个通信网中技术发展最为活跃的一个领域。

　　无线接入从覆盖范围上分,通常将 10 m 左右范围的联网称之为无线个域网(WPAN),100 m~2 km 范围为局域网(WLAN),2 ~20 km 范围为城域网(MAN),20 km 以上范围称之为广域网(WWAN),如图 4-1 所示。与有线接入网络可以一一对应。从是否支持终端移动性上,无线接入可以分为移动宽带无线接入、固定宽带无线接入两类。

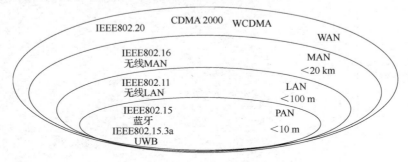

图 4-1　EEE 802 标准的技术定位

　　移动宽带无线接入技术主要是指第三代移动通信技术,如 WCDMA 、CDMA2000、TD-SCDMA等。这类移动通信技术支持终端移动性,可以实现终端移动状态下的宽带无线接入,但是在不同的移动速度下,接入带宽可能不同。WCDMA 是基于 GSM 网发展出来的,是欧洲提出的宽带 CDMA 技术;CDMA2000 是由窄带 CDMA 技术发展而来,由美国主推。TD-SCDMA为时分同步码分多址接入,它由我国第一次提出,国际合作完成的,在与欧洲、美国各自提出的 3G 标准的竞争中,TD-SCDMA 已正式成为全球 3G 标准之一。

　　固定无线接入技术主要有 MMDS/LMDS(本地多点分配业务)、FSO(自由空间光通信)、IEEE 固定无线接入技术(包括 802.11/802.16/802.20)等。固定无线接入技术不支持终端移动性,因而没有移动性管理功能,系统实现较为简单。MMDS(多通道多点分配业务)和

LMDS(本地多点分配业务)都采用无线调制实现点到多点的无线接入功能。它们的主要不同在于工作频段,MMDS 一般工作于 2~5 GHz(微波)频段上,而 LMDS 的工作频段一般都超过 20 GHz(毫米波段)。用基站接入的 MMDS 和 LMDS 设备尽管组网灵活迅速,但存在不可忽视的问题。例如:MMDS 提供的宽带接入能力有限,而 LMDS 的覆盖范围小且通信质量易受雨雾雪沙尘的影响;MMDS/LMDS 没有统一的国际标准。更值得注意的是,MMDS/LMDS的工作频段存在很大的争议,在与 IEEE 802.x 标准的竞争中不占优势。而 IEEE 802.x 系列却焕发出强大的生命力,不但在局域网中一统天下,还分别向个域网和城域网两端扩展。

第一节　无线个域网(WPAN)

从设备的角度,需要近距相连的设备种类很多。一台计算机不仅要连接键盘、鼠标,还有打印机、数码相机、DV、移动硬盘、外置 DVD、手机、PDA、音响、摄像头、话筒、读卡器、MP3/MP4播放器、高清数字电视、游戏控制器等;其中手机、数码相机、笔记本计算机等还需要频繁移动。这些设备相连时很多电线缠绕在一起乱七八糟,这就有了无线个域网的需求。

在网络构成上,WPAN 位于 802.11 的末端(如图 4-2 所示)。它是基于计算机通信的专用网,工作在个人操作环境,由需要相互通信的各个装置构成一个网络,不进行统一的设备管理,故有别于 WLAN。这种专用网最重要的特性是动态拓扑,用以适应网络节点的移动性,一个装置用做主控,其他作为从属装置,系统适合传输图像、MP3 和视频剪辑等多种类型的文件。优点是按需建网、能容错、连接不受限制。

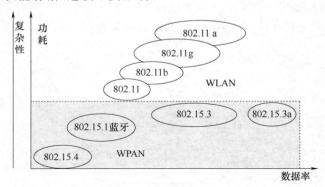

图 4-2　无线个域网与无线局域网相对位置

WPAN 系统由以下 4 部分构成:

(1)应用软件和程序。该层由驻留在主机上的软件模块组成,控制 WPAN 模块的运行。

(2)固件和软件协议栈。这一层管理链接的建立,并规定和执行 QoS 要求,功能常常在固件和软件中实现。

(3)基带装置。它负责数据传送所需的处理,包括编码、封装、检错和纠错。基带还定义装置运行的状态,并与主控制器接口(HCI)交互作用。

(4)无线电。无线电处理经 D/A(数/模)和 A/D(模/数)变换的所有输入/输出数据,包括来往于基带的数据和来往于天线的模拟信号。

WPAN 系列标准是 IEEE 802.15,在著名的蓝牙(IEEE 802.15.1)之外,还有 ZigBee 802.15.4(低速)、802.15.3(高速)、WiMEDIA/UWB 802.15.3a(超高速)三种。

一、蓝牙

蓝牙(IEEE 802.15.1)主要适用于各种短距离的无线设备互连应用场合,有专用的蓝牙芯片,可以提供点到点或点到多点的无线连接,形成一个方便、高效的短距离无线通信网络。蓝牙技术实质上是一种在便携或固定电子设备上使用的替代电缆或连线的短距离(10~100 m)WPAN技术。

蓝牙的主要技术特点在于:低功耗,即使在发送数据时其功率也低于100 MW;短距离,不像IrDA(红外)接口受1 m距离、±15°范围内、无空间阻隔物等诸多限制,非常适合于便携信息终端之间形成个人局域网络(PAN)。

经过多年的发展,如今的蓝牙技术有三类,一是用于多种电子消费产品互联的传统蓝牙技术;二是用于手机、照相机、摄像机、PC及电视等视频、音乐及图片传输的高速蓝牙技术;三是用于保健及健康、汽车及自动化以及新的网络服务的低耗能蓝牙技术。

(一)相关技术

蓝牙设备采用GFSK调制、跳频技术和时分双工(TDD)技术,通信距离为10 m左右。

1. 跳频技术

蓝牙的载频位于全球通用的2.45 GHz的ISM频段,是对所有无线电系统都开放的频段,存在不可预测的干扰源,因此蓝牙采用跳频扩频技术。跳频扩频技术(FHSS)是把频带分成若干个射频信道,在一次连接中,无线电收发器按一定的顺序不断地从一个信道频率跳到另一个信道频率。只有收发双方按预定的信道顺序"跳频"通信,干扰不可能按同样的规律活动,这就躲开了很多干扰;跳频很窄的瞬时带宽成百倍地扩展了频谱,这样又使干扰的影响变得很小;所以跳频技术的抗干扰能力是很强的。跳频示意图如图4-3所示。

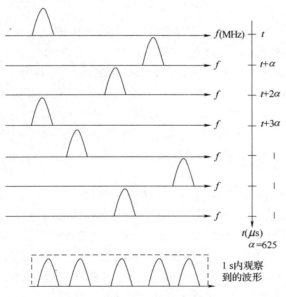

图 4-3　跳频示意图

蓝牙有79个射频信道,信道以时隙为单位,每个时隙对应一个射频频率;标称的跳频频率是1 600跳/s。属于同一个微微网的所有节点都是时间同步和跳同步的。

2. 时分双工

在 1.0 版本的标准中,蓝牙的基带比特速率为 1 Mbit/s,采用 TDD 时分双工方式来实现全双工传输。信道为 625 μs 标准时隙结构,一个分组一般占用一个时隙,各个分组在不同的跳频频率上发送。蓝牙有主/从两种节点,主节点在偶数时隙,从节点在奇数时隙发送数据。因此蓝牙的一个基带帧包括发送和接收两个分组。蓝牙系统既支持电路交换也支持分组交换,支持实时的同步定向连接(SCO)和非实时的异步不定向连接(ACL)。

3. 安全

蓝牙系统所采用的跳频技术已经提供了一定的安全保障,但仍然需要链路层和应用层的安全管理。在链路层中,蓝牙系统使用认证、加密和密钥管理等功能来进行安全控制。在应用层中,用户可以使用个人标识码(PIN)来进行单双向认证。

4. 纠错

蓝牙数据传输机制采用三种纠错方式:1/3 率 FEC 编码方式(即每个比特重复 3 次)、冗余 2/3 率 FEC 编码方式(即用截短的汉明码把 10 位码编码成 15 位码)以及数据自动请求重发方式(即发送方在收到接收方确认消息之前一直重发数据帧,直到超时)。

(二)蓝牙设备与组网

1. 蓝牙设备组成

蓝牙设备主要由射频单元、基带层电路、链路管理和应用软件几部分组成。

(1)射频单元

蓝牙的天线十分小巧、属于微带天线。

射频(RF)单元电路为蓝牙技术提供了通信中的物理层,也叫作蓝牙收发器。蓝牙的射频单元是一个跳频系统,分组数据在指定时隙、指定频率上发送。通过 2.4 GHz 的微波实现数据流的传输。

(2)基带层电路

基带(BB)层提供了基带数字信号处理硬件,功能是提供链路控制。通过基带层电路及基带协议,可以建立蓝牙通信网络中的物理链路,从而形成"微微网"。

基带层使用查询和寻呼进程同步不同设备间的发送频率和时钟,可为基带数据分组提供两种连接方式:同步面向连接(SCO)和异步非连接(ACL)。SCO 既能传输语音分组,也能传输数据分组;而 ACL 只能传输数据分组。所有的语音和数据分组都有前向纠错(FEC)或循环冗余校验(CRC)编码,并可进行加密,以保证传输可靠。此外,对于不同的数据类型都会分配一个特殊的信道,以传递连接管理信息和控制信息等。

(3)链路管理层电路

链路管理层电路也叫作链路管理器,链路管理器之间的通信协议称为链路管理协议(LMP),用来对链路进行设置和控制。它不仅负责建立和拆除各蓝牙设备间的连接、控制功率以及鉴权和加密,还控制蓝牙设备的工作状态:保持、休眠、呼吸和活动。工作状态中的前三种都是节能状态。呼吸状态中,"从节点"降低了从微微网"收听"消息的速率,一会儿醒一会儿睡,就如同呼吸一样;而在休眠状态中,节点被赋予了休眠节点地址(PMA 地址),并以一定间隔监听主节点消息;在保持状态中,节点停止传送数据,一旦蓝牙设备被激活,数据传送就重新开始。链路管理层的主要功能由软件完成。

(4)应用软件

应用协议是不同蓝牙应用所需的协议。

蓝牙系统结构如图 4-4 和图 4-5 所示。

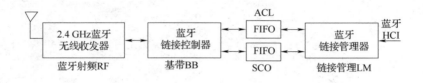

图 4-4 蓝牙系统简图

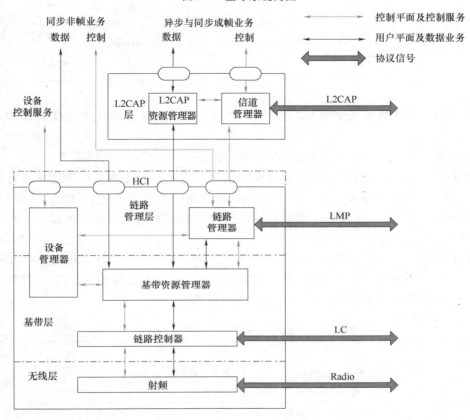

图 4-5 蓝牙系统的核心结构

2. 蓝牙设备组网

蓝牙采用微微网和分布式网络。当两个蓝牙设备成功建立链路后,就形成了一个"微微网",两者之间的通信通过无线信号在 79 个信道中随机跳转而完成。一个微微网中,只有一个主设备,但是可以有 7 个从设备,它们是由 3 位 MAC 地址区分的。谁发起通信谁就是主设备。一旦一个蓝牙设备成为一个微微网的主设备,网中的所有从设备都共享该设备的 BD_ADDR 所决定的跳频序列,即主设备的时钟和跳频序列用于同步同一个微微网中的从设备。一个微微网中的设备可以同时是另外一个微微网中的设备,但只能是一个微微网的主设备。蓝牙允许大量的微微网同时存在,各个微微网通过使用不同的跳频序列来加以区分,同一区域内多个微微网的互联形成了分布式网络,如图 4-6 所示。

蓝牙有四种类型地址。

(1)BD_ADDR 是每个蓝牙收发器都有的一个 48 位设备地址,里面包含厂家标识和厂家指定的设备地址;

(2)LT_ADDR(逻辑传输地址)是 3 位长的活动成员的逻辑传输地址,其中全 0 地址用于

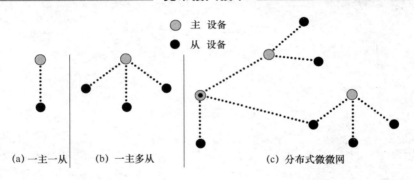

○ 主　设备
● 从　设备

(a) 一主一从　　(b) 一主多从　　　　(c) 分布式微微网

图 4-6　蓝牙网络拓扑结构

广播地址；

（3）PM_ADDR（暂停成员地址）是 8 位长的成员地址，分配给处于暂停状态的从设备使用；

（4）AR_ADDR 是接入请求地址，暂停状态的从设备通过它发送访问消息。

设备开机后，即处于守候工作状态，此时未成网的各个蓝牙终端会周期性地监听网络信息，即侦听跳频。当某设备需和其他设备通信时，就发送对应设备的地址（设备接入码），即发送一个寻呼信息。如果不知道对方地址，就先发查询信息（查询接入码），查清对方地址后再连接。

蓝牙发射功率分为三类，不同设备可选择不同类型。第一类最大输出功率 100 mW、最大距离约为 100 m，为侦听模式。第二类输出功率 2.5 mW，为保持模式。第三类输出功率 1 mW，为休眠模式，耗电依次变小。蓝牙技术参数见表 4-1。

表 4-1　蓝牙技术参数

参　数	指　标	参　数	指　标
工作频段	ISM 频段,2.402～2.480 GHz	跳频速率	1 600 次/s
双工方式	全双工,TDD 时分双工	工作模式	PARK/HOLD/SNIFF
业务类型	支持电路交换和分组交换业务	数据连接方式	面向连接业务 SCO,无连接业务 ACL
数据速率	1 Mbit/s	纠错方式	1/3FEC,2/3FEC,ARQ
非同步信道速率	非对称连接 721/57.6 kbit/s,对称连接 432.6 kbit/s	鉴权	采用反应逻辑算术
同步信道速率	64 kbit/s	信道加密	采用 0 位、40 位、60 位密钥
功率	美国 FCC 要求小于 0 dBm(1 mW),其他国家可扩展为 100 mW	语音编码方式	连续可变斜率调制 CVSD
跳频频率数	79 个频点/MHz		

（三）蓝牙协议

1. 蓝牙协议栈

蓝牙的通信协议也采用分层结构，层次结构使设备具有通用性和灵活性。根据通信协议，各种蓝牙设备无论在任何地方，都可以通过人工或自动查询来发现其他蓝牙设备，从而构成微微网或分布网，实现系统提供的各种功能，使用十分方便。完整的蓝牙协议栈如图 4-7 所示。

蓝牙协议栈可分为四类：

（1）核心协议：基带控制协议（BB）、链路管理协议（LMP）、逻辑链路控制适配协议

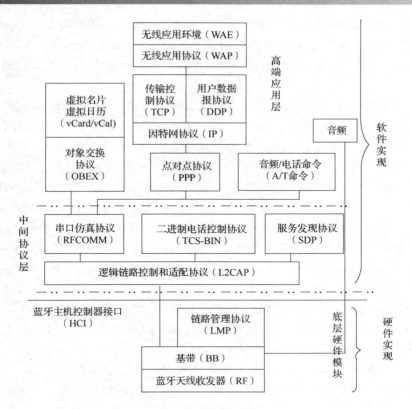

图 4-7 蓝牙协议栈

（L2CAP）、服务发现协议（SDP）。

（2）电缆替代协议：RFCOMM。

（3）电话传送控制协议：TCS 二进制、AT 命令集。

（4）可选协议：PPP、UDP/TCP/IP、OBEX、WAP、vCard、vCal、IrMC、WAE。

RF（射频）是蓝牙设备中负责传送和接收调制无线电信号的收发器。

BB（基带）是蓝牙的物理层，负责跳频、蓝牙数据及信息帧的传输，即管理物理信道和链路。

LMP（连接管理协议）负责蓝牙各设备间连接的建立、拆除以及链路的安全和控制。首先，它通过连接的发起、交换、核实，以进行身份认证和加密等安全措施。其次，它通过设备间协商以确定基带数据分组的大小。另外，它还可以控制无线部分的电源模式和工作周期，以及微微网内各设备的连接状态。

L2CAP（逻辑链路控制和适配协议）位于数据链路层，向上层协议提供复用、分段、重组等无连接和面向连接的数据服务。采用 ACL（异步无连接）方式工作。

SDP（服务发现协议），使用该协议查询设备信息和服务类型后，蓝牙设备之间的连接才能建立。在 RF 环境下，业务参数不断变化，所以蓝牙使用 C/S（客户端/服务器）机制，定义了发现服务的方法。比如蓝牙耳机不能打电话，因为它不能提供这种服务。

RFCOMM（电缆替代协议）是一种简单传输协议，可在 L2CAP 之上仿真 RS-232 串口电路，因此它实际上是一种电缆替代协议。RFCOMM 协议支持两台蓝牙设备之间的多达 60 个并发连接。

TCS 二进制（二进制电话控制标准）是基于 ITU-T Q.931 的面向比特的协议，它定义了蓝牙设备间建立语音和数据呼叫的控制信令,定义了处理蓝牙 TCS 设备群的移动管理进程。

AT 命令集是移动电话、调制解调器和传真业务的一种电话控制协议。AT 命令是以 AT 作首,字符结束的字符串,每个指令执行成功与否都有相应的返回,用于对相应终端的控制和测试。

选用协议中的 PPP 是点对点协议,完成点对点的连接;UDP/TCP/IP 是互联网通信的基本协议,在蓝牙设备中使用这些协议,是为了与互联网连接的设备进行通信;OBEX 是对象交换协议,是由红外数据协会(IrDA)制订的会话层协议,采用简单和自发的方式来交换数据对象。它提供的基本功能类似于 HTTP,在假定传输层可靠的基础上,采用客户机/服务器模式,从而独立于传输机制和传输应用程序接口(API);vCard(电子名片交换格式)和 vCal(电子日历交换格式)都是因特网邮件协会的规范,只定义了数据传输格式,而没有定义传输机制。IrMC 是红外移动设备通信规范。WAP 是无线应用协议,这是一种为移动电话、寻呼机、PDA 和其他无线终端提供因特网通信和高级电话服务的标准协议。WAP 是在数字移动电话、因特网或其他个人数字助理机(PDA)、计算机应用之间进行通信的开放的全球标准。通过 WAP 技术,可以将因特网的大量信息及各种各样的业务引入到移动电话、PDA 等无线终端之中。WAP 协议包括无线应用环境(WAE)、无线对话层(WSL)、无线传输层安全(WTLS)和无线传输层(WTP)。其中,WAE 层含有微型浏览器和解释器等,WTLS 层为无线电子商务及无线加密传输数据时提供安全方面的基本功能。

不是任何应用都必须使用全部协议,但都必须使用蓝牙协议栈中的物理层和数据链路层。如图 4-8 所示为简化的蓝牙协议。例如语音通信只需经过基带协议(BB),而不用 L2CAP。

除了以上协议层外,蓝牙协议栈中还应包括两个接口:一个是主机控制接口(HCI),用来为基带控制器、链路控制器以及访问硬件状态和控制寄存器等提供命令接口;另一个是与基带处理部分直接相连的音频接口,用于传递音频数据。

使用蓝牙互联的大都是智能主机,具有处理器、总线和操作系统,蓝牙必须与它们有机结合才能发挥作用,HCI 就是蓝牙与主机系统之间接口的规范。在蓝牙协议栈中,HCI 以上部分通常用软件实现,包括逻辑链路控制和适配协议 L2CAP、串行仿真 RFCOMM、电话替代协议和选用协议等;而 HCI 以下部分则用硬件实现,包括基带协议和链路管理协议(LMP),这部分也叫作蓝牙协议体系结构中的底层硬件模块。两个模块之间的消息和数据传递必须通过 HCI 的解释才能进行,所以 HCI 是蓝牙协议中软硬件之间的接口,其软件在主机上运行,硬件用蓝牙设备实现,二者之间通过传输层进行交互。

图 4-8 简化的蓝牙协议

2. 蓝牙分组格式

蓝牙基带层,微微网信道上的数据以分组的形式传送。基本速率类型下的蓝牙基带层分组格式如图 4-9 所示,每个分组由 3 部分组成,即接入码、分组头、数据净负荷。其中的"接入码"携带物理信道的接入码,"分组头"携带逻辑传输标识,"数据净负荷"中含有的"净负荷头"携带逻辑链路标识,数据净负荷中携带 LMP 消息,L2CAP 帧或其他用户数据。

接入码和分组头字段为固定长度,分别为 72(或 68)bit 和 54 bit;数据净负荷是可变长度,0~2 745 bit。一个分组可以仅包含接入码字段(此时为 68 bit,称为缩短的接入码,用于寻呼、查询和休眠,此时接入码本身就是信息,不需要分组头或数据净负荷),或者包含接入码与分组头字段,或者包含全部三个字段。

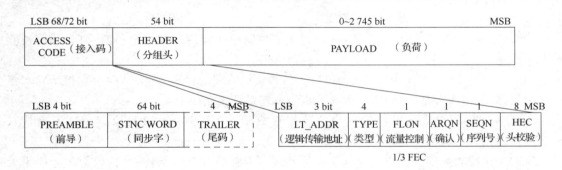

图 4-9　蓝牙基带层分组格式（基本速率）

图 4-9 分组结构中，接入码标识物理信道上的所有分组。蓝牙中有三种不同类型的接入码：

（1）信道接入码（CAC）：在连接状态下，用来标识一个微微网，所有在该微微网中传送的分组都包含 CAC；它来自主设备的 BD_ADDR 地址的低位部分。

（2）设备接入码（DAC）：用作设备寻呼、寻呼扫描及寻呼响应；它来自被寻呼设备的 BD_ADDR 地址的低位部分。

（3）查询接入码（IAC）：分为通用（GIAC）和专用（DIACs）两类，前者用于接入所有蓝牙设备，后者用于接入特定类型的蓝牙设备。

接入码也用来指示到达接收端的分组及时钟同步、偏移补偿。

接入码由前导、同步字及尾码组成。

前导是固定的 4 个 bit 的 0-1 序列，取 0101（同步字 0 开头）或 1010（同步字 1 开头）；用于直流补偿；同步字包含接入码。它的产生基于不同的地址，经过处理后有较大的汉明距离（纠错能力较强），还能改进时钟性能；尾码也是固定的 0-1 序列，接入码后面跟有分组头就要附加尾码，取 0101（同步字 1 结尾）或 1010（同步字 0 结尾），用于进一步补偿直流偏移。

分组头包含链路控制信息，由 6 个字段组成：3 bit 的 LT_ADDR（逻辑传输地址）、4 bit 的 TYPE（类型码）、1 bit 的 FLOW（流量控制）、1 bit 的 ARQN（确认指示）、1 bit 的 SEQN（序列号）、8 bit 的 HEC（帧头校验），一共 18 个 bit；再加速率为 1/3 的 FEC，编码保护后一共是 54 bit。

LT_ADDR 是逻辑传输地址。在主节点与从节点通信时，需要区分不同的从节点。微微网中每一个激活的从节点都被指定一个 3 bit 的 LT_ADDR，用来表示从节点地址，主-从传输时指示目的从节点，从—主传输时指示源从节点。全"0"地址用于广播，显然 3 bit 的编码最多可以支持的激活从节点数为 7（扣除全 0）。从节点一旦断开连接或处于休眠，LT_ADDR 就失效。主节点没有 LT_ADDR，它和从节点的时钟关系可以清楚地与从节点区别开来。

TYPE 字段，4 bit 长可以区分 16 种不同类型的分组。蓝牙系统有控制分组、SCO 分组、ACL 分组三类分组。

控制分组：①ID 控制分组，仅包含接入码，用于寻呼、探询、响应。②空分组，仅有接入码和包头，没有数据净负荷，用于通过 ARQN、FLOW 等字段将链路信息返回给发送端，空分组无需确认。③检测分组，与空分组类似，也没有数据净负荷字段，但是需要接收端的确认。当从节点收到检测分组后，即使当时没有数据信息需要发送也必须响应。④FHS 包，即 FH 同步包，是一种特殊的控制分组，它宣告发端的设备地址和时钟信息，以实现跳频同步。

SCO 分组：在 SCO 链路上传送，通常用于传 64 kbit/s 的语音，不采用 CRC 校验和重传机制。

ACL 分组：在 ACL 链路上传送，可以用于传控制信息或用户数据。一般采用 CRC 校验及重传机制。

FLOW 字段用于 ACL 链路上的流量控制：如果接收端缓存满，则 FLOW＝0 指示发端停止发送数据；如果缓存清空，则 FLOW＝1 指示发端继续发送。

ARQN 字段用于确认发端数据净负荷传送成功。ARQN＝0 时表示 NAK（不确认）；ARQN＝1时表示 ACK（确认）。

SEQN 比特为数据帧提供顺序号。在每发送一个新的分组时翻转一次，因为蓝牙采用无编号 ARQ 机制，所以 SEQN 对于重传是必需的，这样可以避免由于 ACK 的缺失而造成分组重复接收。

HEC 是分组头的 8 bit 校验码，用以检查分组头的正确性。

（四）蓝牙技术的现状

到目前为止，有基本速率（BR）和低能耗（LE）两种形式的蓝牙无线技术系统，它们都有设备发现、连接建立和连接机制。

基本速率系统又分为基本速率（同步和异步的数据传输速率为 721.2 kbit/s），增强数据速率（EDR，传输速率 2.1 Mbit/s），可变 MAC/PHY 扩展（即带 802.11 AMP 协议）三种系统。增强数据速率模式下蓝牙设备之间传送文件的速率会加快；带 802.11 AMP 协议的蓝牙设备能兼容 802.11 Wi-Fi 无线连接，数据传输率可达 24 Mbit/s。

图 4-10　蓝牙基带层分组格式（增强速率）

如图 4-10 所示，增强速率蓝牙基带层分组格式中，接入码和分组头与基本速率蓝牙分组格式一样，只是增加了防卫时间和同步序列，数据净负荷之后有尾码。

带 802.11 AMP 协议的蓝牙实际是与 Wi-Fi 进行了融合。AMP（通用可变 MAC/PHY）协议定义了如何综合运用 802.11 射频与蓝牙射频，就是允许蓝牙设备通过 Wi-Fi 连接到其他设备进行数据传输。蓝牙模块仅仅是用来在两台设备之间执行发现、关联、连接建立和连接维护，一旦两个 BR/EDR 设备之间建立了 L2CAP 连接，AMP 就能发现其他设备上的有效 AMP，如果两个设备都有 AMP，就把数据从 BR/EDR 控制器移交到 AMP 的控制器，使数据传输通过 Wi-Fi 射频来完成；如果两个蓝牙设备中有一个没有 AMP，数据传输就降回到蓝牙速率。

相比传统蓝牙系统（BR）和高速蓝牙系统（EDR），低能耗蓝牙系统（LE）拥有极低的运行和待机功耗，复杂性、成本更低，相应的数据速率和占空比也较低。在使用单颗纽扣电池供电，并不中途充电的条件下，可以连续工作超过一年的时间。

在低功耗模式下，LE 采用 FDMA、TDMA 两种接入方式。

FDMA 共有 40 个物理信道，3 个公告信道，37 个数据信道，信道之间的频率间隔是 2 MHz。

TDMA 采用轮询方式在预订时隙内收发数据帧。

低功耗蓝牙设备有三种：一是只具备广播数据能力的设备；二是只具备侦听信号能力的设

备;三是可以处理双向数据的设备。LE 具有 3 ms 低延迟、100 m 以上超长距离、AES-128 加密等诸多特色,可以用于健康监控传感器、物联网等众多领域,大大扩展了蓝牙技术的应用范围。

传统蓝牙技术、蓝牙低耗能技术及蓝牙高速技术,可以依据其功能需要同时或单独使用。例如,计步器和血糖仪等只需使用低耗能技术来节省电力;与健康传感器结合的手表也用低耗能技术收集数据,再用传统蓝牙技术将数据发送到个人计算机或手机以显示信息;应用最广泛的手机和个人计算机,可以同时采用传统、低耗能和高速三种技术。

如图 4-11 所示为几种 LE 控制器、BR/EDR 控制器和 AMP 控制器的不同组合。

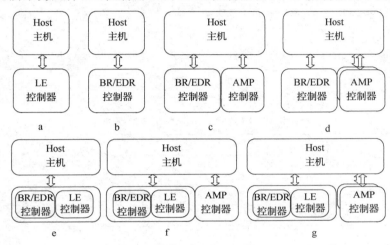

图 4-11　各种蓝牙设备结构

二、低速 WPAN

由于有些简单应用不需 WLAN,甚至不需要蓝牙系统那样多的功能,所以出现了低速 WPAN IEEE 802.15.4 标准。与 WLAN 和其他 WPAN 相比,低速 WPAN 结构简单、数据率较低、通信距离近、功耗低,成本也低;在传输、网络节点、位置感知、网络拓扑、信息类型等方面,还有独特的技术特性(见表 4-2)。低速 WPAN 适用于工业监控(无线传感器网络、机器检测和库存管理)、办公和家庭自动化(安全系统、照明和空调系统和人机接口装置)以及农作物监测等。

表 4-2　低速 WPAN 技术特性

技术特性	基 本 要 求	技术特性	基 本 要 求
原始数据率	2~250 kbit/s	网络拓扑	星形和网状网
通信距离	一般为 10 m,性能折衷可增至 100 m	业务类型	以异步数据为主,亦可支持同步数据
电池寿命	电池寿命取决于应用,有些应用电池无电也能工作(功率归零)	工作频率	2.4 GHz
传输延迟	10~50 ms,或小于 1 s	工作温度	-40~+85 ℃
位置感知	可选	调制方式	开关键控(OOK)或振幅键控(ASK),扩频
网络节点	多达 65 534 个(确切数字依据实际需要而定)	复杂性	比其他标准低

（一）物理层

802.15.4 物理层的作用是：激活/去激活无线收发器；检测当前信道的能量；指示链路质量；为（CSMA-CA）清除信道关联；选择信道频率；发收数据。物理层通过服务接入点（SAP）提供数据和管理两种服务。

802.15.4 有四种物理层，使用相同的帧结构，以便低作业周期、低功耗地运作：

（1）采用二进制相移键控（BPSK）调制的 868/915 MHz 的直接序列扩频（DSSS）物理层。

（2）采用偏移四相相移键控（O-QPSK）调制的 868/915 MHz 的直接序列扩频（DSSS）物理层；

（3）采用二进制相移键控（BPSK）和幅移键控（ASK 调制）的 868/915 MHz 的并行序列扩频（DSSS）物理层；

（4）采用 16 进制偏移四相相移键控（O-QPSK）调制的 2 450 MHz 的直接序列扩频（DSSS）物理层。

IEEE802.15.4 频带与数据率见表 4-3。

表 4-3 IEEE 802.15.4 频带与数据率

物理层（MHz）	频带（MHz）	扩频参数		数据参数		
		码片速率（kchip/s）	调制	比特率（kbit/s）	符号速率（ksym/s）	符号
868/915	868～868.6	300	BPSK	20	20	二进制
	902～928	600	BPSK	40	40	二进制
2 450	2 400～2 483.5	2000	O-QPSK	250	62.5	16 进制正交

物理层一共有 27 个频道，编号为 0～26，在三个频段可用。16 个通道在 2 450 MHz 频段，10 个通道在 915 MHz 频段，1 个通道在 868 MHz 频段。

2.4G 物理层的数据传输率为 250 kbit/s，868/915 MHz 物理层的数据传输率分别是 20 kbit/s、40 kbit/s。868/915 MHz 物理层的低速率换取了较好的灵敏度（－85 dbm/2.4 GHz，－92 dbm/868，915 MHz）和较大的覆盖面积，从而减少了覆盖给定物理区域所需的节点数。2.4G 物理层的较高速率适用于较高的数据吞吐量、低延时或低作业周期的场合。

物理层协议数据单元（PPDU）包括同步头（SHR），物理头（PHR）和携带 MAC 帧的数据净负荷。帧结构如图 4-12 所示。

		字节		
		1		可变
Preamble （前导）	SFD （帧限定符）	帧长（7 bit）	保留（1 bit）	物理层服务数据单元
SHR （同步头）		PHR （物理头）		PHY层负荷

图 4-12 IEEE 802.15.4 PPDU 帧结构

PPDU 帧结构中前导用于收发器进行码片和符号的同步，SFD（帧限定符）用于指示同步头结束、数据分组开始。物理层服务数据单元（PSDU），实际为 MAC 帧。

（二）MAC 层

MAC 层处理所有物理信道的接入，任务是：为协调装置产生网络信标；同步于网络信标；

支持 PAN 关联/去关联;处理与维护保证时隙(GTS)机制;在对等 MAC 之间提供可靠链路。MAC 层采用载波侦听多路接入/冲突避免(CSMA/CA)技术。

802.15.4 MAC 帧包含 MAC 帧头、MAC 数据净负荷和 MAC 层帧校验。通用帧结构如图 4-13 所示。

(字节)2	1	0/2	0/2/8	0/2	0/2/8	0/5/6/10/14	可变	2
帧控制	序列号	目的PAN标识	目的地址	源PAN标识	源地址	辅助安全头	帧负荷	帧校验
		地址域					MAC负荷	帧尾
MAC帧头								

图 4-13　IEEE 802.15.4 的通用 MAC 帧结构

通用 MAC 帧结构中帧控制域格式如图 4-14 所示。

0~2	3	4	5	6	7~9	10~11	12~13	14~15
帧类型	安全使能	帧未完	确认请求	PANID压缩	保留	目的地址模式	帧版本	源地址模式

图 4-14　帧控制域格式

帧控制域中的帧类型部分,用 3 个 bit 表示本帧是信标还是数据,是确认还是 MAC 命令等类型。安全使能的 1 bit,置 1 表示本帧被保护。帧未完的 1 bit,置 1 表示还有数据要接收。确认请求部分的 1 bit,置 1 表示接收装置应发送确认帧。个域网标识压缩的 1 bit,置 1 表示源 PAN 与目的 PAN 标识相同。源地址/目的地址模式部分,用 2 bit 表示 PAN 标识和地址不存在、16 bit 短地址、64 bit 长地址几种情况。帧版本部分指示 802.15.4 标准的版本。

通用 MAC 帧结构中序列号是传输数据帧及确认帧的序号,仅当确认帧的序列号与上次数据传输帧的序列号一致时,才能判定数据传输业务成功。地址域各部分分别表示源/目的 PAN 和源/目的地址。辅助安全头部分说明本帧是如何保护的,当安全使能比特置 1 时它才出现。帧数据净负荷部分长度可变,是 MAC 帧要承载的上层数据。帧校验(FCS)部分是 16 位循环冗余校验(CRC)。

MAC 数据帧被送至物理层,作为物理层帧数据(PPDU)的一部分。

802.15.4 的 MAC 帧类型有信标帧、数据帧、确认帧和命令帧几种。

(1)信标帧

如图 4-15 所示,在信标帧结构中,超帧说明包含信标顺序、超帧顺序、最后 CAP 时隙、电池寿命扩展、PAN 协调者、关联许可等比特。GTS 域包含 GTS 开始时隙、GTS 长度、GTS 许可等信息。未定地址域中主要是地址列表。

(2)数据帧

（字节）2	1	4/10	0/5/6/10/14	2	可变	可变	可变	2
帧控制	序列号	地址域	辅助安全头	超帧说明	GTS 保证时隙域	未定地址域	信标负荷	FCS 帧校验
MAC帧头					MAC负荷			帧尾

图 4-15　IEEE 802.15.4　MAC 信标帧结构

数据帧结构如图 4-16 所示。

（字节）2	1		0/5/6/10/14	可变	2
帧控制	序列号	地址域	辅助安全头	数据负荷	帧校验
MAC帧头				MAC负荷	帧尾

图 4-16　IEEE 802.15.4　MAC 数据帧结构

（3）确认帧

确认帧里仅有帧控制、序列号和帧校验三部分。

（4）命令帧

如图 4-17 所示，命令帧有关联请求、关联响应、去关联通知、数据请求、PAN ID 冲突通知、同步丢失通知、信标请求、协调者重整和 GTS 请求等。

（字节）2	1		0/5/6/10/14	1	可变	2
帧控制	序列号	地址域	辅助安全头	命令帧标识	命令负荷	帧校验
MAC帧头				MAC负荷		帧尾

图 4-17　IEEE 802.15.4　MAC 命令帧结构

第二节　无线局域网（WLAN）

无线局域网（WLAN）是计算机网络与无线通信技术相结合的产物，其基础是有线局域网，只是通过附加无线设备使无线通信得以实现，以扩展或替换有线局域网。无线局域网最大的优点是建网方便，不需要网线，网络能够随着实际需要移动或变化，当然这种变化会受到无线连接设备与计算机之间距离的限制。

无线局域网的终端多为便携式微机，网络中包括无线网卡、无线接入点（AP）和无线路由器等，主要用于办公室、校园、机场、车站及购物中心等处用户终端的无线接入。用 WLAN 的方式进行无线接入，是速度快成本低的办法，但是前提是要有现成的 AP 可用。

部分无线局域网标准的比较见表 4-4。

表 4-4 部分无线网络标准比较

项目	WLAN			WPAN	
	802.11b	802.11g	HyperLAN2	蓝牙	高速 WPAN
工作频率	2.4 GHz	2.4 GHz	5 GHz	2.4 GHz	2.4 GHz
数据率	11 Mbit/s	54 Mbit/s	54 Mbit/s	< 1 Mbit/s	55 Mbit/s
通信距离	100 m	100 m	150 m	10m	10 m
主要应用	数据	数据	数据	话音、	话音、数据、多媒体
支持地区	全球	全球	欧洲	全球	全球
功率	适中	适中	高	很低	低
调制技术	DSSS	DSSS	OFDM	FHSS	FHSS

一、802.11 标准简介

目前，WLAN 领域有 IEEE 802.11x 系列与 HiperLAN/x 系列两种标准，HiperLAN 是由 ETSI（欧洲电信标准化组织）提出的欧洲 WLAN 标准，在我国以应用 IEEE 802.11x 系列为主。

802.11 是 1997 年 IEEE 制定的一个 WLAN 标准，面向局域网范围的无线宽带接入，用于办公室无线局域网和校园网，其业务范畴主要限于数据存取，速率最高只能达 2 Mbit/s。由于它在速率、传输距离、安全性、电磁兼容能力及服务质量方面均不尽如人意，从而产生了一系列升级标准：

802.11b(Wi-Fi)，采用 2.4 GHz 直接序列扩频，最大数据传输速率为 11 Mbit/s，它能进行自动速率调整：当射频情况变差时，可将数据传输速率降低为 5.5 Mbit/s、2 Mbit/s 和 1 Mbit/s，支持的范围是在室外为 300 m，在办公环境中最长为 100 m。802.11b 使用与以太网类似的连接协议和数据帧确认，来提供可靠的数据传送和有效的网络带宽使用。它亦有 MAC 层的访问控制和加密机制，可选的 40 位及 128 位的共享密钥算法，以提供与有线网络相同级别的安全保护，802.11b+ 速率增强至 22 Mbit/s。2.4 GHz 的 ISM 频段为世界上绝大多数国家通用，因此 802.11b 得到了最为广泛的应用，是绝大多数无线网卡都支持的协议。1999 年工业界成立了 Wi-Fi 联盟，致力解决符合 IEEE 802.11 标准的产品的生产和设备兼容性问题，所以 802.11b 也称作 Wi-Fi。

802.11a，工作在 5 GHz 频带，物理层速率可达 54 Mbit/s，传输层可达 25 Mbit/s。可提供 25 Mbit/s 的无线 ATM 接口和 10 Mbit/s 的以太网无线接口，以及 TDD/TDMA 的空中接口；支持语音、数据、图像业务；一个扇区可接入多个用户终端。采用 OFDM（正交频分复用）技术，但无障碍的接入距离降到 30~50 m。

802.11g，是一种混合标准，它既能适应 802.11b 标准，在 2.4 GHz 频率下提供每秒 11 Mbit/s 数据传输率，也符合 802.11a 标准，在 5 GHz 频率下提供 56 Mbit/s 数据传输率。功率数百 mW，作用范围 100 m。

802.11n，速率增强至 108/320 Mbit/s；并进一步改进了管理开销及效率。它基于多入多出（MIMO）的天线技术，采用两个或多个收发天线产生两个或多个独立无线电信号以改善接收性能。从 802.11b 发展到 802.11g 是升级，到 802.11n 为换代。

802.11 系列还有一些补充性的标准。802.11c 为 MAC/LLC 增强性能；801.11d 解决在那些不能使用 2.4 GHz 频段国家的使用问题；802.11e 则瞄准扩展服务质量，其分布式控制模式可提供稳定合理的服务质量，而集中控制模式可灵活支持多种服务质量策略；802.11f 用于改善 802.11 协议的切换机制，使用户能在不同无线信道或接入设备点之间漫游；802.11h 比 802.11a 更好地控制发信功率（借助 PC 技术）和选择无线信道（借助动态频率选择技术 DFS）；802.11i 及 802.1x 着重于安全性，802.11i 支持鉴权和加密算法，802.1x 的核心具有可扩展认证协议 EAP，可对以太网端口鉴权，扩展至无线应用；802.11j 的作用是解决 802.11a 与欧洲 HiperLAN/2 网络的互连互通；802.11/WNG 使 IEEE802.11 与欧洲 ETSI 的 BRAN-HiperLAN 及日本 ARAB--HiSWAN 统一建成全球一致的 WLAN 公共接口；802.11/HT 进一步增强 802.11 的传输能力，取得更高的吞吐量；802.11Plus，为 802.11WLAN 与 GPRS/UMTS 等多频、多模运行标准。

IEEE 在 2007 年发布了新的 802.11-2007 规范，涵盖并代替了原先发布的多个 WLAN 标准。IEEE 802.11x 系列标准见表 4-5。

表 4-5   IEEE 802.11x 标准一览

标准序列	简要说明
802.11	1997 年，原始标准（2 Mbit/s 工作在 2.4 GHz）
802.11a	1999 年，物理层补充（54 Mbit/s 工作在 5 GHz），正交频分复用（OFDM）物理层
802.11b	1999 年，物理层补充（11 Mbit/s 工作在 2.4 GHz），高速直接序列扩频（HR/DS 或 HR/DSSS）物理层
802.11c	符合 802.1D 的介质接入控制层（MAC）桥接
802.11d	根据各国无线电规定做的调整
802.11e	对服务等级（QoS）的支持
802.11f	基站的互用性
802.11e	对服务等级（QoS）的支持
802.11g	物理层补充（54 Mbit/s 工作在 2.4 GHz），增强速率（ERP）物理层
802.11h	无线覆盖半径的调整，室内和室外信道（5 GHz 频段）
802.11i	安全和鉴权方面的补充
802.11n	MIMO 物理层，传输速率由 802.11a/g 提供的 54 Mbit/s/108 Mbit/s，提高到 300 Mbit/s 甚至 600 Mbit/s
802.11k	该协议规范规定了无线局域网络频谱测量规范
802.11r	快速基础服务转移，解决客户端在不同无线网络 AP 间切换时的延迟问题
802.11s	拓扑发现、路径选择与转发、信道定位、安全、流量管理和网络管理，网状网络新术语
802.11w	针对 802.11 管理帧的保护

从 2003 年开始，我国也发布了一系列无线局域网国家标准，其中，GB15629.1101、GB15629.1102 和 GB15629.1104 分别与 IEEE 802.11a、802.11b、802.11g 相对应。而 GB 15629.11 的内容与 802.11-1999 基本一致，但在 WLAN 安全方面，定义了新的安全机制--WAPI（无线局域网鉴别和保密基础结构）。WAPI 采用国家密码管理委员会办公室批准的公开密钥体制的椭圆曲线密码算法和秘密密钥体制的分组密码算法，分别用于 WLAN 设备的数字证书、密钥协商和传输数据的加/解密，从而实现设备的身份鉴别、链路验证、访问控制和用户信息在无线传输状态下的加密保护。与 802.11 的安全机制 802.11i 相比，WAPI 增加了

双向认证机制,用户在接入 WLAN 时,增加了对 AP 合法性的检查。此外,WAPI 采用了与 802.11i 不同的加密算法。

二、802.11 系统构成

(一)信道

IEEE 802.11b/g 工作在 2.4～2.4835 GHz 频段。

802.11 协议在 2.4 GHz 频段定义了 14 个信道,每个频道的频宽为 22 MHz。两个信道中心频率之间为 5 MHz。信道 1 的中心频率为 2.412 GHz,信道 2 的中心频率为2.417 GHz,依此类推至位于 2.472 GHz 的信道 13 。信道 14 是特别针对日本所定义的,其中心频率与信道 13 的中心频率相差 12 MHz。在北美地区(美国、加拿大)开放 1～11 信道,在欧洲和中国开放 1～13 信道,见表4-6 。

表 4-6　802.11b/g 信道标识与频率

信道标识符	频率(MHz)	信道标识符	频率(MHz)	信道标识符	频率(MHz)	信道标识符	频率(MHz)
1	2 412	5	2 432	9	2 452	13	2 472
2	2 417	6	2 437	10	2 457	14	2 484
3	2 422	7	2 442	11	2 462		
4	2 427	8	2 447	12	2 467		

802.11b/g 工作频段划分如图 4-18 所示。可以看到,信道 1 在频谱上和信道 2、3、4、5 都有交叠的地方,这就意味着如果有两个无线设备同时工作,且它们工作的信道分别为 1 和 3,则它们发送出来的信号会互相干扰。

为了最大程度的利用频段资源,可以使用 1、6、11;2、7、12;3、8、13;4、9、14 这四组互相不干扰的信道来进行无线覆盖。

由于只有部分国家开放了 12～14 信道频段,所以一般情况下,使用 1、6、11 三个信道。

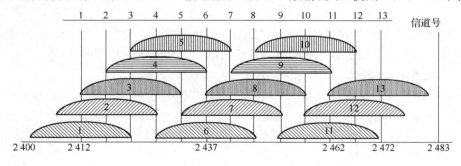

图 4-18　IEEE 802.11b/g 的信道示意图

(二)网络设备

在 WLAN 中,有这样一些网络成员:

1. 站点(STA)

STA 是一个配备了无线网卡的计算机,也称为无线客户端,无线客户端可直接相互通信或通过 AP 进行通信,是可移动的。无线网卡的作用类似于以太网中的网卡,作为无线网络的接口,实现与无线网络的连接。无线网卡的硬件组成包括网卡单元、扩频通信机及天线。网卡单元属于数据链路层,它完成扩频通信机与计算机之间的接口控制及计算机与物理层的连接。

扩频通信机属于物理层,负责无线电信号的接收与发射。天线用于计算机与无线 AP 或其他计算机相距较远时。由于信号的减弱,出现传输速率明显下降或根本无法实现通信,此时,就必须借助于天线对信号的增益。

2. 基本服务单元(BSS)

是进行无线通信服务的设备,最简单的服务单元可以只由两个站点组成。站点可以动态的关联到基本服务单元中。基本服务单元分为两种:一种是 IBSS(独立 BSS),无 AP,站点间直接通信,即 Ad-hoc 网(无线自组网);另一种是 BSS,有 AP,无线站点要经过 AP 才能通信,即基础结构网,如图 4-19 所示。

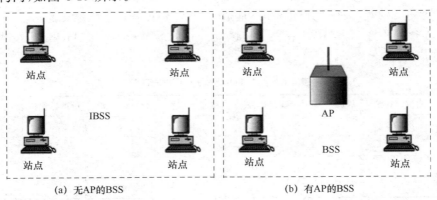

图 4-19　基本服务单元示意图

3. 分布系统(DS)

分布系统用于连接不同的基本服务单元,它可以是以太网、点对点链路或其他无线网。分布系统使用的"介质"(传输通道)逻辑上和基本服务单元是截然分开的,尽管它们物理上可能会是同一个介质,例如同一个无线频段。

4. 接入点(AP)

接入点既是普通站点,又能接入到分布系统。无线 AP 不可移动,是 STA 和有线网络之间的桥梁,类似于移动电话网络的基站,它有一个以太网接口,用于实现无线局域网和有线局域网的互联。无线客户端通过 AP 同时与有线网络和其他无线客户端通信。

5. 扩展服务单元(ESS)

ESS 由分布系统和基本服务单元组合而成。这种组合是逻辑上而不是物理上的,不同的基本服务单元有可能在地理位置相距甚远。分布系统也可以使用各种各样的传输技术。ESS 以 SSID 标识,移动站点使用 SSID 加入其中,一旦加入 ESS,移动站点便可实现从该 ESS 的一个 BSS 到另一个 BSS 的漫游。

6. 端口

端口是一个用于建立单个无线连接的连接点,是一个逻辑实体。只有一个无线网卡的无线客户端就只有一个端口,只能支持一个无线连接。无线 AP 具有多个端口,能够同时支持多个无线连接。无线客户端上的端口和无线 AP 上的端口之间的逻辑连接是一个点对点桥接的局域网网段,类似于基于以太网的网络客户端连接到一个以太网交换机。

在这里涉及到三种介质,分别是:站点使用的无线介质,分布系统使用的介质以及和无线局域网集成一起的其他局域网使用的介质,物理上它们可能互相重迭。IEEE 802.11 标准只负责在无线局域网内的寻址,分布系统和其他局域网的寻址不属无线局域网的范围。

　　IEEE 802.11 标准没有具体定义分布系统,只是定义了分布系统应该提供的服务。整个无线局域网定义了九种服务。其中,五种服务属于分布系统的任务,分别为:关联、结束关联、分配、集成、再关联;四种服务属于站点的任务,分别是:鉴权、结束鉴权、隐私、MAC 数据传输。

　　BSS、ESS、DS 及相互的关系如图 4-20 所示。

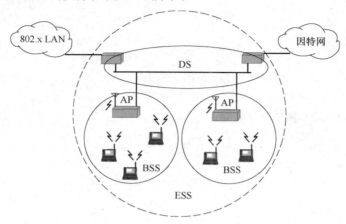

图 4-20　BSS、ESS、DS 及相互的关系

（三）网络结构

　　WLAN 使用的端口访问技术,IEEE 802.11b 标准支持两种网络结构。

1. 基础模式

　　如图 4-21 所示基于 AP 的网络结构,所有工作站都直接与 AP 无线关联,由 AP 承担无线通信的管理及与有线网络连接的工作。可以通过放置多个 AP 来扩展无线覆盖范围,并允许便携机在不同 AP 之间漫游。目前实际应用的 WLAN 中,一般采用这种结构。考虑到安全因素,AP 必须和交换机各端口进行两层隔离。交换机采用 IEEE 802.1Q 标准（参见附录三）的 VLAN 方式。VLAN 对接入交换机每一端口的 AP 都必须分配一个网内唯一的 VLAN ID。

　　基础模式是 802.11b 最常用的方式。此时至少有一个无线 AP 和一个无线客户端,插上无线网卡的 PC 经 AP 与另一台 PC 关联。接入点负责频段管理及漫游等指挥工作,一个接入点最多可关联 1 024 台 PC（无线网卡）。

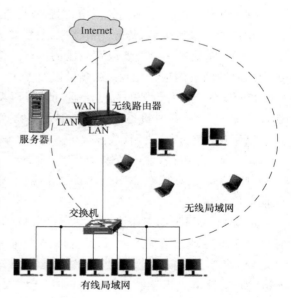

图 4-21　基于 AP 的网络结构

当无线网络节点扩增时,网络存取速度会随着范围扩大和节点的增加而变慢,此时添加接入点可以有效控制和管理频宽与频段。无线网络节点要连接和存取有线网的资源时需要与有线网络互连。

2. Ad-hoc 模式

Ad-hoc 模式,也称为点对点模式。如图 4-22 所示,是基于 P2P(对等)的网络结构,用于连接 PC 或便携 PC,允许各台计算机在无线网络所覆盖的范围内移动并自动建立点到点的连接。此模式系无线客户端直接相互通信,主要用在没有无线 AP 时关联无线客户端。

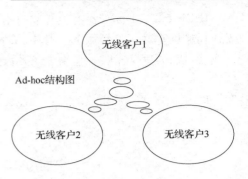

图 4-22　基于 P2P 的网络结构

三、802.11 协议

如图 4-23 所示 802.11 协议栈,可以看出物理层可以用红外(IR)、跳频扩频(FHSS)、直接扩频(DSSS)、正交频分复用(OFDM)等多种方式实现。

图 4-23　IEEE　802.11 协议栈

红外系统的优点是不受无线电干扰;视距传输,检测和窃听困难,保密性好。缺点是对非透明物体的透过性极差,传输距离受限;易受日光、荧光灯等干扰;半双工通信。

FHSS 系统在一个扩展或宽波段的信道上使用不同的中心频率,以预先安排好的顺序在固定的时间间隔内进行跳频。跳频可以使 FHSS 系统避免受到信道内窄带噪声的干扰。

DSSS 系统将要传输的数据流通过扩展码调制而人为地扩展带宽,即使在传输波段中存在部分噪声信号,接收机也可以无错误地接收数据。

OFDM 正交频分复用(载波数可多达 52 个),802.11a/g 采用,信号经相应的各种调制(如 PSK、QAM 等)后,速率可高达 54 Mbit/s。

HR-DSSS(高速率 DSSS),802.11b 采用,信号经相应的各种调制(如 PSK 、CCK 等)后,传输速度可达 11/5.5/2/1 Mbit/s。

802.11 采用了动态速率调整技术,可以根据环境噪声变化对传输速率进行自动调整。例如 802.11b 在理想情况下,发送站点以最高速率 11 Mbit/s 进行发射。当设备移动到覆盖范围之外,或者出现重大干扰时,发送站点将自动逐次降低速率,以 5.5 Mbit/s、2 Mbit/s 或 1 Mbit/s 等速率进行发射。类似地,如果无线设备从低速率环境进入高速率环境,发射速率将会随之自动逐次提高。

(一)物理层信号帧

物理层分成物理层汇聚处理子层(PLCP)和物理介质相关子层(PMD);PLCP 功能是将来自 MAC 的帧变换得适合无线传输,PMD 负责将 PLCP 传来的每一个比特都用天线传送至空中。

物理层帧结构如图 4-24 所示,其中:

(1)PLCP 前导(帧起始信号),包括 128 bit 的同步字头,以便接收端执行必要的同步操作,还有 16 bit 的帧开始限定字。

(2)PLCP 帧头中,包括信号;服务;长度;CRC-16(错误检测)字节。

(3)MAC 层数据,包括 MAC 帧头、帧体、FCS(帧校验序列)。

PLCP 前导	PLCP 帧头	MAC数据

图 4-24　IEEE 802.11 物理层信号帧结构的基本组成

物理会聚子层将 MAC 层传来的协议数据单元(MPDU)通过加上前导和帧头即打包变成可以传出去的 PLCP 协议数据单元(PPDU)。具体到不同的调制方式,PLCP 帧结构又有一些区别。

PLCP 前导		PLCP 帧头			Whitened PSDU
Sync (同步)	SFD (帧起始界符)	PLW (长度字)	PSF (信号域)	Header Error Check (头校验)	Whitened PSDU (随机服务数据单元)
80 bit	16 bit	12 bit	4 bit	16 bit	可变数量的字节

图 4-25　IEEE 802.11　FHSS　PLCP 帧结构

如图 4-25 所示,802.11 调频扩频物理层帧结构中,SYNC 用于收发信号的同步,SFD 为帧起始定界符,PLW 是 PSDU(PLCP 服务数据单元)长度字,表示本数据帧里包含的字节数,典型值是 1~4 095。PSF 是 PLCP 信号域,表示数据速率,用法见表 4-7,b0 保留。Whitened PSDU 是用帧同步扰码器处理后的随机数据。

表 4-7　PLCP 信号域的用法

b1 b2 b3	000	001	010	011	100	101	110	111
数据率	1.0 Mbit/s	1.5 Mbit/s	2.0 Mbit/s	2.5 Mbit/s	3.0 Mbit/s	3.5 Mbit/s	4.0 Mbit/s	4.5 Mbit/s

如图 4-26 所示,802.11 直接扩频物理层帧结构中,SYNC 用于收发信号的同步,SFD 是帧起始定界符,SIGNAL 指示信号的调制方式,有 1 Mbit/s DBPSK 和 2 Mbit/s DQPSK 两种。SERVICE 为服务域,保留将来使用。LENGTH 指示 MPDU 的最大长度,以 μs 为单位。PPDU 是 PLCP 协议数据单元,MPDU 是 MAC 协议数据单元。

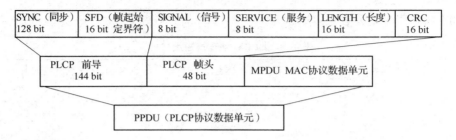

图 4-26　IEEE 802.11 DSSS　PLCP 帧结构

HR/DSSS 长帧 PPDU 格式与 DSSS PLCP 帧结构基本相同。字节含义略有区别:SYNC 域提供收发同步;SFD 为帧起始定界符;SIGNAL 域包含速率编码;有 1 Mbit/s、2 Mbit/s、5.5 Mbit/s、11 Mbit/s 几种;SERVICE 域指示使用的分组二进制卷积码(PBCC)模式、时钟是否锁定、长度扩展;LENGTH 域是本数据帧需要的微秒数。由于以 μs 为单位不能清楚表

宽带接入技术

明字节数量,所以服务域里有长度扩展字段作辅助。HR/DSSS PPDU 还有一种短帧结构,其前导缩短到 72 bit 以减少帧开销,其他与长帧结构相同。

如图 4-27 所示,802.11 红外线物理层帧结构中,SYNC 用于同步,自动增益控制,信噪比评估等,SFD 是帧起始定界符,DR 是数据率,1~2 Mbit/s。LENGTH 指示 PSDU 中的字节数。DCLA 是直流电平调整。CRC 为循环冗余校验,PSDU 由长度可变的字节组成,长度 0~2 500 byte。PSDU 数据使用脉冲位置调制方式(PPM),基本的 L-PPM 调制的时间单位是时隙,长度 250 ns,帧头部分不使用 L-PPM 调制。

PLCP 前导		PLCP 帧头				PSDU
SYNC (同步)	SFD (帧定界符)	DR (数据率)	DCLA (直流电平调整)	LENGTH (长度)	CRC (校验)	PSDU (服务数据单元)
57~73 slots	4 slots	3 slots	32 slots	16 bit	16 bit	可变数量的字节

图 4-27 IEEE 802.11 IR PLCP 帧结构

如图 4-28 所示,802.11 正交频分复用物理层帧结构中,PLCP 前导由 10 个重复的"短训练序列"和 2 个重复的"长训练序列"构成,前者用于 AGC、多样性选择、定时提取和频率粗调,后者用于信道估算和频率细调。前导用于收发同步。SIGNAL 包括 RATE 和 LENGTH,前者为调制类型和编码速率,速率是可变的,后者为字节数。尾码设为 0,用于回到循环编码的 0 状态,用以改善误码性能。服务长 0~6 bit,用于接收机解扰码同步,其他保留。

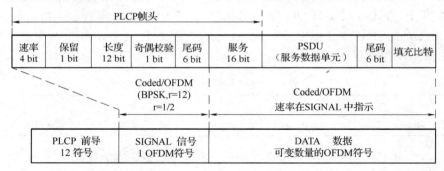

图 4-28 IEEE 802.11 OFDM PLCP 帧结构

填充比特用于保证数据域的比特数是每 OFDM 符号的数据比特数的倍数。数据域是要进行帧同步扰码的数据。

OFDM 物理层主要参数见表 4-8。

表 4-8 OFDM 物理层主要参数

信息速率	6, 9, 12, 18, 24, 36, 48, 54 Mbit/s (20 MHz 通道空间)	3, 4.5, 6, 9, 12, 18, 24, 27 Mbit/s (10 MHz 通道空间)	1.5, 2.25, 3, 4.5, 6, 9, 12, 13.5 Mbit/s (5 MHz 通道空间)
调制	BPSK OFDM QPSK OFDM 16-QAM OFDM 64-QAM OFDM	BPSK OFDM QPSK OFDM 16-QAM OFDM 64-QAM OFDM	BPSK OFDM QPSK OFDM 16-QAM OFDM 64-QAM OFDM
纠错码	$K = 7$ (64 状态) 卷积码	$K = 7$ (64 状态) 卷积码	$K = 7$ (64 状态) 卷积码
编码速率	1/2, 2/3, 3/4	1/2, 2/3, 3/4	1/2, 2/3, 3/4

续上表

子载波数	52	52	52
OFDM 符号持续时间	4.0 μs	8.0 μs	16.0 μs
GI　防卫间隔	0.8 μs	1.6 μs	3.2 μs
占用带宽	16.6 MHz	8.3 MHz	4.15 MHz

（二）MAC 层协议

1. MAC 帧结构

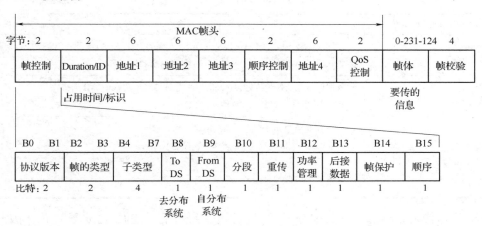

图 4-29　IEEE 802.11 MAC 帧结构

如图 4-29 所示为 MAC 帧结构,其中:

(1)帧控制域中,帧的类型和子类型注明帧的功能。帧类型有三种:控制帧、数据帧、管理帧。每一种又各有子类型。管理帧负责在工作站和 AP 之间建立初始的通信,提供关联和认证等工作;当工作站和 AP 之间建立关联和认证之后,控制帧为帧数据的发送提供辅助功能;数据帧主要功能是传送信息到目标工作站,转交给 LLC 层。数据帧可以从 LLC 层承载特定信息,监督未编号的帧。表 4-9 中的帧类型给出了一些例子。

表 4-9　部分类型与子类型代码的含义

类型值 b3 b2	类型描述	子类型值 b7 b6 b5 b4	子类型描述
00	Management 管理	0000	Association request 关联请求
00	Management 管理	0001	Association response 关联响应
00	Management 管理	0100	Probe 探测
00	Management 管理	0101	Probe 探测
00	Management 管理	1000	Beacon 信标
00	Management 管理	1011	Authentication 认证
00	Management 管理	1001	ATIM 通告业务指示消息
00	Management 管理	1101	Action 动作
01	Control 控制	1011	RTS 准备发送
01	Control 控制	1100	CTS 清除发送
01	Control 控制	1101	ACK 确认

类型值 b3 b2	类型描述	子类型值 b7 b6 b5 b4	子类型描述
10	Data　数据	0000	Data　数据
10	Data　数据	0100	Null　空数据
10	Data　数据	1000	QoS　服务质量

To DS 和 From DS 的含义见表 4-10。

表 4-10　数据帧中的 To/From DS 组合

To DS 和 From DS 的值	含　义
To DS = 0 From DS = 0	在同一 BSS 中，数据帧直接从一个 STA 到另一个 STA，或同一 BSS 中，数据帧直接从非 AP STA 到另一个非 AP STA，管理和控制帧亦同
To DS = 1 From DS = 0	数据帧发往 DS 或数据帧由 STA 发送到与之相关联的 AP 端口。 To DS 为 1，代表是 sta 传给 ds 的数据帧
To DS = 0 From DS = 1	一个数据帧退出 DS 或由 AP 端口发送。 From DS 为 1，代表是 DS 传给 STA 的数据帧
To DS = 1 From DS = 1	数据帧使用四地址格式

分段为 1，代表该帧后边有其他分段；当传送帧受到严重干扰时，必定要重传。因此若一个数据帧越大时，重传所需的耗费（时间、控制信号、恢复机制）也就越大；这时，若减小帧尺寸，把大数据帧分割为若干小数据帧，即使重传，也只是重传一个小数据帧，耗费相对小得多。这样就能提高抗干扰能力。在 RTS/CTS 环境下，用户可以设置在超过帧长门限值的时候进行分段，在超过门限值的时候，无线网卡将会将数据帧分成多个小数据帧。当然作为一个可选项，用户若在一个噪声"干净"地区，可以关闭这项功能。

重传为 1，代表是再次传输的帧。

功率管理代表 STA 的工作模式；可选的节能模式使得用户可以在没有必要传送数据的时候启用从而减少电池能量的消耗。在节能模式下，无线网卡通过 MAC 帧头的相关比特位告诉 AP 自己将进入休眠模式。AP 维护每个站点的休眠模式信息，并将对应的报文缓存。为了能够接收数据帧，休眠的无线网卡必须定期（在正确的时间）的唤醒，来接收 AP 的正常的信标。这些信标将指示是否有报文需要传送到此站点。如果有的话，无线站点则从 AP 上获取数据。当接收完数据后，站点可以继续进入休眠模式。

后接数据（More）当 STA 处于功率节省模式时，该域通知它不止一个 MSDU 要传送给它；

帧保护域，其值为 1 表示帧中的信息已加密，仅在数据帧和认证管理帧中使用。如果可选的 WEP 启用的话，无线网卡在发送数据帧的时候将使用公共密钥对数据加密（不包括帧头），接收站点将采用同样的密钥对数据进行解密。802.11 标准指定了 40 bit 长度的密钥，并且没有制定密钥分发方法，这使得 802.11 无线局域网容易被攻击。尽管如此，802.11i 工作组将 802.1X 和更强的加密结合起来为无线网络提供安全保障。

顺序包括 MSDU 及其分段，按严格顺序传的帧其值为 1。

（2）Duration/ID（占用时间/标识）在控制帧中，包含 STA 的关联 ID 和无线资源被占用的时间（微秒为单位）。这个字节将时间域的划分与帧结构紧密联系起来，保证某一时刻只有一个站点发送数据,实现了网络系统的集中控制。就是所谓 CSMA/CA 通信方式。

(3)地址域,MAC 帧结构中有 4 种地址,用于标识基本服务集(BSS ID)、指示源地址(SA)、目的地址(DA)、STA 发送地址(TA)、STA 接收地址(RA),使得无线网的接入灵活自由,组网方式可依需求多变。BSS ID 在基本结构的 BSS 中,就是当时 STA 使用的 AP 的 MAC 地址。地址的用法见表 4-11 。

表 4-11 802.11 MAC 帧中地址的用法

To DS	From DS	地址 1	地址 2	地址 3	地址 4
0	0	RA= DA	TA= SA	BSS ID	N/A
0	1	RA = DA	TA = BSS ID	SA	N/A
1	0	RA = BSS ID	TA = SA	DA	N/A
1	1	RA	TA	DA	SA

(4)顺序控制用于指出每一分段的顺序。

(5)服务质量控制。

(6)帧体包含要传输的信息。

(7)FCS 是 32 bit 的循环冗余检测码,它由标准的本原多项式来计算。

802.11 MAC 帧中的控制帧有 RTS 帧、CTS 帧、ACK 帧,结构如图 4-30 和图 4-31 所示 。

图 4-30 802.11 MAC 帧中的 RTS 帧

图 4-31 802.11 MAC 帧中的 CTS 帧 / ACK 帧

802.11 MAC 帧中的管理帧主要有:主动扫描时发出的探测请求/响应帧;被动扫描时 AP 发出的信标帧;认证请求/响应帧;关联请求/响应帧;重新关联请求/响应帧(从 ESS 的一个 BSS 漫游到另一个 BSS 需要重新关联,以便新 AP 从旧 AP 取得原来的关联信息)等。管理帧的格式如图 4-32 所示。

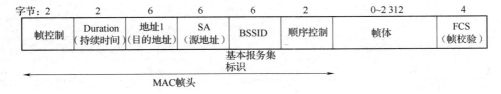

图 4-32 802.11 MAC 帧中的管理帧结构

图 4-32 管理帧中信标帧的信息内容(帧体)见表 4-12 。

表 4-12　信标的信息内容

顺序	信　　息	注　　释
1	Timestamp	时间戳
2	Beacon interval	信标间隔
3	Capability	能力
4	Service Set Identifier (SSID)	服务集标识
5	Supported rates	支持速率
6	Frequency Hopping (FH) Parameter Set	跳频参数集
7	DS Parameter Set	分布系统参数集
8	CF Parameter Set	自由竞争参数集
9	IBSS Parameter Set	独立基本服务集参数集
10	Traffic indication map (TIM)	业务指示映射
11	Country	国家
12	FH Parameters	跳频参数
13	FH Pattern Table	跳频方式表
14	Power Constraint	功率限制
15	Channel Switch Announcement	信道切换通告
16	Quiet	静默
17	IBSS DFS	独立基本服务集动态频率选择
18	TPC Report	发射功率报告
19	ERP Information	物理层扩展速率信息
20	Extended Supported Rates	扩展速率支持
21	RSN	稳定安全网络
22	BSS Load	基本服务集负荷
23	EDCA Parameter Set	增强分布信道接入参数集
24	QoS Capability	服务质量能力
Last	Vendor Specific	厂商说明

管理帧中认证帧的信息内容(帧体)见表 4-13。

表 4-13　认证的信息内容

顺序	信　　息	注　　释
1	Authentication algorithm number	认证算法号
2	Authentication transaction sequence number	认证处理序列号
3	Status code	状态码
4	Challenge text	挑战文本,加密时有密钥,开放系统没有
Last	Vendor Specific	厂商说明

2. MAC 层说明

802.11 标准规定了一个通用的介质 MSDU 访问层,提供了基于 802.11 无线网络操作的多种功能。一般情况,MAC 层用来在 802.11 站点之间通过共享信道上的访问和协议来管理和维护通信。作为网络的大脑,802.11 MAC 层使用了 802.11 物理层,如 802.11b 或 802.11g,来执行载波监听、802.11 帧的传送和接收。

(1)两种接入形式

在传输帧的时候,一个站点首先要获得共享的信道的"使用权"。802.11 标准定义了两种接入形式:分布式协调功能(DCF)和集中式协调功能(PCF),DCF 方式下用户使用信道要"争用",PCF 方式下用户使用信道不需要"争用"。

DCF 基于 CSMA/CA(载波监听多路接入/冲突防止)协议,并且是强制的。在 DCF 方式下,802.11 主机将竞争获取访问权,在某站点发送无线帧的时候,其他站点是不会传输的。如果其他站点需要传输数据,要等到信道空闲才行。

DCF 使用 CSMA/CA 的载波监听机制来监听信道。有线局域网防止各站点无序地争用信道的协议是 CSMA/CD,即载波侦听多路接入/冲突检测。由于无线产品不易检测信道是否存在冲突,因此 802.11 定义了载波侦听多路接入/冲突避免 CSMA/CA 协议。一方面,载波侦听用于查看信道是否空闲,当侦听到信道空闲时,优先发送;另一方面,冲突避免则通过随机的时间等待,使信号冲突发生的概率减到最小。有线局域网用 CSMA/CD 检测冲突的原理是,当数据发生碰撞时,电缆中的电压就会随之发生变化;而无线局域网的 CSMA/CA 采用能量检测(ED)、载波检测(CS)和能量载波混合检测三种方式检测信道是否空闲。为了系统更加稳定,802.11 还提供了带确认(ACK)的 CSMA/CA。遭受噪声干扰或者侦听失败时,信号冲突有可能发生,这种工作于 MAC 层的 ACK 能够保证快速的恢复能力。

DCF 的"随机退避时间"是,如果信道正在被别人使用,站点必须在下一次接入信道之前随机等待一段时间。这避免了多个站点在同一时间接入信道、侦听信道、传输数据的冲突。随机退避时间明显的降低了无线帧冲突的数量,特别是在用户增多的情况下。

无线局域网中,一个发送站点不能在发送数据的时候同时监听冲突,主要是因为站点不能在传输无线帧的时候使接收器开启。所以接收站点如果检测到没有错误,需要发送一个 ACK。如果发送站点在指定的时间后没有收到 ACK,发送站点就假设发生了冲突(或者 RF 干扰),就重传此帧。

为了能够支持数据帧的实时业务传输,802.11 标准定义了一种可选的集中式协调功能(PCF),AP 在竞争空闲期间内对站点进行轮询。站点只有在 AP 轮询到时才能够传输。AP 基于轮询列表来对站点进行轮询,如果站点使用 DCF 的话则切换到竞争方式。这个过程支持同步(如 VoIP)和不同步(如 Email 和 Web 浏览)操作。

(2)RTS/CTS 协议

可选的 RTS/CTS(请求发送/允许发送)功能为 AP 提供了对介质的控制,实现信道的预约。

RTS/CTS 协议主要用来解决"隐藏终端"和"暴露终端"的冲突问题。

如图 4-33 所示,隐藏终端(如终端 C)是指在接收者(如终端 B)的通信范围内而在发送者(如终端 A)通信范围外的终端。站点 A 向站点 B 发送信息,站点 C 未侦测到 A 也向 B 发送,故 A 和 C 同时将信号发送至 B,引起信号冲突,最终导致发送至 B 的信号丢失。

如图 4-34 所示,暴露终端是指在发送者(如终端 B)的通信范围之内而在接收者(如终端 D)通信范围之外的终端。当站点 B 向站点 A 发送数据时,站点 C 也希望向站点 D 发送数据。根据 CSMA 协议,站点 C 侦听信道,它将听到站点 B 正在发送数据,于是错误地认为它此时不能向站点 D 发送数据,但实际上它的发送不会影响站点 A 的数据接收。

宽带接入技术

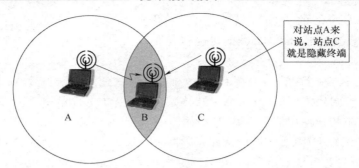

图 4-33　无线网络"隐藏终端"示意图

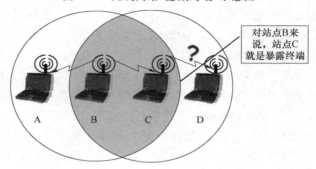

图 4-34　无线网络"暴露终端"示意图

　　网络中,节点 A 有数据要发送给节点 B 时,先发送一个 RTS(准备发送)控制信号给节点 B;B 收到 RTS 后,向所有站点发出 CTS(清除发送)帧信号,表示 A 可以发送,其余站点暂时"按兵不动"。C 监听到 CTS,知道有站点在发送数据,A 和 B 数据传输时间内 C 不会发数据帧。然后 A 向 B 发送数据;当 B 接收完数据后,即向所有站点广播 ACK 确认帧,这样,所有站点又重新平等侦听、竞争信道。由于 RTS 帧长 20 byte,CTS 帧长 14 byte,比最大数据帧长度 2 346 byte要短很多,所以发生冲突可能性很小,最后效果类似于冲突检测,这样通过RTSCTS交互就解决了"隐藏终端"的问题。

　　网络中,节点 B 有数据要发送给节点 A 时,先发送一个 RTS(准备发送)控制信号给节点 A;A 收到 RTS 后,同样向所有站点发出 CTS(清除发送)帧信号,相邻站点如果收到 CTS 则保持安静,不能传输数据。如果只收到 RTS 而没收到 CTS,说明自己在 A 的通信范围之外,可以传输数据。这样也解决了"暴露终端"的问题。如图 4-35 所示。

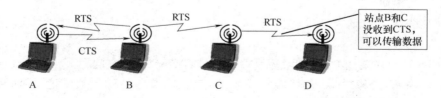

图 4-35　无线网络"暴露终端"解决示意图

　　MAC 帧中的 Duration/ID 字段指示无线资源被占用的时间。作为接入信道的条件,MAC 层要检查网络分配矢量(NAV)的值,它在每个站点中都存在,用来表示前一帧需要发送的时间。发送站点在传输帧之前,根据帧长和传输速率计算发送帧所需的时间,将表示此时间的值放在帧头的 Duration 域中。

如果无线网卡激活了 RTS/CTS，在发送数据帧之前首先发送一个 RTS 帧，AP 将响应一个 CTS 帧，表示可以发送帧数据。在 CTS 帧的 Duration 域中，包含了站点可以发送数据帧的时间。AP 将会保留此时间直到站点发送数据完毕。在 A 和 B 的通信范围内，所有收到 RTS 或 CTS 信号的节点都将停止发送和接收数据，并且将它们的网络配置矢量（NAV）计数器设置为 Duration/ID 字段所对应的时间值；只有当 NAV＝0 时，这些节点才可以再次侦听无线链路。这样，CSMA/CA 通信方式将时间域的划分与帧结构紧密联系起来，保证某一时刻只有一个站点发送，实现了网络系统的集中控制。

（三）无线接入过程

STA（工作站）启动初始化、开始正式使用 AP 传送数据帧前，要经过扫描、认证、关联三个阶段才能接入。

1. 扫描

802.11 站点的传输频率在接入点 AP 上设置，无线站点不设置固定频率，具有自动识别频率的功能。无线站点动态调整自己的工作频率到 AP 设定的频率，这个过程称之为扫描。也就是说，无线网卡可以自动搜索 AP。

如果无线站点 STA 设成 Ad-hoc 模式，STA 先寻找是否已有 IBSS（与 STA 所属相同的 SSID）存在，如有就加入，若无则会自己创建一个 IBSS，等其他站来加入。

如果无线站点 STA 设成基础模式，则有被动扫描和主动扫描两种方式。

被动扫描，是指 STA 被动等待 AP 定时送出的信标帧，信标帧的意思是"我在这里……"。被动扫描是强制的，无线网卡搜索各个信道来发现最好的信号。AP 每隔一段时间就发送信标，信标中包含了 AP 的相关信息，如服务集标识符（SSID）、支持的速率等。无线网卡在扫描的时候接收此信标并记录相应的信号强度，然后使用这些信息和信号强度进行比较，从而决定使用哪个 AP。被动扫描方式的特点是找到 AP 花的时间较长，但 STA 节电。

主动扫描，是指 STA 依次在 11 个信道广播探测请求帧，寻找与 STA 有相同 SSID 的 AP，若找不到则一直扫描下去。无线站点发出一个探测请求后，接入点 AP 回送一个包含频率信息的响应，无线站点就切换到给定的频率。802.11 采用的是主动扫描，并且能结合天线接收灵敏度，以信号最佳的信道确定为当前传输信道。这样当原来位于 A 点 AP 覆盖范围内的无线站点漫游到 B 点 AP 时，无线站点能"自适应"，重新以 B 点 AP 为当前接入点。主动扫描使得无线网卡不需要经过一个信标传输时间而直接从 AP 获取响应，特点是能迅速找到 AP，但因为额外的探测和响应报文增加了传输开销。

2. 认证

认证实际上就是提供"证明"的过程，802.11 标准中指定了两种形式的认证：开放系统认证和共享密钥认证。开放系统认证是强制的，包含了两个步骤：一个无线网卡首先通过发送认证请求帧到 AP 来初始化此过程，AP 则在响应帧的状态编码中设置同意或者拒绝的信息。共享密钥认证是可选的，包含了四个步骤。这是基于 WEP 密钥的认证方式。无线网卡首先发送认证请求帧到 AP 上，AP 在接下来的响应帧中包含挑战码。无线网卡使用 WEP 密钥对此挑战码进行加密并发送到 AP 上，AP 将此密钥解密并与原来的挑战码进行比较。如果结果相同则 AP 认为无线网卡有着同样的密钥。AP 通过发送认证成功或者失败的帧来完成此过程。

WLAN 设备本身的发射功率很小，小于 35 mV，而且还被扩展到 22 MHz 带宽，平均能量很低，同时不存在频率单一的载波，因此很难被扫描跟踪，这些是物理上的安全机制。为解决

宽带接入技术

WLAN 的安全问题,IEEE 802.11 协议还在软件上采用了域名控制、访问权限控制和协议过滤等多重安全机制,包括有线等效保密协议(WEP)、开放式系统认证和共享密钥认证等。

3. 关联

一旦认证成功,无线网卡将切换到所选择的无线 AP 的指定通道,开始协商端口的使用。这称为建立关联。无线网卡在发送数据帧之前必须要和某个 AP 关联。无线网卡发送关联请求帧,其中包含了 SSID 和支持的速率等信息;AP 回送关联响应帧,其中包含关联的 ID 以及AP 的其他信息。一旦无线网卡和 AP 完成关联过程,双方就可以互相发送数据帧了。

如果无线 AP 的信号强度太低,出错率太高,在操作系统(如 Windows XP)的指示下,无线网卡将扫描其他无线 AP,以确定是否有更强的信号或更低的出错率。如果找到了,无线网卡将切换到该无线 AP 的频率,然后开始协商端口的使用。这称为重新关联。

与另一个 AP 重新建立关联的原因有,信号可能随着无线网卡远离 AP 而减弱,或者 AP因为流量太高或干扰太大而变得拥堵。切换后,数据净负荷分散到了其他无线 AP 上,从而提高其他无线客户端的性能。通过设置无线 AP,可以实现信号在大面积区域内的连贯覆盖,而信号区域只有轻微重叠。随着无线客户端漫游到不同的信号区域,就能与不同的无线 AP 关联或重新关联,同时维持对有线网络的连续的逻辑连接。

主动扫描无线接入过程如图 4-36 所示。

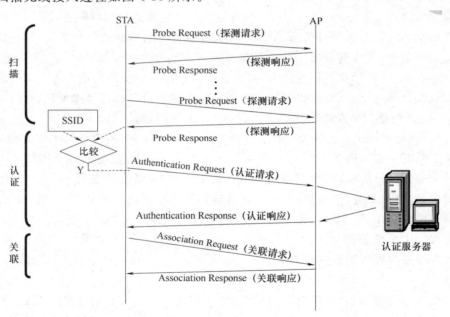

图 4-36 主动扫描无线接入过程示意图

四、WLAN 设备配置与组网

1. 设备配置

在家庭或小型办公室网络中,通常是直接采用无线路由器来实现集中连接和共享上网,因为无线路由器同时兼备无线 AP 的集中连接功能,它通常是即插即用设备,就像有线网络中的集线器或交换机一样,不需安装任何驱动程序。它的配置基本都是 Web 方式,直接点击浏览器图标进入配置界面。以某公司的某型号无线路由器为例,配置过程如下:

（1）用一根直通双绞线一头插入到无线路由器的一个 LAN 端口上（注意：不是 WAN 端口），另一头插入到计算机的 RJ-45 网口上。

（2）连接并插上无线路由器、计算机电源，开启计算机进入 Windows 2000/XP 系统。在 IE 浏览器地址栏中输入厂家配置的无线路由器 IP 地址：192.168.1.1 后打开身份验证对话框。

（3）在身份验证对话框中的"用户名"和"密码"两文本框中都输入管理无线路由器的初始用户账户信息 admin。单击"确定"按钮进入配置界面，如图 4-37 所示。界面左侧有运行状态、设置向导、网络参数、无线设置、DHCP 服务器、转发规则、安全设置、路由功能、动态 DNS、系统工具多项菜单，每一项都可以打开出现对应的选择界面。

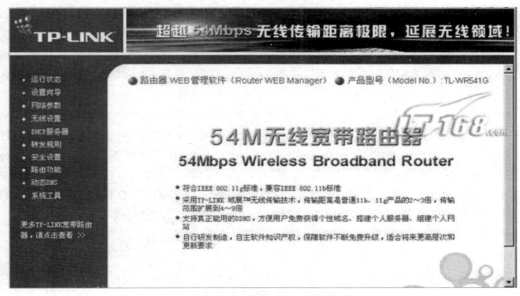

图 4-37　某型号无线路由器配置界面

（4）在"设置向导"中首先要输入上网账号和上网口令，这是申请开通 ADSL 时电信公司之类的网络提供商方面提供的。无线路由器不能单独存在，它只负责无线接入和少量的几个端口的交换，要连到 Internet 必须和某种有线网络配合使用，所以要指定一种上网方式。该公司的这款无线路由器支持三种上网方式，即虚拟拨号 ADSL、动态 IP 以太网接入和固定 IP 以太网接入，不支持专线的 ADSL 和有线电视网（同轴电缆 Modem）接入。

一般家庭采用 ADSL 虚拟拨号上网时，选择"ADSL 虚拟拨号（PPPoE）"单选项。

如果选择的是"以太网宽带，自动从网络服务商获取 IP 地址（动态 IP）"单选项，会直接进入到下一步。

如果选择的是"以太网宽带，网络服务商提供的固定 IP 地址（静态 IP）"单选项，则要为专线以太网接入方式配置 IP 地址、子网掩码、网关、DNS 服务器地址等设置。

（5）"设置向导"中的"无线设置"进行的就是无线接入点 AP 的设置。

首先，要在"无线功能"下拉列表中选择"开启"选项，开启它的无线收、发功能。

然后，在 SSID 号后面的文本框中输入一个"SSID 号"。SSID 用来区分不同的 WLAN 网络，通常由 AP 广播出来，用 XP 系统自带的扫描功能可以看到当前区域内的 SSID。可以选择广播/不广播 SSID，不广播时用户就要手工设置 SSID 才能进入相应的网络。简单地说，SSID

就是一个无线局域网的名称,只有设置为名称相同 SSID 的值的计算机(该网络中的所有客户端)才能互相通信。

"频段"选项:54 Mbit/s 的 IEEE 802.11g 网络中提供了 13 个频段,主要是为了使不同 AP 网络不发生冲突,不同 AP 网络的频段不能一样。802.11b/g 网络只有三个不重叠的频段 1,6,11,可优先选择,如果只有一个 AP,就可以随便选择了。

"模式"选项:下拉列表中选择"54 Mbit/s(802.11g)"选项,因为它兼容 IEEE 802.11b 标准,使两种模式的设备都能使用。

这样就完成了无线路由器的基本配置。进一步的配置还有:

点开配置界面中"无线设置"后,在"安全认证类型"下拉列表中有三个选项:自动选择、开放系统和共享密钥。为了安全起见选择"共享密钥"选项,然后在"密钥格式选择"下拉列表中选择一种密钥格式,有"ASCⅡ码"和"16 进制"两种选择,"ASCⅡ码"格式就是通常所用的字符串,而"16 进制"就是则 0 和 1 组成的数字串。在此选择"ASCⅡ码"选项,然后在下面的对应密钥项中的"密钥类型"下拉列表中选择密钥位数。如果选择 64 位,只需输入 5 个 ASCⅡ码字符;如果选择 128 位,则要输入 10 个 ASCⅡ码字符,最好采用这一强度。

点开配置界面中"DHCP 服务器"后,如果不为各用户配置静态的 IP 地址,直接可采用 DHCP 服务功能为连接的各 PC 机自动分配 IP 地址(选择"启用")。系统默认的是启用DHCP 服务,并且配置的 IP 地址为 192.168.100~192.168.1.199,还可重新配置网关、DNS 服务器等选项。要更改可重新配置,然后单击"保存"按钮保存设置。如果要为各用户指定固定 IP 地址,就在"静态地址分配"界面进行配置。不过,此时先要知道对应计算机网卡的 MAC 地址,然后一一对应地配置 IP 地址,实际上是 IP 地址与 MAC 地址的绑定,这种方式比较安全。

该路由器自带防火墙,可以在"安全设置"选项中选择"开启防火墙"。其他过滤选项一般不用配置。

单击界面中的"重启路由器"选项,在出现的界面中再单击"重启路由器"按钮,重新启动路由器,使以上路由器设置全面生效即可完成无线路由器端的配置。

2. WLAN 组网

无线网的应用很广,当布线有困难,或当租用专线感到太贵和不方便时,就可以考虑使用无线网。在 802.3 标准中,MAC 帧中只有两个 MAC 地址,分别是源地址和目的地址;而在 802.11 标准中,MAC 帧中有四个 MAC 地址,配合控制字段中的两个控制位选择,能够表示源地址、目的地址、中转地址和扩展地址,使得无线网的接入灵活自由,组网方式可依需求多变。具体组网方式有对等、接入、中继等几种。

对等(P2P)方式下的局域网,不需要单独的具有总控接转功能的接入设备 AP,所有的站点都能对等地相互通信。工作模式是 Ad-hocDemoMode。在 Ad-hocDemo 模式的局域网中,一个站点会自动设置为初始站,对网络进行初始化,使所有同域(SSID 相同)的站点成为一个局域网,并且设定站点协作功能,允许有多个站点同时发送信息。这样在 MAC 帧中,就同时有源地址、目的地址和初始站地址。目前,这种模式采用了 NetBEUI(网络 BIOS 扩展用户接口)协议,不支持 TCP/IP,因此较适合未建网的用户,或组建临时性的网络,如野外作业、临时流动会议等。NETBEUI 是非路由协议,缺乏路由和网络层寻址功能,正因为它不需要附加网络地址和网络层的帧头帧尾,所以能快速、有效的联网,适用于只有单个网络或整个环境都桥接起来的小工作组环境。

单接入点方式中的 AP 相当于有线网络中的集线器,形成星形网络结构。以 AP 为中心,所有的站点通信要通过 AP 接转,相应地在 MAC 帧中,同时有源地址、目的地址和接入点地址。通过各站点的响应信号,接入点 AP 能在内部建立一个像"路由表"那样的"桥连接表",将各个站点和端口一一联系起来。接转信号时,AP 通过查询"桥连接表"进行。由于 WLAN 的 AP 有以太网接口,这样,既能以 AP 为中心独立建一个无线局域网,也能以 AP 作为一个有线网的扩展部分。AP 通过网口与有线网络相连,使整个无线网的终端都能访问有线网络的资源,并可通过路由器访问因特网,如图 4-38 所示。

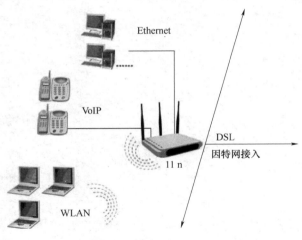

图 4-38　WLAN 单接入点工作方式

　　当网络规模较大,可以采用多个接入点分别与有线网络相连,从而形成以有线网络为主干的多接入点的无线网络。所有无线站点可以通过就近的接入点接入网络,访问整个网络的资源,从而突破无线网覆盖半径的限制,如图 4-39 所示。

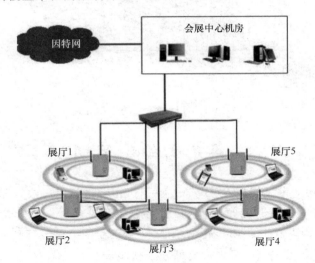

图 4-39　WLAN 多接入点工作方式

　　当某些信息点的分布范围超出了单个接入点的覆盖半径,可以采用两个接入点实现无线中继,以扩大无线网络的覆盖范围。中继方式是以两个 AP 点对点(P2P)链接。由于独享信道,较适合两个局域网的远距离互连(架设高增益定向天线后,传输距离可达到 50 km),局域网既可以是有线,也可以是无线。因为 WLAN 采用中继方式的组网模式多种多样,所以统称为无线分布系统(DS)。正是在这种模式下,MAC 帧使用了四个地址,即源地址、目的地址和中转发送地址和中转接收地址。接入点可以作为无线网和有线网之间的桥梁,如图 4-40 所示。

　　在一个大楼中或者在很大的平面里面部署无线网络时,可以布置多个接入点构成一套微蜂窝系统,这与移动电话的微蜂窝系统十分相似。微蜂窝系统允许用户在不同的接入点覆盖区域内任意漫游,而且整个漫游过程对用户是透明的,如图 4-41 所示。

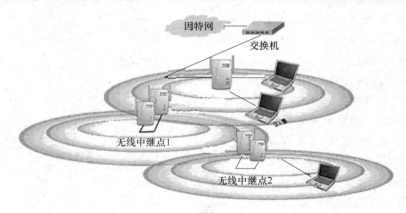

图 4-40　WLAN 中继工作方式

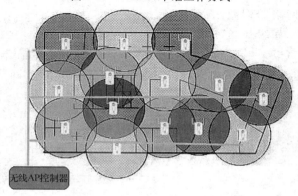

图 4-41　WLAN 微蜂窝系统工作方式

第三节　无线城域网（WMAN）

WLAN 用于室外的宽带无线接入（BWA）应用时，在带宽和用户数方面受到限制，同时还存在着通信距离不够等其他一些问题。因此 IEEE 制定了一组针对高容量城域网（MAN）的通信标准 802.16，也称为 WirelessMan 或 WiMAX（微波接入全球互通）。

根据使用频段高低的不同，802.16 系统可分为视距和非视距两种，其中使用 $2\sim11$ GHz 频段的系统应用于非视距范围，而使用 $10\sim66$ GHz 频段的系统应用于视距范围。根据是否支持移动特性，IEEE 802.16 标准系列又可分为固定宽带无线接入空中接口标准和移动宽带无线接入空中接口标准，其中的 802.16、802.16a、802.16d 属于固定无线接入空中接口标准，而 802.16e 属于移动宽带无线接入空中接口标准。

一、802.16 标准简介

WiMAX 设备可以在"最后一英里"宽带接入领域替代同轴电缆 Modem、xDSL 和 T1/E1，也可以为 802.11 热点提供回传。它特别适合传递高突发性的数据，其 MAC 结构同时支持实时的多媒体和同步应用，这意味着也特别适合于宽带无线传输。相比较而言，WLAN 的特点是便携性，定位于热点地区的移动高速数据接入（不支持高速移动性），主流应用是商务用户在酒店、机场等热点使用便携计算机上网浏览或访问企业的服务器；而 WiMAX 在 Wi-Fi 系统基础上同时进行了距离和 QoS 的扩展,在用户终端和基站(BTS 基站收发信台)之间允许非视距的宽带连接,一个基站可支持数百上千个用户,在可靠性和 QoS 方面提供电信级的性能。WiMAX 技术可以覆盖几十千米,提供近 70 Mbit/s 的单载波速率,并且具备支持漫游、移动的潜力,具有广泛的应用前景。

WiMAX 物理层所采用的技术是 MIMO-OFDM/OFDMA。OFDM 也称正交频分复用,其基本原理是将高速数据流转换成并行的低速数据流,并将数据流交织编码调制到正交的子信道上进行传输,因此频谱利用率高。OFDMA 又称正交频分多址,与 FDMA 类似,利用频率的不同将同一小区的多个用户区分开来,只不过频率之间是"正交"的。OFDMA 可以进一步提高频谱利用率,还可以灵活地适应带宽要求。

建立 802.16 标准的初衷是为了支持宽带语音、数据、视频流"全业务"。因此在同一信道上,WiMAX MAC 层不但要支持误码率敏感的突发性数据业务,同时还要支持时延敏感的视频流以及语音业务。在 WiMAX 的 MAC 层中,QoS 参数定义了该业务流的传输顺序和调度优先级,从而保证了不同业务的质量要求。802.16 和 802.16e 的工作频段和关键技术参数见表 4-14 。

表 4-14　802.16 和 802.16e 工作频段和关键技术参数

参数	802.16	802.16e
使用频段	10~66 GHz,不小于 11 GHz 许可或免许可频段	不小于 6 GHz 许可频段
信道条件	视距＋非视距	非视距
固定/移动性	固定	移动＋漫游
调制方式和子载波数 2048 OFDMA	256 OFDM(BPSK/QPSK/ 16QAM/64QAM) 256 OFDM(BPSK/QPSK/ 16QAM/64QAM)128/512/1024/2048 OFDMA	
信道带宽	1.25~20 MHz	1.25~20 MHz,例如:1.25 MHz/128FFT,5 MHz/512FFT,10 MHz/1024FFT,20 MHz/2048FFT
峰值速率	75 Mbit/s/20 MHz 信道带宽	15 Mbit/s/ 5 MHz 信道带宽
小区间切换	不支持	支持
QoS	支持 4 种 QoS 等级:UGS、rtPS、nrtPS、BE	支持 5 种 QoS 等级:UGS、rtPS、扩展 rtPS、nrtPS、BE
节电模式	不支持	支持空闲和休眠模式
额定小区半径	5~15 km	几公里
双工方式	FDD 或 TDD	
信道编码	卷积码、块 Turbo 码、卷积 Turbo 码、LDPC 码	
链路自适应	AMC、功率控制、HARQ	
增强型技术	智能天线、空时码、空分多址、宏分集(16e)、Mesh 网络拓扑	
接入控制	主动带宽分配、轮询、竞争接入相结合	

在高速宽带无线接入系统里,存在多径衰落、阴影、时间选择性衰落、频率选择性衰落和路径损耗等多种不利因素的影响,信道的状况差、变化又很快,因此 WiMAX 采用了很多先进的技术,提高系统的总体性能,保证无线传输的可靠性和高吞吐量。

OFDM 技术允许子载波频谱部分重叠,只要满足子载波间相互正交就可以从混叠的子载波上分离出数据信息。提高了频谱效率;OFDM 把高速数据流通过串并转换,将高速数据码流变成低速数据码流,然后同时调制到各个子载波上使每个比特数据的持续时间的长度增加,从而大大减少传输的误码率。这种方式在宽带无线通信中叫 OFDM,在有线环境中则是 DMT。

自适应调制与编码(AMC)是一种根据信道状况的变化动态地自适应改变调制及编码方式的技术。链路自适应的基本出发点是,在信道条件较好的情况选择较高进制的调制方式和编码率来提高传输速率,如处于小区中心的用户信号较好,就分配给高阶的调制或编码速率(例如 64-QAM、3/4 码率 Turbo 码);在信道条件较差的情况下使用较低进制的调制方式和编码率来提高链路的可靠性,如处于小区边缘的用户信号较差,就分配低阶的调制或编码速率(例如 QPSK、1/2 码率 Turbo 码)。信道情况可以通过快速信道状态反馈信道进行估计。具体应用中究竟采用何种编码调制方式,取决于数据业务本身需求和实际信道状况。

Turbo 码是两个简单分量码(增强汉明码或奇偶校验码)通过伪随机交织器并行级联构造的具有伪随机特性的长码,有着极强的纠错能力,是目前最为高效的编码方式之一;卷积码(CC)将 k 个信息比特编成 n 个 bit,编码后的 n 个码元不仅与当前段的 k 个信息有关,还与前面的 N-1 段信息有关,编码过程中互相关联的特性使卷积码的纠错性能很强。卷积 Turbo 码(CTC)、块 Turbo 码(BTC)、零尾卷积码(ZT-CC)是其变种。低密度奇偶校验码(LDPC)也是一种很好的纠错码。

混合自动重传(HARQ)系统综合了自动请求重发(ARQ)和前向纠错(FEC)两种方法的优点。首先,发送的码字不仅能检测出错误,还具备一定的纠错能力;其次,接收端在超出纠错能力的情况下,才通知发送端重发。这在一定程度上避免了 ARQ 通信迟滞性和 FEC 的译码复杂性的缺点,有较高的可靠的传信率。WiMAX 802.16e 实际使用了两种模式 HARQ,分别为分集合并和递增冗余。重发的数据帧与原数据帧完全相同,收端把每个包中的对应比特一一相加,再送入译码器,这种合并方式称为分集合并。如果信道条件恶劣,合并相同的数据帧也不能保证接收端的正确接收,那么可以采用递增冗余技术(IR)。每次重发的数据帧采用包含更多纠错码的编码方式,因而含有更多的冗余信息量,此时在接收端对每次发送的包进行编码合并输出译码结果。这两种 HARQ 都从接收端保留错误的数据帧与重发的包进行合并后解码,所以获得额外的编码增益。

MIMO(多入多出),指利用多发射、多接收天线进行空间分集的技术,它采用分立式多天线,将通信链路分解成为许多并行的子信道,如图 4-42 所示。

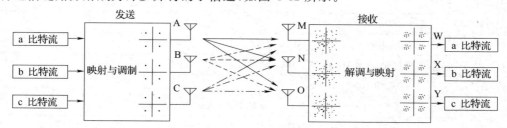

图 4-42　多输入—多输出天线示意图

MIMO 技术在通信链路两端均使用多个天线,发端将信源输出的串行码流转成多路并行子码流,分别通过不同的发射天线阵元同频、同时发送,接收方则利用多径引起的多个接收天线上信号的不相关性从混合信号中分离估计出原始子码流。除了可以提高信道的容量,同时也可以提高信道的可靠性,降低误码率。前者利用 MIMO 信道提供的空间复用增益,后者利用 MIMO 信道提供的空间分集增益。MIMO 智能天线技术利用多天线来抑制多径信道衰落和信号干扰,可在现有的频宽条件下成倍的提高通信系统的容量和频谱利用率。在 WiMAX 802.16e 里支持两种模式的 MIMO,分别空时编码模式(STC)和空分复用模式(SM)。

空时码 STC 可以提供高阶(空间)发射分集。分集发射通过在多个天线上传输信号,从而提供"线路备份",使传输路径更加稳定。在这种情况下,相同的信息必须首先转换为不同的 RF 信号以避免相互干扰。

空分复用(SM)允许发射器把用户的数据转换为不同的部分然后通过多条路径并行发送出去,以提升网络的容量。天线数量越多,频道容量越高。空分复用模式需要非相关多路径。如果两个空间位置相隔十个无线信号波长以上,就可以认为该两处的信号是完全不相关的。

在无线通信中,宏分集是指使用多个发送天线或者多个接收天线传送相同信号的情形,这些天线之间的距离比波长大得多。在蜂窝网络或无线局域网中,这些天线可以位于不同的基站或接入点。宏分集的目的是为了对抗衰落,增加接收信号强度。

二、802.16 系统构成

IEEE 802.16 的作用就是在用户站点同核心网络之间建立起一个宽带的无线的通信路径,这个核心网络可以是公用电话网络也可以是 Internet 网。802.16 标准所关心的是用户收发机同基站收发机之间的无线接口。如图 4-43 所示为系统参考模型。

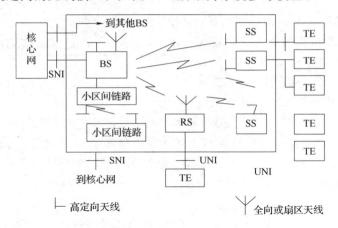

图 4-43　IEEE　802.16 系统参考模型

IEEE 802.16 标准规定了一个包含两个核心组件的系统:用户站点(SS)或用户端设备(CPE)和基站(BS)。一个基站和一个或多个用户站点可以构成一个点到多点(P2MP)结构的小区。在无线通信过程中,基站控制小区内部的所有通信活动,包括任何用户站点接入无线通信网络、指配相应的服务质量(QoS)等级和根据网络安全机制管理网络。

OFDM 通信系统框图如图 4-44 所示,各部分作用不再赘述。

三、802.16 协议

IEEE 802.16 协议只规定了 MAC 层及物理层结构,如图 4-45 802.16 协议参考模型。

物理层分为传输汇聚子层(TC)和物理介质相关子层(PMD)。TC 层负责把收到的 MAC PDU 封装成 TC　PDU ,并执行接入竞争方案和控制同步逻辑,PMD 层具体执行信道编码、调制解调等一系列过程。

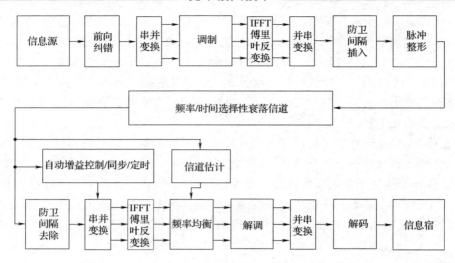

图 4-44 IEEE 802.16 OFDM 通信系统示意框图

IEEE 802.16 MAC 层分为特定业务汇聚子层(CS)、MAC 公共部分子层(MAC CPS)、加密协议子层(Privacy)三个子层。

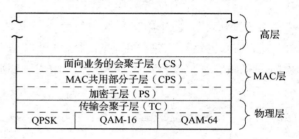

图 4-45 IEEE 802.16 协议栈结构

1. 汇聚子层(CS)

IEEE 802.16 MAC 是面向连接的,CS 的任务是将上层业务和适当的 MAC 连接对应起来,确保不同业务的 QoS。CS 子层的主要作用是业务分类,即每个进入 802.16 网络的数据帧都要根据业务分类规则映射成为连接,每个"连接"以 CID 标识,从而了解"是谁请求的带宽",并且连接是随着业务流的变化而动态建立和拆除的。用这种基于连接的机制提供 QoS 保障。CS 子层对于特定业务还可以进一步处理,比如对于 IP 语音(VoIP)业务,CS 子层支持净负荷头压缩(PHS),对高层中重复的 IP 头进行压缩后提高了传输效率。

2. 公共部分子层(CPS)

IEEE 802.16 MAC 层支持点到多点(P2MP)和格状网(Mesh)两种网络拓扑结构。P2MP 结构下,下行方向只有基站发送,上行带宽由多个用户站共享,基站同时负责上行 和下行带宽资源分配,每帧的分配结果体现在下行映射(DL-MAP)和上行映射(UL-MAP)结构中。用户站根据 DL-MAP 和 UL-MAP 的规定接收和发送数据/管理信令。Mesh 模式则允许不同用户站之间不通过基站直接通信。

MAC CPS 子层是 MAC 层的核心,在 CPS 中实现了 IEEE 802.16 与组网相关的绝大部分功能,包括系统接入、带宽分配、连接建立、连接维护,还有帧结构定义、MPDU 的组成与发送、自动重发请求(ARQ)、调度服务、物理层支持、竞争解决、入网与初始化、校准(测距)、信道描述符的更新、多播连接的建立、QoS 等。

3. 安全子层(PS)

PS 提供基站和用户站之间的保密性,它包括两个部分:一是加密封装协议,负责空中传输的分组数据的加密;二是密钥管理协议(PKM),负责基站到用户站之间密钥的安全发放。

由于 IEEE 802 系列协议只定义了物理层和 MAC 层协议,所以 WiMAX 借鉴蜂窝网络的鉴权和计费等功能来保证安全。

802.16 MAC 协议是专门针对 P2MP 无线接入环境而设计的,面向连接,为了将服务对应到用户站 SS,并对应到不同级别的 QoS,所有的数据通信都基于一个连接。

MAC 层负责将数据组成帧来传输,对用户接入共享无线介质进行控制。MAC 层的核心问题是在相互竞争的用户之间如何分配信道。

（一）IEEE 802.16 物理层

物理层协议主要是关于频率带宽、调制模式、纠错技术以及发射机同接收机之间的同步、数据传输率和时分复用结构等方面的规定。对于从用户到基站的通信,802.16 标准使用的是按需分配多路寻址－时分多址 DAMA-TDMA 技术;DAMA 是一种根据多个站点不同的容量需要而动态地分配信道容量的技术;TDMA 是时分多址技术,它将一个信道分成一系列的帧,每个帧都包含很多时隙,它可以根据需要为每个站点在每个帧中分配一定数量的时隙来组成站点的逻辑信道。通过 DAMA－TDMA 技术,每个信道的时隙分配数量可以动态地改变,这是为了保证上层 QoS 服务。

带宽请求和分配这样进行,在固定宽带无线接入系统中,各用户站采用 TDMA 方式共享上行信道,用户站首先提出带宽请求（有单独请求和捎带请求两种方式）,向基站上报业务量信息,基站根据整个系统的业务量来分配空中带宽资源。基站控制每个时隙的使用情况,一些时隙分配给特定的用户站传输数据,还有一些竞争时隙用于所有的用户站申请带宽,其他的时隙用于新的用户站接入网络。

IEEE 802.16.1 规定每个单独信道的数据传输速率范围为 2～155 Mbit/s,能提供数字音频/视频广播、数字电话、异步传输模式（ATM）、因特网接入、电话路由的无线中继和帧中继等业务。

1. 工作频段与调制方式

IEEE 802.16 物理层的工作频段有两个:

(1)10～66 GHz,这个频段内的电磁波波长在毫米波段,波的能量易被地面和建筑物吸收,因此要求发射天线和接收天线之间不能有障碍物,即所谓视距传输,同时传输信号还易受雨衰等影响,覆盖面积较小。但该频段频率资源丰富,分配的频段宽,系统容量大。IEEE 802.16 对这个频段的物理层规范是 WMAN_SC,采用单载波调制技术。

(2)2～11 GHz,该频段包含要许可证和免许可证两种频谱资源,为支持非视距传输而出现。频段内的电磁波较长,发射天线和接收天线不必视距传输,因此多径干扰问题突出。此外,许多别的无线设备也工作在此频段内,例如蓝牙系统、无线局域网,如何与这些设备和平共处而不增加相互的干扰,也是一个需要解决的问题。考虑到系统工作的物理环境,该频段支持三种物理层规范:

① WMAN-SCa

采用单载波自适应调制策略,下行链路使用点对多点的广播方式进行信号传输,基站（BS）给管内所有的用户站（SS）发射 TDM 信号,目标用户站检测到分配给自己的时隙则启动信号的接收。在上行链路采用 TDMA 方式。

② WMAN-OFDM

采用 256 点变换的正交频分复用（OFDM）调制技术,下行采用 TDM 方式,上行接入采用 TDMA＋OFDMA 作为多址方式。

③ WMAN-OFDMA

采用 2048 点变换的 OFDM 调制技术。通过为每个接收机分配一组子载波来实现多址传输，上下行都采用 TDMA＋OFDMA 作为多址方式。考虑到非视距(NLOS)特性,采用了自适应天线系统(AAS),自动重传请求(ARQ)以及动态频率选择(DFS)等技术。

WMAN-SC 规定的单载波调制方式,可以采用 QPSK 和 16/ 64 QAM。WMAN-SCa 的调制方式最多,有 B/QPSK、16/ 64/ 256QAM。WMAN-OFDM 每个子载波的调制方式可支持 B/QPSK、16/64QAM。WMAN ＿ OFDMA 每个子载波的调制方式可为 QPSK、16Q/64QAM。

物理层定义了两种双工方式:TDD 和 FDD。TDD 方式下,先发送下行链路子帧,然后发送上行链路子帧,即上、下行链路子帧交替发送;FDD 方式下,上、下行链路子帧同时发送。这两种方式都使用突发数据传输格式,支持自适应的突发业务数据,传输参数(调制方式和编码方式和发射功率等)可以动态调整,但是需要 MAC 层协助完成。

物理层发送 MAC 层将协议数据单元(PDU)串联成的突发数据块。用户站通过测距过程进行功率、时延和频偏的调整。

2. WMAN-OFDM

WMAN-OFDM 规范支持点到多点(P2MP)和网状(Mesh)两种网络结构,相应的帧结构也有两种。Mesh 帧结构在此不作介绍,P2MP 信号帧结构有 TDD 和 FDD 两种。

(1)TDD

TDD 帧结构包括基站与用户站之间传输物理层 PDU(就是数据帧)的时间,发送/接收转换间隔(使基站有时间进行从发到收的切换)和保护间隔。

在 TDD 方式中,为了灵活应用时间资源,IEEE 802.16 将时间资源进行分割,通过时间区分上行和下行,上行和下行的切换点可以自适应调整。每个物理帧长度固定,由 n 个物理时隙组成,下行在先,是广播的;上行在后,是用户站(SS)发向基站(BS)的。这样,资源的调度和分配可以在基站上集中控制,杜绝了上行方向上的竞争。

如图 4-46 所示为采用 WMAN-OFDM 模式的 TDD 系统帧结构示意图。帧分为上、下行子帧。

图 4-46 中,下行子帧由前导(导频)、帧控制头部(FCH)和一些突发数据组成。下行子帧中包含一个或多个突发数据,每个突发数据有不同的调制编码方式,按照稳定性递减的顺序发送。

前导用于物理层收、发之间同步。

帧控制头 FCH 规定了紧随其后的突发数据的属性和长度。它包含的下行链路帧前缀(DLFP),指示了每个用户站的下行数据位置和上行发送时刻,实现了无线信道的共享访问。DLFP 相当于专用一个信道,用于传输管理信息和指示信息。

广播消息中包含上/下行链路分配映射表 DLMAP/ULMAP 和上/下行信道描述符DCD/UCD。

DLMAP 和 ULMAP 规定了上、下行子帧中的详细控制信息。如下行链路子帧中各个突发的访问方式,上行链路子帧 SS 的接入方式、上、下行调制编码方式、起始时间和长度等。

DCD 描述下行信道,如基站发送功率、物理规范类型、帧长等。

UCD 描述上行信道,例如前导长度、用户站发送间隔 SSTG 等。

在点对多点方式中,由基站(BS)向所有的用户站周期性广播 DLMAP、ULMAP、DCD、

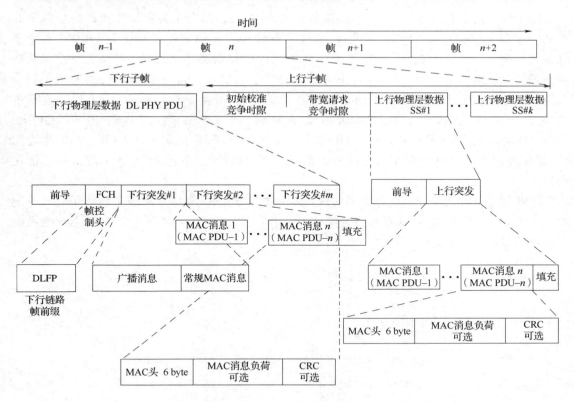

图 4-46　IEEE 802.16 OFDM 点对多点的 TDD 帧结构

UCD,告诉大家后面的下行数据都是哪个用户站的,其调制编码方式是怎样的,本帧的上行时间是怎么分配的,用什么样的调制编码方式发送,当前上下行信道的特性参数是怎样的。用户站在监听到每一帧的广播信息之后,就知道该在什么时刻接收数据,以什么样的速率和调制编码方式处理接收到的数据;同样用户站也知道该在什么时刻发送数据,以什么样的参数发送。而在该用户站不接收或不发送的时间段内,就可以转入功率节省状态。

上/下行链路映射表、上/下行链路信道描述以及其他描述帧内容的广播消息都在第一个突发的开头发送,剩余的下行链路子帧由各个用户站的数据突发构成。

每个上行子帧中的物理层协议数据单元是一个上行突发,按照用户站指定的调制编码方式发送。

在 TDD 方式下为了有效利用时间资源,基站必须对用户站的信道访问时机进行统一的调度。基站通过上行调度,控制各个突发在帧中的位置、顺序、所占用的资源等等。基站给用户站分配时间或带宽的前提是用户站已经成功注册进入网络,而用户站在进入网络之前,网络是不会给用户站分配时隙的。为了提供一个用户站进入网络的入口,在上行子帧周期的起始时刻,IEEE 802.16 提供了两个竞争时隙:初始校准竞争时隙和带宽请求竞争时隙。在这两个时隙内,已入网用户站不会在这两个时隙内发送数据。调度信息通过 ULMAP 告知各个用户站,所有没有入网的用户站只要解开 ULMAP,就知道竞争时隙的时刻,而后就可以在竞争时隙内发起入网过程,在基站分配的访问时隙中发送数据。

(2)FDD

FDD 方式下上、下行帧结构与 TDD 几乎相同,只是分别用不同频率上、下行同时传输。

3. WMAN-OFDMA

OFDMA 的子载波有三类,用于传输数据的数据子载波,用于各种参数估计的导频子载波和用于防卫带和直流(DC)的空载波(在无线传输中存在的频率偏移会使 OFDM 系统子载波之间的正交性遭到破坏,所以需要一些导频信号提供初始的相位参考,便于检测载波频率偏差及进行校正)。OFDMA 在下行链路上和上行链路上都将数据子载波进一步划分为不同的组,称为子信道,每个子信道包括若干子载波,分配给一个用户(一个用户也可占用多个子信道)。每个子载波采用独立的编码、调制和振幅,调制有 BPSK、QPSK、16Q/64QAM,信道编码有卷积码(CC)、卷积 Turbo 码(CTC)、块 Turbo 码(BTC)、零尾卷积码、低密度奇偶校验码(LDPC),支持多达 25 种编码调制方式组合,以便基于信道条件优化网络资源。

子载波可以按两种方式组合成子信道:集中式和分布式,集中式将若干连续子载波分配给一个子信道(用户),分布式系统将分配给一个子信道的子载波分散到整个带宽,各子载波的子载波交替排列,如图 4-47 所示。

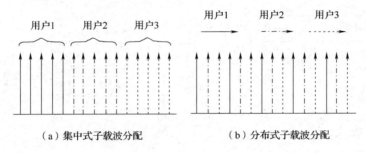

（a）集中式子载波分配　　　　　　（b）分布式子载波分配

图 4-47　两种子载波排列方式

OFDMA 基本参数见表 4-15 。

当采用 10 MHz 带宽模式时,OFDMA 使用 1 024 点的 FFT。每个子载波的带宽是10.94 kHz,因此,FFT 处理的带宽是11.2 MHz。但并非所有的子载波都传了数据,实际上,频谱两端共有 183 个子载波被用于保护频带,不发射信号,所以实际占用的带宽是 9.2 MHz。

当采用 5 MHz 带宽时,OFDMA 使用 512 点的 FFT,频谱两端共有保护子载波 91 个,实际使用带宽 4.6 MHz。

表 4-15　基本的 OFDMA 参数

参数名称	参　数　值	
系统带宽	5 MHz	10 MHz
子载波数	512	1024
低端保护子载波数	46	92
高端保护子载波数	45	91
子载波带宽	10.94 kHz	
零子载波	1	

在不同带宽的系统中,除了子载波数量不同以外,包括子载波带宽在内的各项参数都保持不变。这样,不同带宽的系统可以使用相同的高层,简化了系统设计。

OFDMA 采用时间和频率联合的二维多址方案,只定义了 TDD 方式的帧结构,如图 4-48 所示。横轴是 OFDM 符号时间多址,纵轴是子载波频域多址。

每个帧分为下行子帧和上行子帧,两者之间用适当的保护时隙分隔。下行子帧与上行子帧之间的保护时隙叫做 TTG(传输/接收转换间隔),上行子帧与下一个帧的下行子帧之间的保护时隙叫做 RTG(接收/传输转换间隔)。这两个参数是根据基站天线接口上的信号确定的,在实际使用中,还需要考虑无线信号的传播时延。

每个帧都由前导开始,前导是这个帧的第一个符号,前导子载波采用特定的 PN 码,BPSK

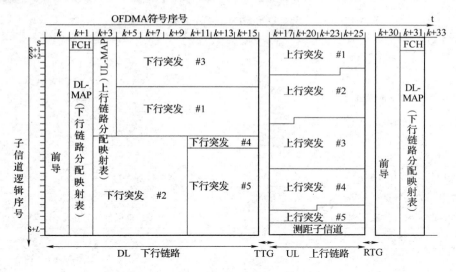

图 4-48 IEEE 802.16 OFDMA TDD 帧结构

调制,用于同步功能。

帧控制头(FCH),包含下行链路帧前缀,如 DL-MAP 和 UL-MAP 消息的长度、编码方案和使用的子信道等,见表 4-16 至表 4-18。

表 4-16 IEEE 802.16 OFDMA 下行链路帧前缀包含的信息

名 称	大 小	说 明
已用子信道比特映射 Used subchannel bitmap	6 bit	bit #0:使用 0～11 子信道 bit #1:使用 12～19 子信道 bit #2:使用 20～31 子信道 bit #3:使用 32～39 子信道 bit #4:使用 40～51 子信道 bit #5:使用 52～59 子信道
测距变化指示 Ranging_Change_Indication	1 bit	
重复编码指示 Repetition_Coding_Indication	2 bit	00 -DL-MAP 无重复编码 01 -DL-MAP 使用 2 个重复编码 10 -DL-MAP 使用 4 个重复编码 11 -DL-MA 使用 6 个重复编码
编码指示 Coding_Indication	3 bit	0b000 -DL-MAP 使用 CC 编码 0b001 -DL-MAP 使用 BTC 编码 0b010 -DL-MAP 使用 CTC 编码 0b011 -DL-MAP 使用 ZT CC 编码 0b100 ～0b111 -保留
下行链路映射长度 DL-Map_Length	8 bit	

宽带接入技术

表 4-17　IEEE 802.16 OFDMA　DL-MAP 包含的部分信息

名　称	大　小	说　明
下行链路间隔利用码 DIUC （下行各段资源分配的用途）	4 bit	0～12　不同突发的属性 13　Gap/PAPR 减少 14　映射结束 15　DIUC 扩展
N_CID	8 bit	本信息单元指定的 CID 序号
连接标识 CID	16 bit	
OFDMA 符号偏移量	8 bit	突发的 OFDMA 符号偏移量从下行链路帧起始算起
子信道偏移量	6 bit	从子信道 0 开始算起的子信道索引
OFDMA 符号数量	7 bit	携带物理层突发的 OFDMA 符号数量
子信道数量	6 bit	携带突发的子信道数量
重复编码指示	2 bit	0b00 -无重复编码 0b01-使用 2 次重复编码 0b10-使用 4 次重复编码 0b11-使用 6 次重复编码

表 4-18　IEEE 802.16 OFDMA　UL-MAP 包含的部分信息

名　称	大　小	说　明
连接标识 CID	16 bit	
上行链路间隔利用码 UIUC （上行各段资源分配的用途）	4 bit	0　快速反馈信道 1～10 不同突发的属性 11　映射信息单元结束 12　CDMA 带宽请求 CDMA 测距 13　PAPR 减少指定,保证区域 14　CDMA 指定信息单元 15　UIUC 扩展
OFDMA 符号偏移量	8 bit	从突发起始算起,以 OFDMA 符号为单位, 与 UL-MAP 中的指定起始时间有关
子信道偏移量	7 bit	从子信道 0 开始算起,子信道索引
OFDMA 符号数量	7 bit	
子信道数量	7 bit	
测距方法	2 bit	0b00 - 2 个符号的初始测距 0b01 - 4 个符号的初始测距 0b10 - 1 个符号的带宽请求/周期测距 0b11 - 3 个符号的带宽请求/周期测距
持续时间	10 bit	指示分配的以 OFDMA 时隙为单位的持续时间
重复编码指示	2 bit	0b00 -无重复编码 0b01-使用 2 次重复编码 0b10-使用 4 次重复编码 0b11-使用 6 次重复编码

重复编码可以降低信号的出错率,仅适用于 QPSK。

由 MAC 层确定的 MAP 消息指示当前帧的结构,即下行链路和上行链路上子信道分配情况,包括帧长度;突发的分配方式(下行帧划分为不同的突发,分配给不同的用户,从而实现多用户接入);可选的载波和符号分配方式;测距信道的工作方式等。

测距的主要作用是监视和调整发射台与基站之间的功率和时间偏移量,可以进一步细分为四种类型:

① 初始测距,用于移动台接入网络。用户站在解开 UL-MAP 后,找到测距子信道,发送 RNG-REQ 包含测距码到基站,基站收到后用同样的码广播 RNG-REQ。用户站如果收不到应答,就加大发射功率再作尝试。

② 周期性测距,当移动台和网络建立连接以后,周期性地报告状态。

③ 切换测距。如果用户站没有发送数据到基站超过 30 s,用户站将发送 RNG-REQ,获得信道参数。

④ 带宽申请。

基站和用户站监测每个上下行链路的 CINR(载波干扰比),当 CINR 发生变化时,依据预先设定的阈值选择合适的突发模板(编码调制方式组合),从而满足新的 CINR 的要求。所以 802.16 只有上行功率控制,没有下行功率控制。

(二)802.16 MAC 层

1. MAC 层连接

每个终端有一个 48 位唯一的 MAC 地址(与 802.3 的 MAC 地址意义和作用相同)。在初始测距过程用于与基站建立一个合适的连接,也用于基站和终端相互认证。

每个连接由一个 16 位的连接标识符(CID)标识。在下行链路,基站向扇区内所有用户站按 TDM 方式发射数据,各用户站根据接收消息中的 CID 地址来判断是否是属于自己的消息。在上行链路,用户站发射携带 CID 的带宽请求消息,基站按需分配并预定用户站下一帧接入时间。用户站通过从上一下行帧收到的 ULMAP 消息得知接入时间和带宽,从而按 TDMADAMA方式接入基站。

在终端的初始化过程中,基站与终端将建立三对管理连接(双向),它们分别是:基本连接(用来传输较短的对时间要求严格的 MAC 控制消息和无线链路控制 RLC 消息等);主要管理连接(用来传输鉴权和连接建立等消息);辅助管理连接(用来传输 DHCP 或 SNMP 管理消息等)。

除了这些管理连接以外,基站还会为用户站分配传输连接,用于数据的传输,传输连接通常是成对进行分配的。MAC 层还要保留一些连接用于系统的初始接入,下行链路广播消息的发送,或是用于下行链路多播消息的发送等。

2. MAC 层管理消息

在 802.16 标准中定义了一系列 MAC 管理消息,这些消息是携带在 MAC PDU 的有效载荷部分中。基站对用户站的一些控制功能就是通过发送这些管理消息实现的,几个比较重要的 MAC 管理消息是:

(1)上行信道描述 UCD 消息

是基站周期性广播发送的一个消息,定义了上行物理信道的特性。其中包括下列参数:配置改变计数器、时隙大小、上行信道 ID、请求退避开始、请求退避结束、上行突发序列属性等。

（2）下行信道描述（DCD）消息

是基站周期性广播发送的一个消息，定义了下行物理信道的特性。

（3）下行接入定义 DL-MAP 消息

定义了下行链路的信息，包含一些消息实体；广播发送。

（4）上行接入定义 UL-MAP 消息

它是一个长度可变的 MAC 管理消息，定义了上行链路的发送机会，它包括一个固定长度的消息头和一些信息实体（IE），其中每个 IE 定义了一定时间范围内时隙的使用情况。广播发送。

（5）测距消息 RNG-REQ/ RSP

测距时使用的请求和响应信息。

（6）动态服务改变请求 DSC-REQ/ RSP 消息

当基站或用户站需要改变现有业务流的物理参数时发送此消息。

（7）动态服务添加请求 DSA-REQ 消息

基站或用户站可以发送此消息来建立一个新的业务流。

（8）动态服务删除 DSD-REQ / RSP 消息

基站或用户站可以发送此消息来删除一个现有的业务流。

其他还有注册 REG-REQ/RSP、配置文件完成 TFTP-CPLT/RSP、信道测量 REP-REQ/RSP 等消息。

3. 服务类型

为了支持不同类型的业务，IEEE 802.16 通过主动带宽授予、轮询（单播、多播、广播）和请求竞争过程中五种不同类型的上行链路调度机制来实现不同的 QoS，通过指定一种调度服务和它相关的 QoS 参数，基站就能预测上行链路业务的吞吐量和时延需求，并在适当的时候提供轮询/ 授予。协议支持主动授予、实时轮询、非实时轮询、尽力传送四种基本调度服务：

（1）主动授予服务（UGS）

UGS 为周期性、定长分组的实时固定比特率（CBR）服务流，用于实时数据流业务。即数据定期产生，数据帧长度固定，如 T1/E1、无静音压缩的 VoIP 等。

（2）实时轮询服务（rtPS）

rtPS 为周期性、变长分组（数据帧长度不固定）的实时变比特率（VBR）服务流，如 MPEG 视频业务流。基站向携带该业务的 rtPS 连续提供实时的、周期的单播轮询，从而使得该连接能够周期地告知基站其变化的带宽请求，基站也就能周期地为其分配可变的突发带宽供其发送变长分组。这种服务比 UGS 的请求开销大，但能使基站按需动态分配带宽。

（3）非实时轮询服务（nrtPS）

nrtPS 为非周期、变长分组的非实时 VBR 服务流，如高带宽的 FTP 业务流，可以容忍较长时延。基站应有规律地向携带该业务的连接提供单播轮询机会，以保证即便在网络阻塞时，该连接也有机会发出带宽请求。

（4）尽力而为服务（BE）

BE 的特点是不提供完整的可靠性，通常执行一些错误控制和有限重传机制，其稳定性由高层协议来保证。典型的 BE 服务为因特网网页浏览服务。用户站可以随时提出带宽申请，网络对这类业务不提供 QoS 保证。

基站与用户站之间的信息交流示意图如图 4-49 所示。

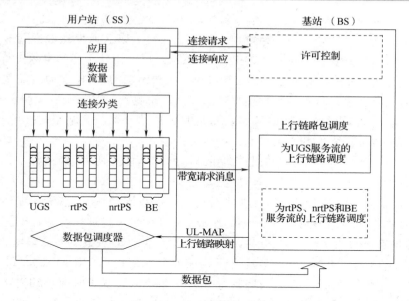

图 4-49 IEEE 802.16 基站与用户站之间的信息交流示意图

4. 802.16 MAC 帧结构

如图 4-50 所示,802.16 有两种 MAC PDU 头格式:

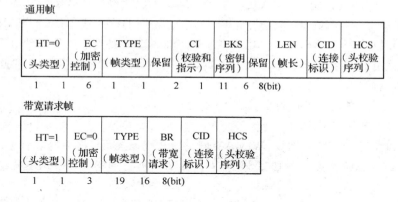

图 4-50 IEEE 802.16 MAC 帧结构

(1)通用 MAC 头格式,包含 MAC 管理消息或 CS 层数据。

(2)带宽请求头格式,用于请求额外的带宽。可以根据帧头类型位取 0 还是取 1 来区分这两种头格式。其中,在使用带宽请求头时不能包含数据负荷。

在通用 MAC 头格式中:

HT,帧头类型;EC,加密控制,置 1 表示数据净负荷被加密;Type,帧类型,指示特定的子头和数据净负荷类型,如网状网,分段,快速反馈确认和许可管理等;CI,CRC 指示,置 1 表示有 CRC;EKS,密钥;LEN,长度;CID,连接标识;HCS,帧头校验。

在带宽请求 MAC 帧头格式中,BR 为带宽请求。

5. WiMAX 接入过程

(1)用户站扫描下行信道,根据循环前缀(CP)取得时间同步,再根据子载波的正交性相关后取得频率同步;同步后,用户站依据导频信道和前导进行信道估计,从而得到每个子信道的参数;之后用户站 MAC 层搜索基站周期性广播的下行信道描述符 DCD、下行链路分配映射表 DLMAP 消息,解出这些消息后就完成下行同步,从而得到下行参数,与基站建立 MAC 同步。

(2)获取上行链路参数就是用户站可以正确解出 UCD,以获取发送参数。这一步骤完成之后,用户站就知道应该在什么时刻发起上行接入过程,以及用什么样的参数进行上行接入。

(3)收到 ULMAP 消息,就可进入初始校准阶段(测距)。初始校准的表面是进行时偏校正和功率调整,实际上是进行初始管理连接建立。当基站收到一个初始校准请求后,就会给该用户站分配初始管理连接和第一管理连接。基站和用户站开始建立基于连接的传输,而后经过多次校准反复,以使用户站的发射参数达到相关指标。

(4)在完成了初始校准后,基站和用户站相继进行基本能力协商、认证与密钥交换、注册、建立 IP 连接、向用户站传送配置参数等过程。

值得注意的是,在用户站入网后,还要进行周期性的校准操作,以消除无线环境对网络的影响,使用户站工作在预期的条件下。从用户站的初始化和入网过程可见,点到多点(P2MP)模式下基站管理着所有用户站的入网和资源分配,这是和 TDD 模式的特点紧密相关的。

比较起来,WiMAX 和 Wi-Fi 有着完全不同的介质访问机制。IEEE 802.11 采用的是基于冲突避免的载波侦听(CSMA/CA)机制,所有的终端(STA)基于时间预约来实现突发业务的调度传输,通过时间预约和退避机制实现在任意时刻只有一个传输存在,以此来解决无线网络中的隐藏终端和暴露终端问题。为了实现介质的共享访问,通过每次传输后的时间间隔和竞争周期,保证每个终端都能够获得访问介质的机会。IEEE 802.11 虽然也是基于时分的系统,但是并没有把时间进行统一分配,其基本运作模式和以太网的模式类似。

IEEE 802.16 在不同的无线参数组合下可以获得不同的接入速率。以 10 MHz 载波带宽为例,若采用 OFDM-64QAM 调制方式,除去开销,则单载波带宽可以提供约 30 Mbit/s 的有效接入速率。适用的载波带宽范围为 1.75～20 MHz 不等,在 20 MHz 信道带宽、64QAM 调制的情况下,传输速率可达 74.81 Mbit/s。

IEEE 802.16 标准概况参见附录八。

(三)IEEE 802.16 应用

参考通用的无线通信体系结构,WiMAX 网络可以分成终端、接入网和核心网三个部分,如图 4-51 所示。WiMAX 终端包括固定、漫游和移动 3 种类型终端。WiMAX 接入网主要为

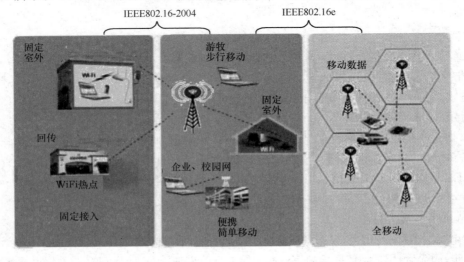

图 4-51　WiMAX 典型应用

无线基站,支持无线资源管理等功能。WiMAX 核心网主要是解决用户认证、漫游等功能及 WiMAX 网络与其他网络之间的接口关系。这是典型的点到多点(P2MP)组网方式。WiMAX 标准规定点到多点(P2MP)作为必须支持的网络拓扑结构。在这种结构下,每一个基站下连若干个用户站,向上通过 BSC 连到骨干网,这样就组成了传统的蜂窝网络结构。

光纤骨干网传输速率达 Tb/s,局域网传输速率也达到百兆 bit/s。相比之下,无线城域网的传输速率一度只有几百 kbit/s,3G 系统在静止状态下传输速率为 2 Mbit/s,无线接入网的传输速率已经成为制约无线互联网发展的瓶颈。IEEE 802.16 系统覆盖的范围最大可达 50 km,可提供最高达 70 Mbit/s 的数据传输率,802.16e 还支持车速移动下的数据通信,这是一个有吸引力的技术。WiMAX 可以应用在蜂窝网络基站回传、热点回传、小区宽带接入和企业接入等场合,典型应用包括 VoIP、视频会议、互动游戏、视频点播和网络协同工作等。

四、802.20/21 标准简介

IEEE 802.20 目标在于为 IP 业务制定出一套空中接口规范,与电信移动通信技术竞争。IEEE 802.20 全称为移动宽带无线接入系统(MBWA)。802.20 系统不同于 802.16,它是完全基于移动通信的,而不是修改固定无线接入系统来适应移动通信系统。它采用"纯 IP"的结构,从网络到终端全部使用基于 IP 的协议进行通信,包括体系结构的 IP 化、传输与业务的 IP 化和协议的 IP 化,纯 IP 的结构降低了网络复杂度和建设成本。

工作频带越低,无线信号的路径衰落越小,覆盖范围也越广。但是,目前低频段已经被卫星通信、集群通信等通信方式所占据,很难找到全球统一的大块空白频带。802.20 工作于 400 MHz 至 3.5 GHz 的授权频带内。信道带宽采用 1.25 MHz 或 5 MHz,数据传输速率可达到 16 Mbit/S,传输距离约为 31 km,在时速 250 km 下,可实现下行 1 Mbit/s 的移动通信能力,可以应用在铁路、地铁以及高速公路、卫星通信等高速移动的环境中。802.20 移动宽带无线接入标准也被称为 Mobile-Fi。

IEEE 802.21 用于进行异构网络之间无缝切换,以保持异构网络之间漫游和通信。在 802.21 标准中,假设移动节点(MN,Mobile Node)为多模节点,可以支持以下多个网络接口标准:基于有线类型,如以太网的 802.3 标准;IEEE 802.xx 家族,如 802.11、802.15、802.16、802.20;其他的蜂窝通信的空中无线接口:3GPP、3GPP2。

在 802 标准家族中的切换有 802.3、802.11、802.16 异构网络之间的切换以及 802.11 网络之间通过 ESS(Extend Service Set)的切换。该标准也提供 802 标准和非 802 蜂窝网络(如 3GPP 和 3GPP2)之间的快速切换方法,主要有 802.3/802.11/802.16 与蜂窝网络之间的切换。IEEE 802.20 主要技术参数见表 4-19。

表 4-19　IEEE 802.20 主要技术参数

项　目	技术参数		
无线类型	移动广域网(Mobile WAN)	单用户最小峰值速率(上行)	300 kbit/s
频率(授权频带)	400 MHz~3.5 GHz	单小区最小峰值速率(下行)	4 Mbit/s
信道带宽	1.25 MHz,5 MHz	单小区最小峰值速率(下行)	800 kbit/s
双工方式	TDD、FDD	安全性支持	AES(先进加密标准)
移动性	250 km/hr- ITU-R M.1034-1	兼容性	IMT-2000,802.11g
单用户最小峰值速率(下行)	1 Mbit/s		

第四节　无线广域网（WWAN）简介

WWAN 可以简单地理解为，依靠现有电信无线网络，只要有通信网络覆盖的地方就可以实现无线上网，它有 GPRS 和 CDMA 两项基础技术。

GPRS（通用无线分组业务）是一种基于 GSM（2G）的移动分组数据业务，它在 GSM 网络基础上增加了 GGSN（GPRS 网关支持结点）、SGSN（GPRS 服务支持结点）、PCU（分组控制单元）等硬件设备，并对原软件升级，形成的一个叠加的网络。

用户通过 GPRS 可以在移动状态下使用各种高速数据业务，包括收发 E-mail、Internet 浏览、即时聊天等。GPRS 方式无线上网必须有相应的 GPRS 终端或模块。

CDMA（码分多址）的原理基于扩频技术，它把需传送的具有一定信号带宽的信息数据，用一个带宽远大于信号带宽的高速伪随机码进行调制，使原数据信号的带宽扩展，再经载波调制后发送出去；接收端使用完全相同的伪随机码，与接收的信号作相关处理，把宽带信号换成原信息数据的窄带信号（即解扩），以实现数据传输。

3G 技术（3rd Generation，第三代移动通信）最早由 1985 年国际电信联盟提出，1996 年更名为 IMT-2000。它是一种能实现全球无缝覆盖，具有全球漫游能力，与固定网络相兼容，并以小型便携式终端在任何时候、任何地点进行任何种类通信的通信系统。3G 的主要特征是能提供多种类型、高质量多媒体业务，传输速率在高速移动环境中支持 144 kbit/s，步行慢速移动环境中支持 384 kbit/s，静止状态下支持 2 Mbit/s。目前国际电联接受的 3G 标准主要有 WCDMA、CDMA2000 和 TD-SCDMA，在提供高质量语音、视频通信的同时，它们无一例外地全力支持因特网接入功能，使 3G 终端成了最方便的上网工具。

3G 系统结构如图 4-52 所示，其中的 GGSN、SGSN 沿用 GPRS 技术。

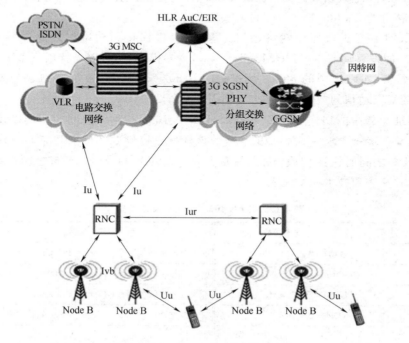

图 4-52　3G 系统结构

3G 网络由无线接入网络(RAN)和核心网络(CN)组成。其中,RAN 处理所有与无线有关的事务,而 CN 则处理 3G 系统内所有的话音呼叫和数据连接,并实现与外部网络的交换和路由功能,CN 从逻辑上可分为电路交换域(CS)和分组交换域(PS)。UTRAN、CN 与用户设备(UE)一起构成了整个无线系统。

3G 无线接入网由 RNC 和 NodeB 两个物理实体构成,分别对应第二代网络 GSM 中的 BSC 和 BTS 。虽说 3G 网络有 WCDMA、CDMA2000、TD-SCDMA 三种网络制式,其实仅在无线接入网络 RAN 部分有区别,核心网 CN 是相同的。

3G 技术均以码分多址(CDMA)技术为基础,CDMA 的优点是,扩频后的信号抗干扰能力强,频谱利用率高;保密性强;具备一定的话务自适应能力。缺点是占用带宽较大;是个自干扰系统,即系统内用户互相干扰;技术实现难度大,需要采用快速功率控制、数据净负荷控制等技术。

无线信道是所有通信信道中最差的,衰落和干扰时刻影响着信号的传输,却还要在差而窄的信道上传输多媒体业务,高质量的多媒体信号即使经过了压缩仍然需要很大带宽,所以不管哪一种 3G,都采用了大同小异的、复杂的信号调制(提高传输效率)、信道编码(提高抗干扰能力)以及各种信号处理和控制技术。

一、TD-SCDMA

TD-SCDMA (时分同步码分多址),是中国制定的 3G 标准。由于采用了时分双工 TDD,TD-SCDMA 有如下特点:

(1)TDD 能使用各种频率资源,不需要成对的频率;频谱利用率是其他制式的 4～5 倍。

(2)TDD 方式具有 TDMA 的优点,可以灵活设置上行和下行时隙的比例,从而调整上行和下行的数据速率,特别适用于上、下行不对称、不同传输速率的 IP 业务业务。

(3)TDD 上、下行工作于同一频率,信道特性基本一致,便于采用智能天线和联合检测技术,可在低功率发射条件下扩大覆盖范围,减少用户间干扰,提高频谱利用率。

(4)采用软件无线电技术,便于系统升级。

(5)TDD 系统设备成本低,比 FDD 系统低 20%～50%。TD-SCDMA 能克服所谓的呼吸效应和远近效应。

在 CDMA 系统中,当一个小区内的干扰信号很强时,基站的实际有效覆盖面积就会缩小;干扰信号很弱时,有效覆盖面积就会增大。这就是呼吸效应。简言之,呼吸效应表现为覆盖半径随用户数目的增加而收缩。呼吸效应的主要原因是,CDMA 系统是一个自干扰系统,用户增加导致干扰增加而影响信号覆盖。

对于 TD-SCDMA 而言,通过低带宽 FDMA 和 TDMA 来抑制系统的主要干扰,在单时隙中采用 CDMA 技术提高系统容量,通过联合检测和智能天线技术(SDMA)克服单时隙中多个用户之间的干扰,使产生呼吸效应的因素显著减少,使 TD 系统不再是一个自干扰系统,覆盖半径不因用户数的增加而显著缩小,可认为 TD 系统没有呼吸效应。

手机用户在一个小区内是随机分布的,而且是移动的,有时处在小区的边缘,有时靠近基站。如果手机的发射功率按照最大通信距离设计,则当手机靠近基站时,功率必定有过剩,从而形成有害的电磁辐射,这就是远近效应。

根据通信距离的不同,TD-SCDMA 系统能实时地调整手机的发射功率,从而解决远近效应问题。

TDD 系统的主要缺陷在于终端的移动速度和覆盖距离：

(1)采用多时隙不连续传输方式,抗快衰落和多普勒效应能力比连续传输的 FDD 方式差。

(2)TDD 系统平均功率与峰值功率之比随时隙数增加而增加,又用户终端的发射功率不可能很大,故通信距离(小区半径)较小,一般不超过 10 km,而 FDD 系统的小区半径可达到数十千米。

TD-SCDMA 系统占用 15 MHz 频谱,其中 2 010～2 025 MHz 为一阶段频段,划分为 3 个 5 MHz 的频段。每个载频占用带宽为 1.6 MHz,因此对于 5 M、10 M、15 M 带宽,分别可支持 3、6、9 个载频,可以同频组网或异频组网。

二、CDMA-2000

CDMA2000 是第三代 CDMA 的名称,有多个类型：

CDMA2000 1x,习惯上指使用一对 1.25 MHz 无线电信道的 CDMA2000 无线技术,支持最高 144 kbit/s 数据速率。比前的 CDMA 网络,它有双倍的语音容量,但是通常被认为是 2.5G 或者 2.75G 技术,因为速率只是其他 3G 技术几分之一。

CDMA2000 1xEV,在 CDMA2000 1x 上附加了高数据速率（HDR）能力。1xEV 一般分成两个阶段：

第一阶段,CDMA2000 1xEV-DO (Evolution-Data Only,发展－仅数据)在一个无线信道传送高速分组数据的情况下,支持下行(向前链路)数据速率最高 3.1 Mbit/s,上行(反向链路)速率最高到 1.8 Mbit/s。

第二阶段,CDMA2000 1xEV-DV (Evolution-Data and Voice,发展－数据和语音),支持下行（向前链路）数据速率最高 3.1 Mbit/s 和上行（反相链路）速率最高 1.8 Mbit/s。1xEV-DV还能支持 1x 语音用户, 1x 数据用户和高速 1xEV-DV 数据用户使用同一无线信道并行操作。

CDMA2000 3x 利用一对 3.75 MHz 无线信道(即 3 ×1.25 MHz)来实现高速数据速率。3x 版本的 CDMA2000 有时被叫做多载波(MC)。

这些类型的关系如图 4-53 所示。

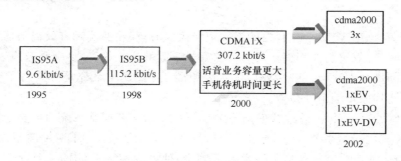

图 4-53 CDMA 发展历程

三、WCDMA

WCDMA(宽带码分多址)有多个版本。

R99 版本中,保留 2G(GSM 和 GPRS)核心网,核心网分 CS 电路域和 PS 分组域,接入网引入 WCDMA RAN。核心网和接入网之间的 Iu 接口基于 ATM。

R4 版本中,保留 WCDMA R99 RAN,核心网电路域采用 NGN 架构,以 IP 承载话音业务。

R5 版本中,核心网增加 IM(IP 多媒体域),增强 IP QoS 能力,接入网增加 HSDPA(高速下行分组接入)功能,单载波下载高达 14.4 Mbit/s 的数据接入能力,接入网向 IP RAN 方向发展。

R6/7 版本提出了全 IP 解决方案,增加 HSUPA(高速上行分组接入)功能,单载波上载速率高达 5.76 Mbit/s;提出了 LTE(3GPP 长期演进项目)。

WCDMA 采用直接序列扩频码分多址(DS-CDMA)、频分双工(FDD)方式,空中连接采用 5 MHz、10 MHz 和 20 MHz 的无线信道。

WCDMA 的主要技术指标是:支持高速数据传输(慢速移动时 384 kbit/s,室内走动时 2 Mbit/s),支持可变速传输,码片速率为 3.84 Mchip/s,帧长为 10 ms。其主要特点如下:

(1)基站同步方式:支持异步和同步的基站运行方式,组网方便、灵活。

(2)调制方式:上行为 BPSK,下行为 QPSK。

(3)解调方式:导频辅助的相干解调。

(4)接入方式:DS-CDMA 方式。

(5)三种编码方式:在话音信道采用卷积码($R=1/3$, $K=9$)进行内部编码和 Veterbi 解码,在数据信道采用 RS 编码,在控制信道采用卷积码($R=1/2$, $K=9$)进行内部编码和 Veterbi 解码。

(6)适应多种速率的传输,可灵活地提供多种业务,并根据不同的业务质量和业务速率分配不同的资源,同时对多速率、多媒体的业务可通过改变扩频比(对于低速率的 32 kbit/s、64 kbit/s、128 kbit/s 的业务)和多码并行传送(对于高于 128 kbit/s 的业务)的方式来实现。

(7)上、下行快速、高效的功率控制大大减少了系统的多址干扰,提高了系统容量,同时也降低了传输的功率。

(8)核心网络基于 GSM/GPRS 网络演进,并保持与 GSM/GPRS 网络的兼容性。

(9)因基站可收发异步的 PN 码,即基站可跟踪对方发出的 PN 码,同时 MS 也可用额外的 PN 码进行捕获与跟踪,因此可获得同步,来支持越区切换及宏分集,而在 BTS 之间无需进行同步。

(10)支持软切换和更软切换,切换方式包括三种,即:扇区间软切换、小区间软切换和载频间硬切换。

在三种 3G 技术中:CDMA 2000 和 WCDMA 在原理上没有本质的区别,都起源于 CDMA(Is-95)系统技术,CDMA 2000 做到了对 CDMA (Is-95)系统的完全兼容,成熟、可靠,向第三代移动通信过渡最平滑,但是 CDMA 2000 的多载波传输方式比起 WCDMA 的直扩模式相比,对频率资源有很大的浪费,而且它所处的频段与 IMT-2000 的规定也有矛盾。

WCDMA 和 CDMA2000 都采用频分双工(FDD)方式,需要成对的频率。WCDMA 扩频码速率为 3.84 Mchip/s,载波带宽为 5 MHz,而 CDMA2000 的扩频码速率为 1.228 8 Mchip/s,载波带宽为 1.25 MHz;另外,WCDMA 的基站间同步是可选的,而 CDMA2000 的基站间同步是必需的,因此需要全球定位系统(GPS),以上两点是 WCDMA 和 CDMA2000 最主要的区别。其他,例如功率控制、软切换、扩频码以及所采用分集技术等都是基本相同的,只有很小的差别。

TD-SCDMA 采用时分双工(TDD)、TDMA/CDMA 多址方式工作,扩频码速率为 1.28 Mchip/s,载波带宽为 1.6 MHz,基站间必须同步,与其他两种技术相比采用了智能天线、联合检测、上行同步及动态信道分配、接力切换等技术,具有频谱使用灵活、频谱利用率高等特点,适合非对称数据业务。

宽带接入技术

4G 是基于 IP 协议的高速蜂窝移动网,ITU 要求 4G 传输速率比现有网络高 1 000 倍,达到 100 Mbit/s。4G 技术正式的名称是 IMT-Advanced,是 3G 技术的进一步演化,在传统通信网络和技术的基础上不断提高无线通信的网络效率和功能。它是多种技术的融合,不仅包括传统移动通信领域的技术,还包括宽带无线接入领域的新技术及广播电视领域的技术。

各种技术标准的覆盖范围和数据传输速率之间的关系如图 4 -54 所示。

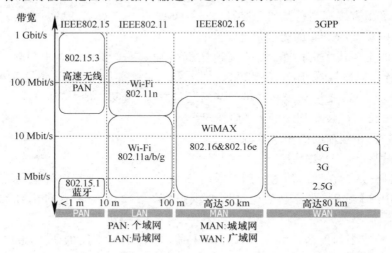

图 4 -54　各种技术标准的覆盖范围和数据传输速率之间的关系

各种无线接入技术的应用范围是这样的:3G 可以提供广覆盖、高移动性和中等数据传输速率;802.11 Wi-Fi 可以提供热点覆盖、低移动性和高数据传输速率;802.15 WPAN 可以提供超近距离的无线高速率连接;802.16 WiMAX 可以提供城域覆盖和高数据传输速率;802.20 MBWA 则可以提供广覆盖、高移动性和高数据传输速率。系统比较参见表 4-20 和表 4-21。

表 4-20　IEEE 802.20 与 2G/3G 系统的比较

项　　目	802.20	GSM　GPRS	CDMA 2000 1xRTT/ EV-DO	WCDMA
频段	<3.5 GHz 授权频带	<2 GHz 授权频带	<3.5 GHz 授权频带	<3.5 GHz 授权频带
LOS/NLOS	NLOS	NLOS	NLOS	NLOS
BW	1.25 MHz 分组	200 kHz 电路/分组	1.25 MHz 电路/分组	5 MHz 电路/分组
双工方式	TDD/FDD	FDD	FDD	FDD
调制方式	OFDM	GMSK-TDM	CDMA	CDMA
时延	低	高	高	高
类型	对称移动	非对称移动	非对称移动	非对称移动
电路交换/IP 数据	IP>1 Mbit/s	Both 128/384 kbit/s	Both 144 kbit/s/2 Mbit/s	Both 144 bit/s/384 kbit/s

表 4-21　4G 与 3G 系统的比较

特　　征	3G	4G
业务特性	优先考虑语音、数据业务	融合数据、语音、视频
网络结构	蜂窝小区	混合结构,包括 Wi-Fi/蓝牙等
频率范围	1.6~2.5 GHz	2~8 GHz,800 MHz 低频
带宽	5~20 MHz	100 MHz

续上表

特　征	3G	4G
速率	385 kbit/s～2 Mbit/s	20～100 Mbit/s
接入方式	WCDMA、CDMA200、TD	MC-CDMA 或 OFDM
交换方式	电路交换、分组交换	分组交换
移动性能	200 km/h	200 km/h
IP 性能	多版本	全 IP(IPv6)

1. 无线接入有哪些种类？传输范围各是多少？

2. WPAN 的传输范围是多少？主要用于什么设备的连网？

3. 蓝牙采用什么双工方式、调制方式、扩频方式？

4. 蓝牙系统主要由哪几部分组成？各有什么作用？

5. 蓝牙设备怎样组网的？有哪些地址类型？

6. 蓝牙基带层有几种不同类型的接入码？作用是什么？

7. 蓝牙系统的控制分组、SCO 分组、ACL 分组分别传输什么信息？

8. IEEE 802.15.4 标准用于什么设备的连网？与蓝牙相比有何异同？

9. 无线局域网与有线局域网有何异同？采用了哪些主要技术？

10. IEEE 802.11b/g 的工作频段是怎样划分的,使用时应怎样选择信道？

11. 无线网卡怎样与无线 AP"关联"的？

12. IEEE 802.11 物理层有哪些调制方式？对应的 PLCP 信号帧有何异同点？

13. 802.11 MAC 帧是怎样组成的？各个字节有什么作用？

14. 802.11 MAC 帧地址域有什么特点？

15. 802.11 无线站点的被动扫描和主动扫描分别是怎样进行的？

16. 802.11 的 RTS/CTS 协议解决什么问题？怎样解决的？

17. 802.11 有哪些组网方式？

18. WiMAX 物理层工作在什么频段？分别采用了哪些调制方式,有什么特点？

19. 802.16 的 WMAN-OFDM 规范 TDD 方式是怎样对时间资源进行分割的？

20. WiMAX 接入过程是怎样的？

21. IEEE 802.16 MAC 层协议中,汇聚子层(CS)和公共部分子层(CPS)各有什么作用？

22. 802.16　MAC 层怎样标识终端？怎样标识连接？

23. 802.16　MAC 层中的 DLMAP 和 ULMAP,DCD 和 UCD 消息分别是起什么作用的？

24. 802.16 有哪些服务类型？分别支持什么类型的业务？

25. 3G 技术有几种标准？3G 网络是怎样组成的？

参 考 文 献

[1] 陈雪. 无源光网络技术. 北京:北京邮电大学出版社,2006.

[2] 刘伟. 宽带综合接入技术. 北京:科学出版社,2007.

[3] GYT 200. 2—2004 HFC 网络数据传输系统技术规范.

[4] ITU-T Rec. G. 992. 1(06/99)Asymmetric digital subscriber line(ADSL)transceivers.

[5] ITU-T Rec. G. 993. 1(06/2004)Very high speed digital subscriber line Transceivers.

[6] ITU-T Rec. G. 982(11/1996)Optical access networks to support services up to the ISDN primary rate or equivalent bit rates.

[7] ITU-T Rec. G. 984. 1 (03/2008) Gigabit-capable passive optical networks (GPON)：General characteristics.

[8] IEEE Std 802. 3ah —2004 IEEE Standard for Information technology. Telecommunications and information exchange between systems. Local and metropolitan area networks. Specific requirements Part 3：Carrier Sense Multiple Access with Collision Detection (CSMA/CD) Access Method and Physical Layer Specifications.

[9] IEEE Std 802. 11—2007 IEEE Standard for Information technology-Telecommunications and information exchange between systems-Local and metropolitan area networks-Specific requirements Part 11：Wireless LAN Medium Access Control (MAC) and Physical Layer (PHY) Specifications.

[10] IEEE Std 802. 15—2005 IEEE Standard for Information technology-Telecommunications and information exchange between systems-Local and metropolitan area networks-Specific requirements Part 15. 1：Wireless medium access control (MAC) and physical layer (PHY) specifications for wireless personal area networks (WPANs).

[11] IEEE Std 802. 16—2004 IEEE Standard for Local and metropolitan area networks Part 16：Air Interface for Fixed Broadband Wireless Access Systems.

缩 略 语

A

ADSL Asymmetric Digital Subscriber Line　非对称数字用户环路

AAS Adaptive Antenna system　自适应天线系统

ACK acknowledge

ACL Access Control List　访问控制列表

ACL asynchronous connection-oriented　异步不定向连接

ACS Auto-Configuration Server　自动配置服务器

AF Adaptation Function　适配功能块

AMC Adaptive Modulation and Coding　自适应调制与编码

AN-LT access network line termination function　接入网线路终端功能

AON Active Optical Network　有源光网络

AP Acess Point　无线接入点

API Application Programming Interface　应用程序编程接口

APON ATM-PON　基于 ATM 的无源光网络

APS Automatic Protection Switching　自动保护切换

AR_ADDR Access Request Address　接入请求地址

ARP address resolution protocol　地址解析协议

ASK Amplitude Shift Keying　幅移键控调制

ATU-R ADSLTransceiver Unit-remote terminal end ADSL　收发单元远端

ATM Asynchronous Transfer Mode　异步传输模式

ATT Attribute Protocol　属性协议

ATU-C ADSL Transceiver Unit-Centroloffice ADSL　收发单元局端

B

BAS Broadband Access Server　宽带接入服务器

BB Baseband　基带

BCH Broadcast Channel　广播信道

BD-ADDR Bluetooth Device Address　蓝牙设备地址

BE Best Effort Service　尽力而为服务

BGP Border Gateway Protocol　边界网关协议

BIP bit interleaved parity　比特间插奇偶校验码

Blen length of the bandwidth map　带宽映射长度

BPL，BroadBand Over Power Line　电力线宽带

BPSK Binary Phase Shift Keying　二进制相移键控

BR Bandwidth Request　带宽请求

BR Basic Rate　基本速率

BRA Basic Rate Access ISDN　基本速率接入

BRAS Broad band Remote Access Server　宽带远程接入服务器

BS base station　基站

BSC Base Station Controller　基站控制器

BSID beacon source identifier　信标源标识

BSS Basic Service Set　基本服务单元

BSS ID　基本服务集标识

BTC block turbo code　块 Turbo 码

BTS　基站收发信台

BW Bandwidth　带宽

BWA BroadbandWirelessAccess　宽带无线接入

C

CAC Channel Access Code　信道接入码

CAP Contention Access Period　信道竞争访问周期

CAR Committed Access Rate　恒定速率

CATV Community Antenna Television　地区共享天线电视,有线电视

CBR Constant bitrate　固定比特率

CCITT Consultative Committee of International Telegraph and Telephone　国际电报电话咨询委员会

CDMA Code Division Multiple Access　码分多址

CI CRC Indicator　CRC 指示

CID Connection identifier　连接标识

CLI Command Line Interface　命令行接口

CM Cable Modem　同轴电缆的调制解调器,

CMTS Cable Modem Termination System　同轴电缆调制解调器终端系统

CN core network　核心网络

CO Central Office　中心局

CODEC coder/decoder　编码解码器

CP Cyclic Prefix　循环前缀

CPC Continuous Packet Connectivity　连续性分组连接

CPCS-SDU Common Part Convergence Sublayer Service Data Unit　公共部分会聚子层业务数据单元

CPCS-UU Common Part Convergence Sublayer User-to-User Indication　公共部分会聚子层用户到用户标识

CPE Customer Premises Equipment　客户驻地设备

CPI Common Part Indicator　公共部分指示

CPS Common Part Sublayer　公共部分子层

CRC Cyclic Redundancy Check　循环冗余校验

CS ConvergenceSublayer　汇聚子层

CSMA/CD Carrier Sense Multiple Access/Collision Detection　载波检测多址/冲突检测协议

CTAP channel time allocation period　信道时隙指定周期

CTAs channel time allocations 申请信道时隙分配

CTP Connection Termination Point 连接终端点

CWMP CPE WAN Management Protocol CPE 广域网管理协议

D

DA Destination Addressing 目的地址

DAC Device Access Code 设备接入码

DACT Deactivate 停用

DAMA demand assigned multiple access 按需求分配的多址连接

DBA Dynamic Bandwidth Assignment 动态带宽分配

DBRu Dynamic bandwidth report upstream 上行动态带宽报告

DCA Dynamic Channel Allocation 动态信道分配

DCD Downlink Channel Descriptor 下行信道描述

DCF distributed coordination function 分布式协调功能

DECT Digital Enhanced Cordless Telecommunications 数字增强无绳通信

DEV device 设备

DF Deactivate Failure 停用失效

DFS Dynamic frequency selection 动态频率选择

DFT discrete Fourier transform 离散傅立叶变换

DG Dying Gasp 将停电

DHCP dynamic host configuration protocol 动态主机配置协议

DIS Disabled 使不能

DL downlink 下行链路

DMT Discrete Multi-Tone Modulation 离散多音频调制

DMUL 分接器

DNS Domain Name System 域名系统

DOW Drift of Window 窗口漂移

DS Distribution System 分布系统

DSL Digital Subscriber Line 数字用户环路

DSLAM DSL Access Multiplexer 数字用户线接入复用器

DSP digital singnal processor 数字信号处理

DSSS direct sequence spread spectrum 直接序列扩频

E

EC echo cancellation 回波抵消技术

EC Encryption Control 加密控制

EDR Enhanced Data Rate 增强数据速率

EID Extended identifier 扩展标识

EKS Encryption Key Sequence 密钥

EOC Embedded operations channel 嵌入式操作信道

EoVDSL Ethernet over VDSL

EqD equalization delay 均衡延时

ESS Extended Service Set　扩展服务单元

F

FBD Feedback Transmit diversity　反馈模式发射分集

FBI Feedback　反馈信息

FCH frame control header　帧控制头

FDD Frequency Division Duplexing　频分双工

FEBE Far end block error　远端误块计数

FEC Forward error correction　前向纠错

FECC Forward Error Correction Count　前向纠错计数

FFS For Further Study　进一步研究

FHSS Frequency-Hopping spread spectrum　跳频扩频

FIFO First In First Out　先进先出的数据缓存器

Flow_ID　信号流标识

FSAN Full Service Access Networks　全业务接入网

FSO Free Space Optical Communication　自由空间光通信

FT Frame type　帧类型

FTP File Transfer Protocol　文件传输协议

FTTB/C Fiber to the Building/Curb　光纤到楼宇/分线盒

FTTH/FTT0 Fiber to the Home/Office　光纤到家庭/办公室

G

GAP Generic Access Profile　通用接入配置

GATT Generic Attribute Profile　通用属性配置文件

GEPON Gigabit Ethernet Passive Optical Network　千兆以太网无源光网络

GGSN Gateway GPRS Support Node　GPRS 网关支持结点

GMSK GaussianFilteredMinimumShiftKeying　高斯滤波最小频移键控

GPON（Gigabit PON）　千兆无源光网络

GTC GPON Transmission Convergence layer GPON　传输汇聚层

GTS guaranteed time slot　保证时隙

H

HARQ Hybrid-ARQ　混合自动重传

HCS Header Check Sequence　帧头校验

HEC Header Error Control　头差错控制

HFC Hy brid Fiber/Coax　混合光纤/同轴网

HomePNA Home Phoneline Networking Alliance　家庭电话线网络联盟

HN Home Network　家庭网络

HSUPA High Speed Uplink Packet Access　高速上行链路分组接入

HT Header Type　头类型

I

IAC Inquiry Access Code　查询接入码

IB Indicator bits　指示比特

ID identifier　标识

IDFT inverse discrete fourier transform　离散傅立叶反变换

IE information element　信息单元

IGMP Internet Group Management Protocol Internet　组管理协议

IM/DD IntensityModulationwith/DirectDetection　光强度调制/直接探测

IP Internet Protocol　因特网互联协议

IR Incremental Redundancy　递增冗余技术

IR Infrared　红外

IrDA Infrared Data Association　红外数据协会

ISA industrial standard architecture　一种系统总线标准

ISDN Integrated Services Digital Network　综合业务数字网

ISI Inter-Symbol Interference　码间干扰

IUC interval usage code　间隔使用码

L

L2CAP Logical Link Control and Adaptation Layer protocol　逻辑链路控制适配协议

LCDG Loss of Channel Delineation for GEM　GEM 信道定界信息丢失

LCP link layer control protocol　链路控制协议

LE Low Energy　低能耗

LLID logical link identification　逻辑链接标识

LMDS Local Multi-point Distribution Service　本地多点分配业务

LMP Link Manager Protocol　链路管理协议

LOA Loss of Acknowledgement　确认丢失

LOAM Loss of Operations，Administrations and Maintenance　运维信息丢失

LOF Loss of frame　帧丢失

LOK Loss of Key　密钥丢失

los Loss of signal　信号丢失

lpr Loss of power　电源缺失

LT_ADDR Logical Transport ADDRess　逻辑传输地址

M

MAC Media access control　介质访问控制

MAI multiple access interference　多址码间干扰

MAN metropolitan area networks　城域网

MC Multi-Carrier　多载波

MCTAs management channel time allocations　管理信道时间分配

MIMO Multiple-Input Multiple-Out-put　多入多出

MIS（link）Mismatch　链路不匹配

MIB Management Information Base　管理信息库

MMDS Microwave Multipoint Distribution Systems　微波多路分配系统

MMDS Multi-channel Multi-point Distribution Service　多信道多点分配业务

MEM Message Error Message　消息错误消息

MML Man-Machine Language　人机语言

MPDU MAC protocol data unit　MAC 协议数据单元

MSDU Mac Server Data Unit　Mac 服务数据单元

MTU(Multi. DwellingUnit/Multi-Tenant Unit　多住户单元/多租户单元

MUL multiplexer　复用器

N

NAV network allocation vector　网络分配矢量

NCD No Cell Delineation　无信元划分

NIC Network Interface Card　网络接口卡

NLOS Non Light of Sight　非视距

nrtPS Non-Real-time Polling Service　非实时轮询服务

NRZ Non Return to Zero　非归零码

NSI Network Services Interfaces　网络服务接口

NT Network Terminal　网络终端

O

OAM Operation Aministration and Maintenance　操作管理与维护

OAN Optical Access Network　光接入网

OBD Optical Branching Device　光分路器

ODN Optical Distribution Network　光配线网

OFDM orthogonal frequency division multiplexing　正交频分复用

OFDMA Orthogonal Frequency-Division Multiple Access　正交频分多址

OLC Optical Line Card　光线路卡

OLR On-line reconfiguration　在线重新配置

OLT Optical Line Terminal　光线路终端

OMCI ONU management and control interface　ONU 管理与控制接口

ONU Optical Network Unit　光网络单元

OOK On-Off-Keying　开关键控调制

OSPF Open Shortest Path First　开放最短路径优先协议

P

P2MP point to multiple　point 点到多点

P2P peer to peer　对等 ,点对点

PAL Protocol Adaptation Layer　协议适配层

PAN Personal area network　个域网

PBCC packet binary convolutional code　分组二进制卷积码

PCF point coordination function　集中式协调功能

PCI Peripheral Component Interconnect　外设部件互连标准

PCU Packet Control Unit　分组控制单元

PDU Protocol Data Unit　协议数据单元

PE Payload encoding　数据净负荷编码

PEE Physical Equipment Error 物理设备错误

PHR PHY header 物理头

PHS payload header suppressed 净载荷头压缩

PID packet identifier 分组标识

PIM-DM Protocol Independent Multicast-Dense Mode 协议无关组播协议-密集模式

PIM-SM Protocol Independent Multicast-Sparse Mode 协议无关组播协议-稀疏模式

PIN personal identification number 个人标识码

PKM Private Key Management 密钥管理协议

PLC Power Line Communication 电力线通信

PLCP PHY Convergence Procedure 物理会聚子层

PLI Payload Length Indicator 数据净负荷长度指示

PLOAM Physical Layer OAM 物理层 OAM

PLOu Physical Layer Overhead upstream 上行物理层开销

PLSu Power Levelling Sequence 功率测量序列

PM_ADDR Parked Member Address 暂停状态成员地址

PMD Physical Media Dependent sublayer 物理介质相关子层

PNC piconet coordinator 微微网协调者

PON Passive Optical Network 无源光网络

POS Passive Optical Splitter 无源光纤分路器

POTS Plain Old Telephone Service 普通老式的电话服务

PPDU PHY protocol data unit 物理层协议数据单元

PPM Pulse Position Modulation 脉冲位置调制

PPPoE PPP over Ethernet 基于 Ethernet 的 PPP 协议

PQ Priority Queuing 优先级队列

PRA ISDN 一次群速率接入

PS Privacy Sublayer 安全子层

PS Packet Switching 分组交换

PSDU PHY service data unit 物理层服务数据单元

PSI Program Specific Information 节目说明信息

PSSS parallel sequence spread spectrum 并行序列扩频

PST Passive optical network Section Trace 无源光网络段追踪

PSTN Public Switched Telephone Network 公用电话网

PTI Payload Type Indicator 数据净负荷类型指示

Q

QAM Quadrature Amplitude Modulation 正交幅度调制

QoS Quality of Service 服务质量

QPSK QuadraturePhaseShiftKeying 正交相移键控

R

RA receiver address 接收地址

RAB Reverse Activity Bit 反向活动比特

RAN Radio Access Network　无线接入网络

RDI Remote defect indication　远端缺陷指示

RF radio Frequency　射频

RFI Remote Failure Indication　远端故障指示

RFI Radio Frequency Interference　射频干扰

RFI Radio Frequency interface　射频接口

RIP Routing Information Protocol　路由信息协议

RPC Remote procedure call　远程过程调用

RS Reed-Solomon　里德-所罗门纠错码

rtPS Real-time Polling Service　实时轮询服务

RTT Radio Transmission Technology　无线传输技术

S

SA Source Addressing　源地址

SAP Service Access Point　服务接入点

SB stuff bits　填充比特

SBU Single Business Unit　单个商业用户单元

SC Synchronization control　同步控制

SCM Sub-Carrier Multiplexing　副载波复用

SCMA SubCarrier Multiple Access　副载波多址

SCO synchronous connection-oriented　同步定向连接

SD Signal Degrade　信号劣化

SDM Space Division Multiplexing　空分复用

SDMA Space Division Multiple Access　空分多址

SDP Service Discovery Protocol　服务发现协议

SF Signal Fail　信号失效

SFD start-of-frame delimiter　帧起始定界符

SFU Single Family Unit　单个家庭用户单元

SGSN Serving GPRS Supporting Node　GPRS 服务支持结点

SHR synchronization header　同步头

SI Scrambler initialization　扰码初始化位字段

SID service identifier　服务标识

SLD Start of LLID Delimiter LLID　逻辑链接标识起始定界符

SM Spatial Multiplexing　空分复用

SMP Security Manager Protocol　安全管理协议

SN Service Node　业务节点

SNMP Simple Network Management Protocol　简单网络管理协议

SOAP Simple Object Access Protocol　简单对象访问协议

SP Strict Priority　严格优先级

SS subscriber station　用户站点

SSD Site Selection Diversity　站址选择分集

SSH Secure Shell 安全外层协议

SSID service set identifier 服务集标识符

SSTG subscriber station transition gap 用户站数据间隔

STB Set Top Box 机项盒

STC space time coding 空时编码模式

STM Synchronous Transmission Module 同步传输模式

SUF Start Up Failure 启动失败

T

TA transmit Address 发送地址

TC Traffic Container 业务容器

TC transmission convergence sublayer 传输会聚子层

TCM Time-Compression Multiplexing 时间压缩复用

TCM Trellis Coded Modulation 网格编码

T-CONT traffic container 业务容器

TCP Transmission Control Protocol 传输控制协议

TCS Telephony Control Specification 电话控制标准

TDD Time Division Duplexing 时分双工

TDMA Time Domain Multiple Access 时分多址

TD-SCDMA Time Division-Synchronous Code Division Multiple Access 时分同步码分多址

TE Terminal Equipment 终端设备

TF Transmitter Failure 发射机失效

TFCI Transport Format Combination Indicator 传输格式组合指示

TFTP trivial file-transfer protoco 简单文件传送协议

TIW Transmission interference warning 传输接口告警

TIA Transmission interference alarm 传输接口告警

TLS Transport Layer Security 传输层安全协议

TLV type /length/value 类型/长度/值

TPC Transmit Power Control 功率控制

TPC Transmit Power Control 传输功率控制

TS tail symbols 尾码

TS Transport Stream 传送流

TXOP Transmission Opportunity 发送机会

U

UCD upstream channel descriptor 上行信道描述符

UE User Equipment 用户设备

UGS Unsolicited Grant Service 主动授予服务

UL uplink 上行链路

UNI User Network Interface 用户网络接口

USB Universal Serial Bus 通用串行总线接口

UWB Ultra-Wide Bandwidth 超宽带

V

VBR variable bit rate　变比特率

VLAN Virtual Local Area Network　虚拟局域网

VLC Visible light communications　可见光通信

VOD Video on Demand　视频点播

W

WAP Wireless Application Protocol　无线应用协议

WAPI Wireless local area network Authentication and Privacy Infrastructure　无线局域网鉴别和保密基础结构

WCDMA Wide band Code Division Multiple Access　宽带码分多址

WDM Wavelength Division Multiplexing　波分复用

WDMA Wavelength Division Multiple Access　波分多址

WirelessDistributionSystem　无线分布系统

WLAN Wireless local-area network　无线局域网

WMAN Wireless Metropolitan Area Network　城域网

WPAN Wireless personal Area Network　无线个域网

WRR Weighted Rotmd Robin　加权轮询

WWAN Wireless Wide Area Network　无线广域网

附　　录

附录一　HomePNA 物理层和 MAC 层帧结构

一、HomePNA1.0 的物理层帧结构

HomePNA 1.0 的帧结构参见附图 1-1。帧起点是同步码，接着是"存取 ID"字段，它用来区分每个节点 HomePNA 的地址，也可以利用"存取 ID"检测网络冲突，使用标准以太网中的载波检测多址/冲突检测（CSMA/CD）协议。"专用通信"字段（PCOM）用于物理层中点对点通信。从通信协议上看，HomePNA 除了物理层的一些编码之外，完全符合 IEEE802.3 标准，仅为物理层不一样（因为电话线噪声大）。数据帧处理时 HomePNA 发送器把以太网帧中的 MAC 前导码和分界符移走，插入自己的物理层报头，并向电话线发送数据帧；HomePNA 接收器则反之，用以太网 MAC 前导码和分界符取代 HomePNA 帧头，于是数据从一个节点传到另一个节点。所以 HomePNA 数据帧实际上是经过 HomePNA 物理层封装的以太帧。

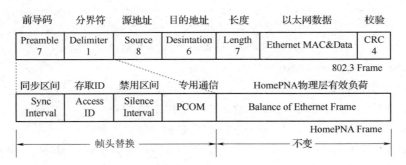

附图 1-1　HomePNA1.0 的帧结构

二、G.9954（HomePNA 3.1）的物理层帧结构

参见附图 1-2，在 G.9954 标准下 HomePNA 的帧结构中：

前导字段长度为 64 字符（16 byte，用以载波检测、碰撞检测、均衡、同步恢复和增益调整。

帧控制字段长度为 16 字符（4 byte），具体包括：帧类型 FT、扩展标识 EID、标识 ID、扰码初始化位字段 SI、数据净负荷编码 PE 以及帧头校验字段 HCS。

帧控制字段中帧类型为 4 bit，分别表示是 HomePNA 老版本，还是 G.9954 MAC 帧；是以太网帧，还是 MAP（介质接入计划）控制帧。

帧控制字段中数据净负荷编码，可以表示符号率、每符号比特数等信息。

PAD 为填充字节，长度可变；

EOF 字段为帧结束定界符号（0xFC），长度为 1 byte（8 位）。

链路层是以太网帧的帧结构时，目的地址 DA、源地址 SA、类型数据和 FCS 等字段与 IEEE 802.3 定义的以太网帧结构一样。以太网帧结构参见附录二。

链路层是 MAP 帧的帧结构如附图 1-3 所示。MAP 控制帧是链路控制协议（LCP）的一部分，实际反映时隙的分配。

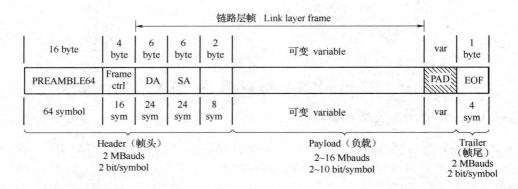

附图 1-2　HomePNA 的帧结构（G. 9954）

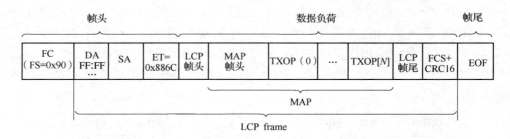

附图 1-3　链路层是 MAP 帧的帧结构

DA（＝0xFF：FF：FF：FF：FF：FF）为目的地址；

SA 为主设备源地址；

ET（＝0x886C）以太网类型字段，类型为链路层控制帧；

MAP header 包含控制域、MAP 序列号、TXOP 数、TXOP 表等；

TXOP（发送机会）分为竞争 TXOP、无竞争 TXOP、未指定 TXOP 几种，含有时隙长度、设备 ID、优先级、信号流 ID 等信息。

附录二　以太网帧结构

以太网帧是 OSI 参考模型数据链路层的封装，网络层的数据帧被加上帧头和帧尾，构成可由数据链路层识别的数据帧。虽然帧头和帧尾所用的字节数是固定不变的，但根据被封装数据帧大小的不同，以太网帧的长度也随之变化，变化的范围是 64～1 518 byte（不包括 8 byte 的前导字）。

一、典型帧结构：Ethernet_Ⅱ

Ethernet_Ⅱ帧结构如附图 2-1 所示，其中所包含的字段含义是：

（1）前导码：包括同步码（用来使局域网中的所有节点同步，7 byte）和侦标志（帧的起始标志 7、1 byte）两部分。

（2）目的地址：接收端的 MAC 地址，6 byte。

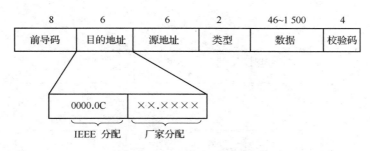

附图 2-1 以太网帧结构

(3)源地址：发送端的 MAC 地址,6 byte。

(4)类型：数据帧的类型(即上层协议的类型),2 byte。

(5)数据：被封装的数据帧,46～1 500 byte。

(6)校验码：错误检验,4 byte。

Ethernet_Ⅱ的主要特点是通过类型域标识了封装在帧里的数据帧所采用的协议,类型域是一个有效的指针,通过它,数据链路层就可以承载多个上层(网络层)协议。但是,Ethernet_Ⅱ的缺点是没有标识帧长度的字段。

二、原始的 802.3

原始的 802.3 帧是早期的 Novell NetWare 网络的默认封装。它使用 802.3 的帧类型,但没有 LLC 域。同 Ethernet_Ⅱ的区别是将类型域改为长度域,解决了以前存在的问题。但是由于缺省了类型域,因此不能区分不同的上层协议。802.3 帧结构如附图 2-2 所示。

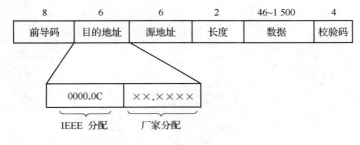

附图 2-2 802.3 帧结构

三、802.2SAP/SNAP

为了区别 802.3 数据帧中所封装的数据类型,IEEE 引入了 802.2SAP 和 SNAP 的标准。它们工作在数据链路层的 LLC(逻辑链路控制)子层。通过在 802.3 帧的数据字段中划分出被称为服务访问点(SAP)的新区域来解决识别上层协议的问题,这就是 802.2SAP。LLC 标准包括两个服务访问点,源服务访问点(SSAP)和目标服务访问点(DSAP)。每个SAP 只有 1 byte,而其中仅保留了 6 bit 用于标识上层协议,所能标识的协议数有限。因此,又开发出另外一种解决方案,在 802.2SAP 的基础上又新添加了一个 2 byte 长的类型域(同时将 SAP 的值置为 AA),使其可以标识更多的上层协议类型,这就是 802.2SNAP,如附图2-3 所示。

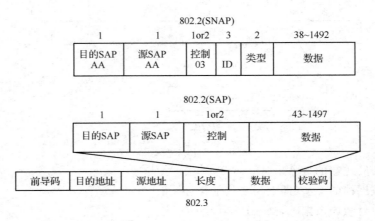

附图 2-3　引入了 802.2 SAP 和 SNAP 的 802.3 数据帧

附录三　VLAN

一、VLAN（虚拟局域网）

逻辑上把网络资源和网络用户按照一定的原则进行划分,把一个物理上实际的网络划分成多个小的逻辑的网络。这些小的逻辑的网络形成各自的广播域,也就是虚拟局域网 VLAN,如附图 3-1 所示。

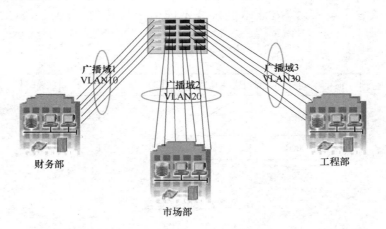

附图 3-1　通过 VLAN 划分广播域示意图

不同域（VLAN）之间不能互相访问,广播报文不能跨越这些广播域传送。相当于单独的一个局域网。划分 VLAN 有以下几种方法:

1. 根据端口划分 VLAN

这种划分 VLAN 的方法是根据以太网交换机的端口来划分,比如 S2403 的 1～4 端口为 VLAN A,5～17 为 VLAN B,18～24 为 VLAN C,当然,这些属于同一 VLAN 的端口可以不连续,如何配置,由管理员决定,如果有多个交换机的话,例如,可以指定交换机 1 的 1～6 端口和交换机 2 的 1～4 端口为同一 VLAN,即同一 VLAN 可以跨越数个以太网交换机,根据端口划分是目前定义 VLAN 的最常用的方法,IEEE 802.1Q 协议规定的就是如何根据交换机的端口来划分 VLAN。这种划分的方法的优点是定义 VLAN 成员时非常简单,只要将所有的端口都指定义一下就可以了。它的缺点是如果 VLAN A 的用户离开了原来的端口,到了一个新的交换机的某个端口,必须重新定义。

2. 根据 MAC 地址划分 VLAN

这种划分 VLAN 的方法是根据每个主机的 MAC 地址来划分,即对每个 MAC 地址的主机都配置属于哪个组。这种划分 VLAN 的方法的最大优点就是当用户物理位置移动时,即从一个交换机换到其他的交换机时,VLAN 不用重新配置,所以,可以认为这种根据 MAC 地址的划分方法是基于用户的 VLAN,这种方法的缺点是初始化时,所有的用户都必须进行配置,如果有几百个甚至上千个用户的话,配置是非常累的。而且这种划分的方法也导致了交换机执行效率的降低,因为在每一个交换机的端口都可能存在很多个 VLAN 组的成员,这样就无法限制广播包了。另外,对于使用笔记本计算机的用户来说,他们的网卡可能经常更换,这样,VLAN 就必须不停的配置。

3. 根据网络层划分 VLAN

这种划分 VLAN 的方法是根据每个主机的网络层地址或协议类型(如果支持多协议)划分的,虽然这种划分方法可能是根据网络地址,比如 IP 地址,但它不是路由,不要与网络层的路由混淆。它虽然查看每个数据帧的 IP 地址,但由于不是路由,所以,没有 RIP,OSPF 等路由协议,而是根据生成树算法进行桥交换

这种方法的优点是用户的物理位置改变了,不需要重新配置他所属的 VLAN,而且可以根据协议类型来划分 VLAN,这对网络管理者来说很重要,还有,这种方法不需要附加的帧标签来识别 VLAN,这样可以减少网络的通信量。

这种方法的缺点是效率,因为检查每一个数据帧的网络层地址是很费时的(相对于前面两种方法),一般的交换机芯片都可以自动检查网络上数据帧的以太网帧头,但要让芯片能检查 IP 帧头,需要更高的技术,同时也更费时。当然,这也跟各个厂商的实现方法有关。

4. IP 组播作为 VLAN

IP 组播实际上也是一种 VLAN 的定义,即认为一个组播组就是一个 VLAN,这种划分的方法将 VLAN 扩大到了广域网,因此这种方法具有更大的灵活性,而且也很容易通过路由器进行扩展,当然这种方法不适合局域网,主要是效率不高,对于局域网的组播,有二层组播协议 GMRP。

二、802.1Q 协议

即虚拟桥接局域网协议,主要规定了 VLAN 的实现。

如附图 3-2 所示是以太网帧结构和带有 VLAN 的以太网帧结构的比较。

802.1Q VLAN 帧与原来的以太网帧相比,在帧头中的源地址后增加了一个 4 byte 的 802.1Q 帧头,这 4 byte 的 802.1Q 标签头包含了 2 byte 的标签协议标识(TPID)和 2 byte 的标签控制信息(TCI),TPID 是 IEEE 定义的新的类型,值为 0x8100;表明这是一个加了 802.1Q 标签的文本,标签控制信息 TCI 中:

Priority:这 3 位指明帧的优先级,一共有 8 种优先级,主要用于当交换机阻塞时,优先发送哪个数据帧。

Cfi(标准格式指示):这一位主要用于总线型的以太网与 FDDI、令牌环网交换数据时的帧结构。

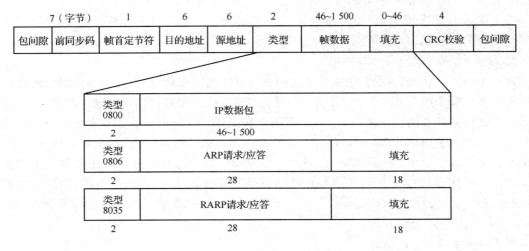

（a） 以太网帧结构示意图

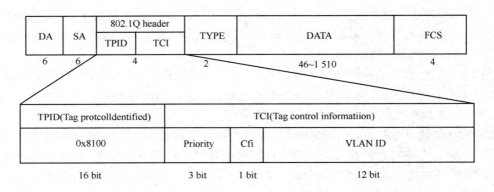

（b） 带有 VLAN 的以太网帧结构

附图 3-2 两种帧结构的比较

VLAN ID(VLAN 标识)：这 12 位指明 VLAN 的 ID,值为 0~4 095,一共 4 096 个,每个支持 802.1Q 协议的主机发送出来的数据帧都会包含这个域,以指明自己属于哪一个 VLAN。

三、802.1P 协议

802.1P 是 802.1Q 的扩充协议,它们工作于一前一后。802.1Q 标准定义了为以太网 MAC 帧添加的标签 VLAN ID(12 bit)和优先级(3 bit),没有定义和使用优先级字段,而 802.1P 中则定义了该字段。对于那些实时性要求很高的数据帧,主机在发送时就在 3 位优先级中指明该数据帧优先级高,这样,当以太网交换机数据流量比较多时,它就会考虑优先转发这些优先级高的数据帧。

802.1P 中定义的优先级有 8 种。最高优先级为 7,主要支持关键性网络流量,如路由选择信息协议 RIP 和开放最短路径优先 OSPF 表更新;优先级 6 和 5 主要支持延迟敏感应用程序,如交互式视频和语音;优先级 1~4 主要支持受控负载应用程序,如流媒体和关键性业务流量;优先级 0 主要支持尽力而为缺省,并在没有设置其它优先级值的情况下,可以自动调用。

802.1p 协议还定义了 GARP——通用属性注册协议。这里的属性是指组播 MAC 地址、端口过滤模式和 VLAN 等属性,GARP 协议实际上可以定义很多交换机应该具有的特性,目前,它定义了 GMRP(GARP 多播注册协议)和 GVRP(GARP VLAN 注册协议)两个协议,以后会根据网络发展的需要定义其他的特性。

GARP 定义了以太网交换机之间交换这些特性信息的方法,如何发送数据帧,接收的数据帧如何处理等等。GMRP 协议是动态二层组播注册协议,它的很多方面跟 IGMP(三层组播协议)类似,对于 IP 地址来说,D 类 IP 地址是组播地址,实际上,对于每一个 IP 组播地址,都有一个组播 MAC 地址跟它对应,802.1p 协议就是根据组播 MAC 地址来在以太网交换机上注册和取消组播成员身份的,而 IGMP 是根据组播 IP 来管理的。当然,如果以太网交换机没有实现 GMRP 协议,那么就只能通过静态配置来实现组播了。

为什么需要二层组播协议?与协议 IGMP 一样,如果在自己的局域网内成立一个组播组,可能局域网包含了很多交换机,如果这些交换机没有实现二层组播协议的话,那么,某个组员给其他组员发送数据帧时,交换机就会将该数据帧向所有的端口广播,因为交换机不知道哪个端口有人加入了该组播组,唯一的办法就是管理员配置交换机,这样,才能将这种广播转发数据帧的发送方式限制住,而组播本身是动态的,这种靠管理员的配置来实现组播的方式是不现实的。因此,就需要有一个二层组播协议来动态管理组员。目前,许多高级交换机都把实现802.1p 和 802.1Q 协议作为一个主要的性能指标。

GVRP 是 VLAN 协议,由于它与 GMRP 都是基于 GARP 之上的,所以它们之间的关系很紧密,它们都要对交换机的数据库进行操作,协议的具体定义在 802.1Q 中。

四、静态路由

静态路由是在路由器中设置的固定的路由表。除非网络管理员干预,否则静态路由不会发生变化。由于静态路由不能对网络的改变作出反映,一般用于规模不大、拓扑结构固定的网络。静态路由的优点是简单、高效、可靠。在所有路由中,静态路由优先级最高。当动态路由与静态路由发生冲突时,以静态路由为准。

附录四　HFC 物理层参数和 MAC 层的 UCD 和 MAP 消息格式

一、物理层参数

上行的突发数据特性包括信道参数、突发简要特性、用户专用参数三个部分。信道参数包括 5 种符号率、中心频率(Hz)、1 024 bit 前同步码字节串。突发简要特性见附表 4-1;用户专用参数见附表 4-2。

附表 4-1　上行物理层突发属性

名　　称	类型(1 byte)	长度(1 byte)	值(可变长度)
调制类型	1	1	1=QPSK,2=16QAM
差分编码	2	1	1=开,2=关
前同步码长度	3	2	最大 1 024 bit,该值应是整数个符号(对 QPSK 是 2 的倍数,对 16QAM 是 4 的倍数)
前同步码值偏移	4	2	标识用于前同步码值的比特,为前同步码模式中的起始偏移
FEC 纠错(T) (T 是 RS 编码参数)	5	1	0~10(0 表示无 FEC,码字奇偶校验字节数为 2T)

续上表

名　称	类型(1 byte)	长度(1 byte)	值(可变长度)
FEC 码字信息字节(k)	6	1	固定:16～253(假定有 FEC)截短:16～253(假定有 FEC)(无 FEC 时不用,T＝0)
加扰器种子(产生扰码初始值)	7	2	15 bit,在该 2 byte 域中左对齐
最大突发长度	8	1	该突发类型中可传送的微时隙的最大数目
保护时间长度	9	1	紧跟突发结束的符号数
最后码字的长度	10	1	1＝固定,2＝截短
加扰器开/关	11	1	1＝开,2＝关

附表 4-2　用户专用突发参数

用户专用参数	配 置 设 定
功率电平 *	＋8～＋55 dBmV(16QAM) ＋8～＋58 dBmV(QPSK) 1 dB 步进
偏移频率 *	范围为±32 kHz;增量为 1 Hz; 在±10 Hz 的范围内执行
测距偏移	0 到($2^{15}-1$),增量为 6.25 μs/64
突发长度(微时隙),如果在该信道上可变(突发到突发的变化)	1～255 个微时隙
发送均衡器系数 *(仅适用高级的调制解调器)	高达 64 系数;每系数 4 byte;2 个实数和 2 个复数
表中的 * 值适用于指定信道和符号率。	

二、MAC 层的 UCD 和 MAP 消息格式

UCD 是 CMTS 告诉 CM 发送数据时的上行信道的情况,MAP 是 CMTS 为 CM 规定的上行信道上的传送机会,它们都是 MAC 管理消息。

1. 上行信道描述符(UCD)

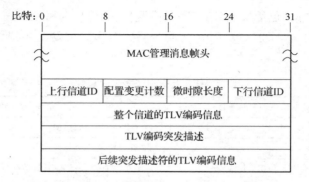

附图 4-1　上行信道描述符(UCD)帧结构

如附图 4-1 所示,上行信道描述符 UCD 帧结构中:

(1)上行信道 ID:该信息所属的上行信道的标识符,由 CMTS 确定。

（2）配置变更计数：该信道描述符的值发生任何改变，CMTS 就将计数值加 1。它便于检查配置变更情况。

（3）微时隙长度：上行信道的微时隙长度 T 以 $6.25\ \mu s$ 为基本单位，允许 $T=2^M$，$M=1$、…、7。即 $T=2$、4、8、16、32、64、128；即微时隙的时间长度可为 12.5、25、50、100、200、400、800 μs。

（4）下行信道 ID：传送该信息的下行信道的标识符。该标识符由 CMTS 选定。

整个信道的 TLV 编码信息参见附表 4-3。TLV（TYPE/LENGTH/VALUE）类型/长度/值是一种常用的三个域的编码表示方式，其中第一个域指信息单元的类型，第二个域指信息单元的长度，第三个域指信息单元的值。

附表 4-3　信道 TLV 参数

名　　称	类型（1 byte）	长度（1 byte）	值（可变长度）
符号率	1	1	160 ksym/s 基本速率的倍数（值为 1，2，4，8 或 16）
频　率	2	4	上行中心频率（Hz）
前同步码模式	3	$1\sim128$	前同步码超字符串。所有突发特定的前同步码值都是从该字符串中选出的子字符串
突发描述符	4	n	可能出现不止一次

TLV 编码突发描述是上行时间间隔的物理层特性，见附表 4-1。

2. 上行带宽分配 MAP

CM 的上传数据传送机会的时间间隔的编码在 MAP 消息中定义。

如附图 4-2 所示，MAP 格式中：上行信道 ID 为该消息所对应的上行信道的标识符；UCD 计数为对 UCD 的配置改变计数；单元数目为该 MAP 中信息单元的数目；分配开始时间为 CMTS 初始化分配的有效时间；确认时间来自 CMTS 初始化后上行方向处理的微时隙，该时间被 CM 用于碰撞检测；测距退避开始/结束是初始测距争用时的初始/最终退避时间窗口；数据退避开始/结束是争用数据和请求的初始/最终退避时间窗口。

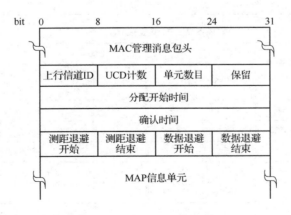

附图 4-2　上行带宽分配 MAP 格式

MAP 信息单元 IE 由服务标识 SID、间隔使用码 IUC、微时隙偏移量三部分组成。它用 SID 表示服务项目，用 IUC 区别要做的事情，比如请求、维护、数据等，用时隙偏移表示用户发送数据的时间。见附表 4-4。

附表 4-4 分配 MAP 信息单元（IE）

IE 名称	间隔使用码（IUC）（4 bit）	SID（14 bit）	微时隙偏移（14 bit）
请 求	1	任意	REQ 区域的开始偏移
REQ/数据	2	组播	IMMEDIATE 数据区域的开始偏移
初始维护	3	广播	MAINT 区域的开始偏移（用于初始测距）
台站维护 b	4	单播 c	MAINT 区域的开始偏移（用于周期测距）
短数据授权 d	5	单播	数据授权分配的开始偏移；如果推算的长度＝0，则是一个数据授权挂起
长数据授权	6	单播	数据授权分配的开始偏移；如果推算的长度＝0，则是一个数据授权挂起
空 IE	7	0	前一授权的结束偏移，用于最后一个实际间隔分配的长度定界
数据确认	8	单播	CMTS 置为 map 长度
保 留	9～14	任意	保留
扩 展	15	扩展 IUC	该 IE 中附加 32 bit 码字数

附录五 数字传输复接体制

附表 5-1 异步复接体制（PDH）

次 群	以 1.5 Mbit/s 为基础的系列		以 2 Mbit/s 为基础的系列
	日本体制	北美体制	欧洲体制
0 次群	64	64	64 kbit/s
1 次群	1554	1554	2 048 kbit/s
2 次群	6312	6312	8 448 kbit/s
3 次群	32064	44736	34 368 kbit/s
4 次群	97728	274176	139 264 kbit/s

附表 5-2 同步复接体制（SDH）

SDH		SONET		SDH		SONET		
等级	速率（Mbit/s）	速率（Mbit/s）	等 级	等级	速率（Mbit/s）	速率（Mbit/s）	等 级	
STM-0		51.840	STS-1	OC-1	STM-4		1 244.160	STS-24	OC-24
STM-1	155.520	155.520	STS-3	OC-3			1 866.240	STS-36	OC-36
		465.560	STS-9	OC-9	STM-16	2 488.320	2 488.320	STS-48	OC-48
STM-4	622.080	622.080	STS-12	OC-12	STM-64	9 953.280	9 953.280	STS-192	OC-192
		933.120	STS-18	OC-18					

附录六 GPON 协议

一、GPON 协议栈

GPON 系统的协议栈如附图 6-1 所示，由控制/管理平面（C/M 平面）和用户平面（U 平面)组成,C/M 平面管理用户数据流,完成安全加密等 OAM 功能,U 平面完成用户数据流的传输。U 平面分为物理介质相关子层 PMD、GPON 传输汇聚子层 GTC 和高层。高层的用户数据和控制/管理信息通过 GTC 适配子层进行封装。

GPON 传输汇聚(GTC)层可分为两种封装模式:ATM 模式和 GEM 模式。目前,GPON 设备基本采用 GEM 模式。GEM 模式的 GTC 层可为其客户层提供三种类型的接口:ATM 客户接口、GEM 客户接口和 ONT 管理和控制接口(OMCI)。

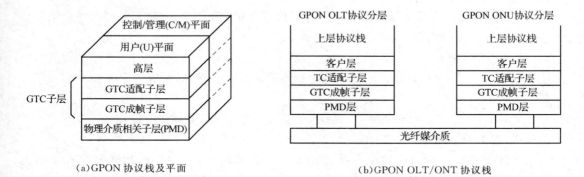

(a)GPON 协议栈及平面　　　　(b)GPON OLT/ONT 协议栈

附图 6-1　GPON 系统协议栈

二、GPON 的传输汇聚子层(GTC)

在引入了 GEM 之后,GPON 具备了高效完善的 TC 子层功能,如附图 6-2 所示为 G.984.3 建议的 GPON TC 子层(GTC)的协议分层模型。

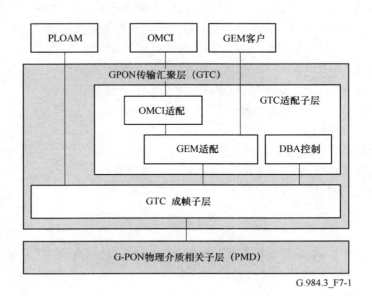

G.984.3_F7-1

附图 6-2　GPON 的 GTC 层的协议分层模型

附图 6-2 中,PLOAM(物理层运行管理维护信元)用于物理层的 OAM,G.984.3 定义了 19 种下行 PLOAM 信息,9 种上行 PLOAM 信息,可实现 ONU 的注册及 ID 分配、测距、Port-ID 分配、VPI/VCI 分配、数据加密、状态检测、误码率监视等功能。OMCI(光网络终端管理与控制接口)提供了另一种 OAM 服务,用于实现对高层的管理。OMCI 信息可封装在 ATM 信元或 GEM 帧中进行传输,取决于 ONU 提供的接口类型。GTC 是 GPON 的核心层,对 ATM 信元及 GEM 帧的进一步封装后,主要完成上行业务流的介质接入控制和 ONU 注册这两个关键功能,使 GPON 具备更完善的 OAM 功能。GTC 层包括 GTC 成帧子层和 TC 适配子层。

1. GTC 成帧子层

GTC 成帧子层包括三个功能:

(1)复用和解复用

PLOAM 和 GEM 部分根据帧头指示的边界信息复用到下行 TC 帧中,并可以根据帧头指示从上行 TC 帧中提取出 PLOAM 和 GEM 部分。

(2)帧头生成和解码

下行帧的 TC 帧头按照格式要求生成,上行帧的帧头会被解码,完成嵌入式 OAM。

(3)内部路由功能:

基于 Alloc-ID 的内部标识为来自/送往 GEM TC 适配器的数据进行路由。

2. GTC 适配子层功能

适配子层提供了 3 个 TC 适配器,即 ATM TC 适配器、GEM TC 适配器和 OMCI 适配器。ATM/GEM TC 适配器生成来自 GTC 成帧子层各 ATM/GEM 块的 PDU,并将这些 PDU 映射到相应的块。

3. 动态带宽分配(DBA)与业务 QoS 管理

GTC 系统根据 T-CONT 管理业务流,每个 T-CONT 由 Alloc-ID 标识。一个 T-CONT 可包含一个或多个 GEMPort-ID。OLT 监控每个 T-CONT 的流量负载,并调整带宽分配来更好地分配 PON 带宽资源。PON 带宽资源的分配分为动态或静态两种方式,在动态资源分配方式中,OLT 通过检查来自 ONU 的 DBA 报告和/或通过输入业务流的自监测来了解拥塞情况,然后分配足够的资源。在静态资源分配方式中,OLT 根据配置信息为业务流预留固定带宽。

DBA 功能可提供各种不同的 QoS。GPON TC 层规定了五种 T-CONT(Type1,2,3,4,5),DBA 功能在各 T-CONT 中实现。GEM 模式中,GEM 连接由 GEM-Port 标识,并根据 QoS 要求由一种 T-CONT 类型承载。DBA 功能分为下面几个部分:

(1)OLT 和/或 ONU 检测拥塞状态。

(2)向 OLT 报告拥塞状态。

(3)OLT 根据提供的参数更新带宽分配。

(4)OLT 根据更新的带宽分配和 T-CONT 类型发送授权。

(5)发送 DBA 操作管理信息。

三、OMCI

OLT 通过 OMCI(ONT 管理控制接口)来控制 ONT。协议允许 OLT 进行下列动作:

建立和释放与 ONT 之间的连接;

管理 ONT 上的 UNI;

请求配置信息和性能统计;

向系统管理员自动上报事件,如链路故障。

OMCI 协议在 OLT 控制器和 ONT 控制器之间的 GEM 连接上运行,该连接在 ONT 初始化时建立。OMCI 协议是异步的:OLT 上的控制器是"主",ONT 上的控制器是"从"。一个

OLT 控制器通过在不同的控制信道上使用多个协议实例来控制多个 ONT。OMCI 在以下几个方面对 ONT 进行管理：

(1)配置管理，提供了控制、识别、从 ONT 收集数据和向 ONT 提供数据的功能。

(2)故障管理，支持有限的故障管理功能，大多数操作仅限于进行故障指示。

(3)性能管理，主要是性能监控。

(4)安全管理，使能/去使能下行加密功能、全光纤保护倒换能力管理。

附录七　GPON 光接口参数

ODN 允许的衰减大小分为几种类型，参见附表 7-1。

附表 7-1　ODN 类型

ODN 类型	衰减范围	光通道损耗差	ODN 类型	衰减范围	光通道损耗差
A 类	5～20 dB	15 dB	B⁺ 类	13～28 dB	15 dB
B 类	10～25 dB		C 类	15～30 dB	

G.984.2. 发射信号眼图模板及参数参见附图 7-1 和附图 7-2。

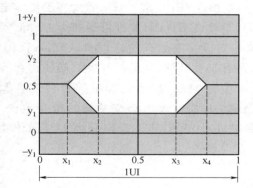

	1 244.16 Mbit/s	2 488.32 Mbit/s
x_1/x_4	0.28/0.72	—
x_2/x_3	0.40/0.60	—
$x_3 - x_2$	—	0.2
y_1/y_2	0.20/0.80	0.25/0.75

附图 7-1　G.984.2 下行发射信号眼图模板及参数

	155.52 Mbit/s	622.08 Mbit/s	1 244.16 Mbit/s	2 488.32 Mbit/s
x_1/x_4	0.10/0.90	0.20/0.80	0.22/0.78	For further study
x_2/x_3	0.35/0.65	0.40/0.60	0.40/0.60	For further study
y_1/y_4	0.13/0.87	0.15/0.85	0.17/0.83	For further study
y_2/y_3	0.20/0.80	0.20/0.80	0.20/0.80	For further study

附图 7-2　G.984.2 上行发射信号眼图模板及参数

附录八　IEEE 802.16 系列各标准

IEEE 802.16 有一系列标准,对应的技术领域参见附表 8-1。

附表 8-1　IEEE 802.16 系列各标准相对应的技术领域

标准号	相对应的技术领域
802.16	(10～66) GHz 固定宽带无线接入系统空中接口
802.16a	(2～11) GHz 固定宽带接入系统空中接口
802.16c	(10～66) GHz 固定宽带接入系统的兼容性
802.16d	(2～66) GHz 固定宽带接入系统空中接口
802.16e	(2～6) GHz 固定和移动宽带无线接入系统空中接口管理信息库
802.16f	固定宽带无线接入系统空中接口管理信息库(MIB)要求
802.16g	固定和移动宽带无线接入系统空中接口管理平面流程和服务要求

在 WiMAX 系列标准中,最初的 IEEE 802.16 是 2001 年 12 月 IEEE 通过的无线城域网标准,该标准支持的工作频段为(10～66) GHz,只能在视距的环境中使用,不利于固定宽带接入技术的推广,所以在 2003 年 1 月,IEEE 又发布了扩展协议 IEEE 802.16a,目的在于使固定宽带接入技术也能支持非视距传输,工作频率范围为(2～11) GHz 需要许可证和免许可证频段。IEEE802.16 d 是 802.16a 的增强型,主要目的是支持室内用户驻地设备(CPE);IEEE 802.16e 作为固定接入技术的扩展,增加了终端用户的移动性功能,从而使移动终端能够在不同基站间进行切换和漫游。802.16f 定义了 802.16 系统 MAC 层和物理层的管理信息库(MIB)以及相关的管理流程,有助于实现网状网连接,大幅度改进单个基站的覆盖范围。802.16g 是为了规定标准的 802.16 系统管理流程和接口,从而实现 802.16 设备的互操作性和对网络资源、移动性和频谱的有效管理。